KB110953

세계가 인정한
전통육아의 기적

The Mindful Parent by Charlotte Peterson
Copyright © 2015 by Charlotte Peterson

세계가 인정한
전통 음악의 기적

:

아이에게 귀 기울이는 법을 가르쳐준 비비안 오움 박사와
어린 시절 소중한 존재임을 느끼게 해준 다나 할머니
아이를 제대로 사랑하는 법을 가르쳐준 줄리 제럴드
좋은 엄마가 되는 법을 계속 가르쳐준 셰인과 에밀리
곧 태어나 나를 할머니라는 완전히 새로운 세계로 안내해줄 엘리스와 올리버에게
그리고
내게 아이를 양육하는 법을 가르쳐준 세상의 모든 부모에게
깊은 감사의 마음을 전한다.
그들이 모범을 보여주지 않았다면
나는 훨씬 덜 친절하고 참을성도 부족한 엄마가 되었을 것이다.

:

삶을 가장 효과적으로 변화시키는 법을 묻는 이들이 가끔 있다.
몇 년 동안 연구와 실험을 거듭했지만
당황스럽게도 내가 줄 수 있는 최선의 대답은
그저 조금 더 친절해지라는 것이다.

– 올더스 헉슬리

:

삶에서 중요한 세 가지는
첫째도 둘째도, 그리고 셋째도
친절을 베푸는 것이다.

– 마더 테레사

우리가 할 일은 잔혹하고 무정한 세상에 대응할 수 있도록
아이들을 강하게 키우는 것이 아니다.
세상을 덜 잔혹하고 좀더 따뜻한 곳으로 만들
아이들을 길러내는 것이 진정으로 우리가 해야 할 일이다.
— I. R. 노스트

더없이 친절한 사람을 보며, 저 사람은 어떻게 그럴 수 있을까 의아해했던 적이 있는가? 갓 태어난 아기의 눈을 들여다본 사람이라면 친밀하고 따스한 관계를 향한 깊은 갈망이 인간 본성의 핵심임을 알 수 있을 것이다. 친절은 가르쳐야 할 것이 아니라 어려서부터 보호하고 길러주어야 하는 것이다.

평화로운 문화권의 양육법은 모든 신생아의 내면에 깃들어 있는 이 소중한 갈망을 지켜주는 것과 관련해서 많은 가르침을 준다. 부모가 가슴을 열고 섬세하게 반응하면 아기는 친절과 기쁨, 신뢰에 찬 사람으로 성장한다. 그러나 우리 아이들은 그다지 잘 지내지 못하고 있다. 미국에서는 현재 20퍼센트의 아이들이 심리적 장애를 겪고 있다. 전 세계에서 아이들의 정신 건강을 위해 처방하는 약의 90퍼센트를 미국에서 소비한다. 아이들의 자살률도 지난 20년 동안 2배로 늘어났다. 집단 따돌림의 고통도 갈수록 현저하게 늘어간다. 심지어는 권총 같은 무기로 부모나 교사, 친구들을 살해하는 아

이들도 생겨났다. 유행병처럼 번지고 있는 아이들의 심리적 고통과 공격성, 집단 따돌림 등을 이해해야만 상황을 변화시킬 수 있다.

양육법은 보통 문화에 기초를 두고 있다. 그리고 우리는 (좋건 나쁘건) 부모나 (아이의 정서적 욕구를 다루는 법을 배우지 못한) 소아과의사, 당대의 인기 있는 양육 '방법서' 등을 통해 양육법을 배운다. 지난 40년 동안 심리학자로 일하면서 나는 고객의 대다수가 부모의 양육과 관련된 고통스러운 유년기 기억을 갖고 있음을 발견했다. 물론 자녀에게 일부러 상처를 주고 싶었던 부모는 한 번도 만난 적이 없다. 다만 일반화된 양육법과 아이의 욕구를 제대로 이해하는 것 사이에 심각한 괴리가 존재하는 것 같다. 영유아기의 양육법은 평생 아이의 자존감과 전반적인 행복감, 관계에 영향을 미친다. 그러나 대부분의 부모가 자녀를 깊이 사랑하면서도 어린 자녀들에게 아기일 때조차 가장 중요한 점을 제대로 보여주지 못한다. 즉 완전하게 무조건적으로 사랑받고 있다는 느낌을 주지 못하는 것이다(여기서 '아기'는 임신과 출산, 출산 후 3년까지를 가리킨다).

20대 초반에 나는 여행을 하면서 다른 문화들에 매료되기 시작했다. 처음에는 그저 세상을 탐험하는 일이 재미있었다. 그러다 곧 여행 중에 만난 아이들의 양육법에 초점을 맞추게 되었다. 사람들은 보통 자신이 태어난 나라의 양육법을 당연한 것으로 여긴다. 나도 아이들을 기르는 다른 양육법이 있을 수 있다는 생각은 한 번도 생각해본 적이 없었다. 실제로 몇몇 나라에서 아이들을 아주 다르게 양육하는 모습에 충격을 받기도 했다. 어머니들이 젖먹이나 걸음마장이와 나누는 친밀감이 특히 눈에 띄었다. 1970년대 미국인인 나에게는 어머니가 모유를 먹이는 것도 상당히 낯선 풍경이었다. 엄마 몸에서 떼놓지 않고 아기의 요구에 신속하게 반응해주는 것도 마찬가지였다. 그러나 이런 양육법 덕분인지 아기들은 훨씬밝고 평온하고 만족스러워 보였다. 서구의 많은 나라에서는 아기가울 때 신속하게 보살피는 태도를 전통적으로 못마땅하게 여겨왔다. 관심을 너무 많이 주면 버릇이 나빠질 수도 있다는 우려 때문이었다. 나 역시 어느 나라든 부모들이 바빠서 아기를 비슷하게 양육할거라고 짐작했다. 유아용 침대나 아기놀이울(아기가 안전하게 놀도록작은 구역에 빙 둘러치는 울타리―옮긴이), 유아용 높은 의자에서 가끔소란을 피우면서 혼자 많은 시간을 보낼 거라고 생각한 것이다. 그러나 사실이 그렇지 않음을 깨닫자 영아나 갓난쟁이를 키우는 데'올바르'거나 '가장 좋은' 방식이 정말로 있을까 하는 의문이 들기시작했다. 모든 아기가 생물학적으로는 같으니, 다르게 양육하면더 밝고 순하고 배려할 줄 아는 아이로 키울 수 있지 않을까?

이런 의문들은 필생의 탐구로 이어졌다. 나는 전 세계의 아기들을 관찰하면서 어떤 양육방식이 가장 긍정적인 관계를 만들어내고, 가장 밝고 친절한 아이로 키워내는지 파악하고 싶었다. 그래서 지금까지 40년간, 5년마다 3개월에서 6개월씩 거의 모든 대륙에 실제로 거주하면서 60개국도 넘는 나라의 양육방식을 관찰했다. 또 지난 25년 동안은 비폭력의 역사를 지닌 문화권을 여행하는데 초점을 맞췄다. 티베트와 발리 섬, 부탄의 부모들과 시간을 함께 보내면서, 임신 전부터 아기와 친밀한 관계를 맺고 신생아와 갓난쟁이를 연민과 관심과 온화함으로 보살핀 덕분에 아기들이 훨씬 친절한 사람으로 성장한다는 점을 확인했다.

이 책에는 이처럼 자신을 신뢰하고 협력할 줄 알며 행복하고 배려심 있는 아이로 젖먹이와 걸음마장이들을 키워낸 원주민 부모와 조부모, 전문가, 마을의 지도자에게서 얻어낸 양육의 지혜들이 담겨 있다. 또 부탄과 발리, 일본, 인도 북부의 티베트 공동체 등지에서 광범위하게 실시한 인터뷰 발췌문들도 곳곳에 실려 있다. 이 비폭력적인 문화권에서 만난 사람들에게 깊은 감사의 마음을 보낸다. 나를 포함한 많은 부모가 이들의 본보기에 따라 아기를 유쾌하고 친절한 사람으로 키우고 있다.

마음챙김 육아법Mindful Parent은 어린 시절의 트라우마를 극복하도록 돕고, 전 세계의 부모를 관찰하고, 어머니로서 나의 아들과 딸을 대상으로 실험해보면서 40여 년간 아동발달을 연구해 개발한 양육법들의 혼합체다. 이 양육법은 아이들의 요구를 자각하고 관여하고 반응해줌으로써 궁극적으로 서로에게 연민의 마음을 갖는 친밀한 관계를 형성하는 데 목적이 있다. 3장 영유아를 위한 마음챙김 육아 부분에는 전 세계에서 관찰한 양육법들도 상세하게 실려 있는데, 이 방법들은 부모와 아기가 따스한 유대관계를 형성하게 해준다. 또 걸음마장이를 위한 양육법은 약 18개월을 지난 아기들이 '타임인Time-in'이라는 독특한 내성 훈련 과정을 통해 자기 행동을 통제하는 능력을 인지하도록 돕는다. 마음챙김 육아를 실행하는 문화권의 아이들은 자존감과 자기통제력, 협동심, 관대함, 공감 능력이 높다.

애착은 양육에서 가장 중요한 열쇠다. 젖먹이에게 애착을 강하게 느낀다는 것은 아기를 아낄 뿐만 아니라 아기와 '사랑에 빠진다'는 의미이기도 하다. 누구나 알다시피 사랑에 빠지면 상대가 심리적으로 힘들 때 가능한 한 많이 도와주고 싶은 마음이 생긴다. 아이의 요구를 다 들어주기란 불가능하고 완벽한 부모도 없지만 부모의 태도는 아주 중요하다. 인간의 아기는 완전히 무력한 상태로 태어난다. 몸이 가려워도 긁을 수 없어서 도움을 구하느라 필사적으로 울어 젖힌다. 이런 점을 이해한다면, 부모를 조종하기 위해서라거나 무작정 잠을 못 자게 하려고 운다고 생각할 때보다 아기의 요구에 긍정적으로 반응할 수 있다. 아기와 밀접한 관계에 있는 부모는 잘못된 점을 이해하는 데도 최선을 다한다. 그래서 더욱 민감하게 반응하고 잘 보살필 수 있다. 이렇게 반응해주면, 부모가 즉각 반응하지 못하거나 대처법을 몰라 허둥대도 아이는 부모가 자기에게 관심을 기울이고 있음을 안다. 이것은 분명한 사실이다. 부모가 곧 나타나 도와줄 것을 알고 있으면, 울음을 터뜨린 후 부모가 반응을 보이기까지 짧은 정지의 순간이 있어도 아이는 보통 비명을 지르듯 크게 울어 젖히지는 않는다. "지금은 안 되지만 가능한 한 빨리 갈게"나 "뭐가 문제인지 모르지만 지금 바로 여기 엄마/아빠가 있단다"라는 말은 아이에게 "정말 떼쟁이구나. 아무리 울어도 소용없어!" 하는 말과는 전혀 다른 메시지를 전달해준다.

부모 중에는 거칠고 경쟁심이 강하며 자기중심적인 사람으로 키우는 것이 최선의 육아법인 것으로 생각하는 이들이 있다. 이런 소양들이 삶의 고난에 훨씬 탄력적으로 대응하게 해준다고 믿기 때문이다. 사실 진실은 정반대인데 말이다. 연구 결과, 친절한 사람들이 더 건강하고 행복하며 관계와 직업에서도 더 크게 성공하는 것으로 나타났다.[1] 친절은 단순히 언제나 좋은 사람이 되는 것을 의미하지는 않는다. 자신의 행동이 타인에게 미칠 영향에 관심을 기울이는 것을 말한다. 이렇게 친절한 사람들은 스트레스를 더 잘 해결하고 회복도 빠른 것 같다. 무력하게 고립되어 있기보다 자신의 느낌을 전달할 줄 알고 사회적인 지지도 더 많이 받기 때문이다. 초기 두뇌 발달에 대한 현재의 연구 결과들을 봐도, 유아기의 포괄적인 양육은 최적의 두뇌 발달에 결정적인 영향을 미치고 자기주장과 친절, 정서적 탄력성도 높여준다고 한다.

전 세계 거의 모든 나라에서 부모는 출산과 입양 후 복직을 보증하는 유급 양육휴가를 받는다. 많은 선진국에서는 1년에서 3년까지 유급휴가를 주고 있다. 이런 지원은 아기와 친밀한 애착관계를 형성하게 도와주고, 포괄적인 양육과 오랜 수유의 가능성도 크게 높여준다. 하지만 불행히도 미국에서는 아직 이런 정부 지원을 받을 수 없다. 그래도 희망을 잃지 말자는 의미에서, 마지막 장에 부모의 경제적·직업적 상황과 어린 자녀의 요구 사이에서 균형점을 찾을 수 있도록 색다른 아이디어들을 제시했다. 이 책에는 용기와 자극을 주는, 부모나 조부모들과의 인터뷰도 실려 있다. 이들은 젖먹이나 걸음마장이들을 정서적으로 확실하게 지지해주기 위해 생활방식에 어떤 변화를 주었는지, 육아 스트레스로는 어떤 것들이 있었는지를 상세하게 들려주었다.

부모가 아기의 요구를 이해하려 노력하기만 해도 아기는 스스로 사랑받을 만한 존재라고 느낀다. 그리고 지속적으로 귀 기울이면, 아기는 필요한 것이 무엇이며 어떻게 해야 최고의 부모가 될 수 있는지를 가르쳐준다. 아기와 친밀한 관계를 형성하면 걸음마 배우는 기간도 훨씬 수월하게 지날 수 있으며, 참을성과 적절한 행동양식도 가르쳐줄 수 있다. 전체적으로 육아를 위해 가장 중요한 목표로 삼아야 할 섬은 아이와의 관계를 확립하고 지키며 분리된 느낌이 들 때마다 다시 관계를 구축하려고 애쓰는 것이다. 이런 주의 깊은 육아는 어마어마한 기쁨을 안겨준다. 뿐만 아니라 친절한 아이와 행복한 가정, 긍정적인 학교생활, 안전한 공동체, 비폭력적인 사회도 만들어내고, 희망일지 모르겠지만 세계도 더욱 평화로운 곳으로 변화시킨다.

두려움과 증오 대신 존중과 친절이 가득한

평화로운 세상을 만들고 싶다면

유년기에 서로를 대하는 태도부터 살펴보아야 한다.

이 시기에 가장 기본적인 양식이 형성되고

이런 뿌리에서 두려움과 소외 혹은 사랑과 신뢰가 자라나기 때문이다.

– 수전 암스

Chapter 1

세계
각국에서
얻은
전통 육아의 교훈

한 사회의 영혼을 분명하게 드러내주는 것으로
아이들을 대하는 방식만 한 것은 없다.
– 넬슨 만델라

어린 시절부터 널리 세상을 여행하며 경험을 쌓으리라 꿈꾸었다. 그러다 스물여덟이 되던 1974년에 드디어 어깨에 배낭을 메고 남편 칼과 14개월간의 신혼여행 겸 모험을 시작했다. 우리의 목적은 멕시코와 중앙아메리카, 남아메리카 등지를 돌아다니면서 그 지역의 주민과 함께 생활해보는 것이었다. 나는 특히 아즈텍과 마야, 잉카의 토착문화를 경험해보고 싶었다.

이 여행에서 나는 '국경의 남쪽'에서는 아이들을 미국에서와는 아주 다르게 키우고 있다는 점을 분명히 깨달았다. 엄마들은 젖먹이 아기를 끈 포대기에 싸서 안고 다녔으며, 아기가 훌쩍이면 언제든 모유를 먹이면서 하루 종일 지속적으로 긴밀하게 접촉했다. 걸음마장이들은 등에 업혀 다녔기 때문에 부드럽게 달래는 엄마의 목소리에서 이내 편안함을 맛볼 수 있었다. 어린 아기들은 계속 모유를 먹을 수 있었고 적어도 네 살이 될 때까지는 엄마의 몸 위에서 낮잠을 잤다. 이런 아기들은 차분하고 불만이 없었으며 탈 없이 무럭무럭 자랐다. 이런 모습을 보자 심리학 수업과 가족에게서 들었던 육아법들에 불현듯 의문이 일었다. 유아발달심리학자인 에릭 에릭슨Erik Erikson의 말이 떠오르면서 이것이 바로 그가 이야기한 육아법인 것 같다는 생각도 들었다. 에릭슨은 아이에게 '신뢰감'을 키워주어야 하며, 그러려면 '아기의 요구들을 섬세하게 보살펴야 한다'[1]고 단호하게 주장했다.

이제 나는 전 세계의 육아법을 관찰하는 일을 필생의 탐구 주제로 삼게 되었다. 이 탐구를 위해 우리는 삶을 재조정했다. 덕분에 5년에 한 번은 다른 나라로 여행을 가서 3개월에서 6개월까지 그곳에서 살아볼 수 있었다. 이렇게 해서 40년 동안 아메리카 대륙과 유럽, 아라비아와 북동아프리카, 동남아시아, 발칸 등을 포함한 근동 지역, 남태평양, 아프리카, 중앙아시아와 남동아시아 전역에서 지내보았다.

인도와 태국, 네팔, 탄자니아에서 관찰한 어머니-유아의 관계도 중앙아메리카나 남아메리카에서 익히 보았던 형태와 비슷했다. 세계에서 가장 가난한 나라에서도 어머니들은 아기의 정서적인 욕구를 충족시켜주기 위해 최선을 다했다. 젖먹이와 걸음마쟁이들을 몸에 밀착시켜서 안거나 업고 다녔으며, 언제든 마음대로 젖을 먹이고, 낮 동안에도 계속 밀접한 접촉을 유지하고, 밤에는 아기와 같은 곳에서 잠을 잤다. 물론 최선의 육아법을 전부 가진 완벽한 문화는 어디에도 없었다. 그러나 다른 나라의 부모와 아이들을 관찰하면서 나는 새로운 가능성에 눈을 뜨고, 아기의 건강한 성장에 진정으로 도움이 되는 육아법에 대해서 마음을 열고 탐구하게 되었다. 아기들의 기본적인 생물학적 요구는 세계 어디서나 같다. 그러나 젖먹이나 걸음마장이들과 관련된 풍습은 지역마다 상당히 다르다. 그렇다면 최적의 발달을 촉진시키고 몸과 마음, 정신의 잠재력을 최대한 실현하도록 아기를 지지해주는 육아법은 어떤 것일까?

평화로운 문화권의 전통육아법

15년간 세계 여러 곳을 여행한 후 나는 정치적, 영적으로 비폭력에 헌신적인 문화권을 집중 방문하기로 결심했다. 이후 티베트나 부탄, 발리 같은 평화로운 문화권에서 즐거운 마음으로 그들의 육아법을 관찰했다. 그 지역에서는 아이들을 어떻게 보살피는지 살펴보면서, 평화를 사랑하고 연민이 큰 사람으로 성장하는 것과 육아법 사이에 어떤 관계가 있는지를 확인하는 것이 목적이었다. 이 문화권의 양육법이 아기를 더 친절한 사람으로 키워내는 데 도움이 되는지 궁금했던 것이다. 관찰 결과 나는 실제로 그렇다고 믿게 되었다. 이 평화로운 문화권에서는 다른 어느 나라보다 아기에게 많은 관심을 기울이고, 온 정성을 다해 양육했으며, 젖먹이와 어린아이들을 존중하는 의식도 많이 치렀다. 덕분에 아이들은 훨씬 평온하고 자신감에 차 있었으며 명랑하고 친절해 보였다.

또한 이 문화권에서는 일관된 차이점들을 발견할 수 있었다. 바로 사회적으로 더 평등하고 남성과 여성이 서로를 존중하며 성별에 따른 차이를 인식하고 서로를 보완해주는 태도를 갖고 있다는 점이었다. 이렇게 양성이 경쟁하기보다 서로의 차이를 이해한 덕분에 어머니와 아버지 모두 더욱 편안히 양육의 책임을 나누었다. 남성과 여성이 비폭력적인 문화권에서 더욱 조화를 이루고 서로를 동등하게 존중한다는 증거는 역사적으로 늘 있어왔다. 말레이시아의 세마이 족[2]과 1,500년 동안 사람들이 평화로운 삶을 영위했다는 크레타 섬의 고대 미노스 사회가 그 예다.[3]

티베트

1959년 티베트인의 지도자인 성하 달라이 라마는 24세 젊은 나이에 영적인 비폭력 서약을 지키는 문제와 관련해서 중요한 시험에 직면했다. 중국이 티베트를 침략하자 달라이 라마는 결국 맞서 싸우는 대신 인도로 망명하는 쪽을 선택했다. 티베트인이 고향을 지킨다는 명목으로 다른 생명을 살생한다면 더 이상 열린 가슴과 평화로운 마음, 모든 존재를 향한 열정을 갖고 살아갈 수 없으리라는 것이 그의 주장이었다. 이런 주장은 불교의 기본적인 영적 가르침이기도 했다.[4] 이후 달라이 라마는 그를 따라 고향을 떠난 10만 명이상의 티베트인들과 함께 줄곧 북부 인도에서 보호를 받으며 지내고 있다. 지난 55년간 '티베트 망명정부'는 전 세계인들과 함께 비폭력 가르침을 나누고 있다.

이런 상황에서도 티베트인들은 변함없이 양성의 평등을 위해 노력하고 어머니 역할의 중요성을 존중한다. 또 아버지도 자녀의 양육을 돕기 위해 구체적인 역할을 담당한다. 티베트인은 출생 직후 몇 달에서 몇 년간 어머니에게 받는 사랑이 아기의 삶에서 연민심을 키우는 주요 원천이라고 생각한다. 또 달라이 라마는 여성이 본래 정서적으로 더 민감하고, 어머니의 정서 상태가 임신 기간은 물론이고 수유기에도 아이의 심성에 직접적인 영향을 미치며 둘의 관계에도 작용을 한다고 믿는다.[5] 아기는 어머니에게 사랑의 방법을 배우고, 이 최초의 관계가 미래에 있을 모든 관계의 기조를 결정 짓는다고 확신하는 것이다. "어머니의 보살핌은 다른 누구의 것과도 비교할 수 없어요. 다시 말하면 어머니의 보살핌과 사랑은 사랑의 완벽한 본보기입니다."[6] 1989년 노벨 평화상을 수상한 달라이 라마는 현존하는 인물 중 연민의 마음이 가장 큰 사람의 한 명으로 꼽히고 있다. 어떻게 그토록 자애로운 사람이 될 수 있었느냐는 물음에 그는 어머니에게 연민과 배려, 헌신을 배웠기 때문이라고 분명히 인정했다. 달라이 라마의 막내 동생도 비슷한 말을 했다. "제 생각에 어머니에게 느꼈던 엄청난 애정과 어머니가 베풀어주신 사랑이 이제까지 받아본 것 중에서 가장 큰 선물이었습니다."[7]

티베트인은 아주 오래된 책을 참고한다. 3천 년이나 되었다는 이 책에는 임신에 대한 정보들이 주 단위로 상세하게 적혀 있다. 미래의 부모가 태아의 신체와 정서 발달을 최적화할 수 있는 법을 조언해주고 있는 것이다. 티베트인의 이 오랜 믿음이 갖는 중요성은 선진국에서 초기 두뇌연구를 통해 입증되고 있다.[8]

티베트인은 유아 양육을 일곱 단계로 나누어 본다. 수태전기 Preconception와 수태기Conception, 임신기Gestation, 분만기Birthing, 유대기 Bonding, 영아기Infancy, 유아기Early Childhood가 그것이다. 이 각각의 단계마다 광범위한 의식과 구체적인 양육법을 실행한다.[9] 여기서 주목할 것은, 이 단계들 중 다섯 단계가 영아기 이전에 해당된다는 점이다. 대부분의 서양인은 영아기를 육아의 시작기로 보는데 말이다.

티베트인은 수태 준비가 중요하다는 것을 오래전부터 알고 있었다. 반면에 미국인은 이제 막 인식하기 시작한 단계다. 티베트에서는 젊은 커플이 결혼하면 몸과 마음이 건강한 아기를 출산하기 위해 임신 전에 준비를 시작한다. 이처럼 수태전기는 아이의 영혼을 맞이하기 위해 몸과 마음, 정신을 준비하는 시기다. 젊은 커플은 몸에 쌓여 있던 온갖 유독물질을 비워내고 몸에 좋은 음식을 먹으며 화나 탐욕, 증오, 시기 같은 부정적 감정들을 털어버린다. 어머니의 부정적인 감정이 수태 중인 아기의 두뇌 발달에 변화를 불러온다는 것을 그들은 수 세기 전부터 알고 있었기 때문이다. 서양의 신경과학자들도 임신 중에 어머니의 마음이 비교적 편안하고 안정적일 경우, (기본적 생존과 도피-싸움 반응을 관장하는) 후뇌가 비대한 아기보다 (논리적 사고와 사회적 인식력을 담당하는) 전뇌가 큰 아기를 출산하는 데 도움이 된다는 점을 확인했다.[10]

티베트인은 수태는 신성한 일이므로 미리 준비하고 계획을 세워야 한다고 생각한다. 그리고 부부들은 사랑으로 부드럽게 교합하는 동안 의식적으로 아기의 영혼을 불러들인다.

임신기에는 아버지가 특히 중요한 역할을 한다. 남편은 아내와 아직 태어나지 않은 아기에게 가능한 한 많이 사랑과 관심을 쏟아야 한다. 그래야 임신 중인 아내가 긍정적인 느낌을 더욱 많이 경험하고, 발달 중인 태아의 생화학 작용에도 좋은 영향을 미칠 수 있기 때문이다. 《티베트인의 육아법The Tibetan Art of Parenting》에서도 이렇게 설명하고 있다. '임신기의 각 주마다 점진적인 발달이 일어난다. 이것에 주의를 기울이면 부모는 자궁 안에서 자라고 있는 생

명에게 방해가 아닌 도움이 되는 선택을 할 수 있다.'[11]

출산기에는 대가족의 모든 구성원과 친구들이 어떤 식으로든 관여를 한다. 출산은 보통 산파와 함께 집에서 진행된다. 모두들 소중한 신생아를 맞이할 기회를 목이 빠져라 기다리면서 산모를 편안하게 보살핀다. 그리고 진통과 분만, 탄생, 산후의 각 단계마다 구체적인 의식과 오랜 전통에 따라서 축하를 해준다.

출산 직후에 아기는 어머니와 함께 시간을 보내는데, 티베트인은 이 기간을 어머니와 아기의 유대감이 형성되는 신성한 시간으로 여긴다. 또 출산 이후 처음 며칠간은 직계가족끼리만 시간을 보내는 것이 중요하다고 생각한다. 아버지는 이때 집안일을 적극적으로 챙기고, 산모가 편안히 쉬면서 갓 태어난 아기와 친밀한 유대감을 쌓도록 가족을 보살핀다.[12] 티베트인은 또 애착관계가 형성되는 이 기간에 모유를 먹이는 것이 어머니의 사랑을 느끼게 하는 가장 강력한 방법이라고 생각한다. 그리고 어머니가 젖먹이 아기에게 긍정적인 사랑의 감정을 키우는 것이 중요하다고 본다. 어머니가 분노를 품고 있으면 모유를 먹는 아기에게 그러한 감정이 그대로 전해질 것이기 때문이다. 그러므로 모유를 먹이는 어머니는 알코올이나 니코틴, 카페인 등의 흡수를 자제해야 한다. 이는 물론 수태 전과 임신 중에도 마찬가지다. '이런 물질들이 수유를 통해 아기에게 전달되면 아기의 몸과 마음이 손상될 수 있기'[13] 때문이다.

젖먹이 아기에게는 어른에게서는 더 이상 찾아볼 수 없는 능력과 감수성, 고도의 감지력이 있다. 그래서 어머니들은 아기와 거의 떨어지지 않는다. 항상 팔에 안거나 가슴 혹은 등에 업고 있다. 유대감 형성과 두뇌 발달을 위해서는 지속적인 신체접촉과 교감이 특히 중요하다고 생각하기 때문이다. 그래서 티베트에서는 항상 누군가가 아기를 안거나 어루만져준다.

티베트인은 유아기를 양육에서 특별히 중요한 시기로 여겨서, 젖먹이든 걸음마장이든 아기가 울면 언제나 반응을 해준다. 낮 동안 아기가 사랑하는 식구들과 시간을 보내게 하고, 몇 년 동안 모유를 먹이며, 일곱 살이 될 때까지는 부모와 함께 재운다. 또 유아의 삶에서 중요한 발달 단계에 이를 때마다 축하 의식을 열어준다. 이런 의식이 몸과 마음, 정신, 영혼의 긍정적인 성장을 촉진시킨다고 생각하기 때문이다. 또 지적으로는 물론이고 직관적으로도 정보를 통합할 수 있도록 부모는 본보이기나 암기, 움직임을 통해 아이를 가르친다.[14] 또한 남자아이든 여자아이든, 마음과 정신을 모두 교육하는 것을 아주 중요하게 여긴다. 어느 티베트인은 교육을 잘 받은 아이일수록 나중에 더욱 훌륭한 남편과 아버지가 된다고 했다. 달라이 라마도 이렇게 말한 적이 있다. "이상적인 관점에서 보면 인간적인 자질들을 친절과 함께 계발시켜야 하지요. 하지만 중요한 일반 자질과 친절 중에서 선택해야 한다면 저는 친절을 택하겠다고 대답합니다."[15]

서양인에게 양육의 목적을 물으면, 일반적으로 독립적이고 생산적이며 성공과 행복, 부를 얻을 수 있는 아이로 키우는 것이라고 답한다. 그러나 똑같은 질문을 티베트인에게 던지면, 되도록 지혜롭고 너그러우며 연민의 마음을 지닌 아이로 키우는 것이라고 대답한다. 그래서 티베트에서는 남녀 불문하고 아이들에게 아주 작은 곤충에 이르기까지 모든 살아 있는 존재에게 공감하고 이들을 해치지 말아야 한다고 가르친다. 목적에 따라 양육법이 얼마나 달라질지 한번 생각해보라.

1994년 12월 나는 인도 여행 중에 엄청난 행운을 누렸다. 달라이 라마의 제수인 린첸 칸도 초걜Rinchen Khando Choegyal과 저녁 시간을 통째로 함께 보내게 된 것이다. 그녀는 티베트 망명 정부의 교육부 장관이자 티베트여성연합Tibetan Women's Association의 총재였다. 우리는 달라이 라마의 어머니를 위해 지어진 집의 임시 장작난로 앞에 옹송그리고 앉아 히말라야의 겨울 추위를 이겨내기 위해 몸을 덥혔다. 그러면서 우리의 자식들과 두 문화권의 양육법에 대해 이야기했다.

린첸 칸도는 티베트 여성에게 교육과 직업의 기회를 더 많이 만들어줄 책무를 안고 있었다. 이것은 남녀 간 평등을 더욱 확대시키겠다는 달라이 라마의 약속과 기조를 같이하는 것이었다. 그녀는 부족한 보살핌으로 아이에게 상처를 입히지 않으면서도 여성에게 교육과 직업의 기회를 늘려줄 방안이 혹 있느냐고 내게 물었다.[16] 그러면서 신뢰할 줄 아는 친절한 사람으로 아이를 길러내는 데는 어머니의 사랑이 중요하다는 점을 과소평가하면 안 된다고 강조했다. 티베트인은 여성이 어머니가 되어 '고귀한 인간을 이 세상에 내보내는 일이야말로 여성의 일생에서 가장 경이롭고 어려운 책무'[17]라고 생각하기 때문이다.

그녀의 질문을 신중히 되새겨본 후 나는 여성의 권리나 직업 기회와 관련해서 미국에선 1970년대에 중요한 변화들이 일어났다고 말해주었다. 하지만 양육방식이 유아 발달에 얼마나 중요한지를 인식하지 못해서, 몇 개월밖에 안 된 아이도 유치원에서 잘 보살필 수 있다고 생각한다는 것, 이로 인해 많은 아이들이 어머니에게 충분한 관심을 못 받고 자라는 것 같다는 말도 덧붙였다.

　그러자 린첸 칸도는 미국의 아이들이 어머니와 함께 보내는 시간이 부족해 상처받을지도 모르겠다고 조심스럽게 지적했다. 또 미국에서 십대 청소년과 부모 사이에 그토록 많은 문제가 발생하는 이유도 그 때문인 것 같다고 했다. 그녀는 이런 상황에 안타까움을 표시하고, 다른 문화에서는 이를 타산지석으로 삼아 아이들이 진정으로 원하는 보살핌을 받을 수 있도록 조정해야 할 것이라고 했다.[18]

　이 책을 착안한 결정적인 순간은 바로 이때였다. 이 점잖고 진실한 여인은 인도의 먼 마을에서도 미국에서 일어나고 있는 가정 문제를 대부분의 미국인보다 훨씬 잘 인식하고 있는 것 같았다. 나는 양육법과 관련해 세계 곳곳에서 관찰한 정보들을 꼭 전달해야겠다는 생각이 들었다. 영유아의 양육이 갖는 중요성에 관한 정보는 특히 더 공유할 필요가 있었다.

부탄

부탄은 히말라야 산맥 고지대에 위치한 내륙국가로 오랜 비폭력의 역사를 지니고 있다. 이 평화로운 나라는 고등교육을 받고 자애로우며 환경 의식이 깨어 있는 왕들을 둔 덕분에 다섯 세대 내내 서양의 영향력에도 아랑곳 않고 고유의 모습을 유지하고 있다. 국민이 이런 왕들을 선택한 것은 그들의 절충과 협상 능력이 탁월했기 때문이다. 1972년 부탄의 왕 지그메 싱예 왕추크Jigme Singye Wangchuck는 경제적 부만을 토대로 한 '국민총생산Gross Domestic Product'과 구별되는 것으로 '국민총행복Gross National Happiness'이라는

개념을 만들었다. 인간의 행복을 촉진시키는 삶의 특질을 밝혀내기 위해서였다.[19]

그러나 부탄에 입국하기는 쉽지 않다. 조직적인 단체 여행객이 아닐 경우 서양인 여행자에게 발급되는 비자가 극히 제한적이기 때문이다. 2004년 인도 여행 중에 나도 수차례 비자를 거부당한 끝에 드디어 5일간의 입국허가서를 발급받았다. 이 나라에서 시간을 보내게 되었다는 것이 얼마나 영광스럽고 기쁘게 여겨졌는지! 부탄의 정부 관리들은 양육에 대한 정보를 수집하는 것이 내 여행의 목적임을 이해했다. 그래서 친절하게도 부탄의 부모와 의사, 교육자들까지 소개해주었다. 평등주의 문화를 지닌 부탄은 남성과 여성을 상당히 동등하게 대우한다. 여성도 남성과 평등하게 교육받고 번듯한 직업을 가질 수 있다. 뿐만 아니라 모계문화라서 어머니를 가정의 수장으로 여기고 집안의 모든 유산을 여성에게 물려준다.[20]

소아과의사인 미미 라무Mimi Lhamu는 아들에게 젖을 먹이면서 설명하기를, 부탄에서는 아기에게 많은 보살핌과 사랑을 쏟아붓고 존중한다고 했다. 또 무슨 일이 있어도 최소한 2년간은 모유를 수유한다고도 했다. 어머니가 직장으로 돌아가고 싶어 하면 ―간혹 아기가 3개월밖에 안 됐는데도 이렇게 하는 여성들이 있다― 보통 외할머니가 낮 동안 아기를 보살피고 하루에 두 번 어머니에게 데려가 젖을 먹인다. 외할머니가 아기를 돌봐줄 상황이 안 되면, '아기를 진심으로 사랑'할 수 있는 분명한 자질을 갖춘 나이 든 여성을 골라 집에서 아기를 돌보게 한다.[21]

아버지와 나이 든 형제자매도 아기 돌보기를 거든다. 동네 구둣

가게에서 세 살배기 아이가 계산대 뒤편의 선반 위에서 낮잠 자는 모습을 본 적이 있다. 미국에서도 비슷한 일을 하는 부모라면 아이를 직장에 데려가보는 게 어떨까?

발리

발리에서는 오랜 동안 지켜오던 비폭력 약속이 최근 들어 엄중한 시험대에 놓였다. 2002년 끔찍한 테러리스트의 공격으로 인기 있는 나이트클럽에서 폭탄이 터지는 사건이 발생한 것이다. 이로 인해 젊은 관광객과 발리 현지인들이 2백 명 넘게 목숨을 잃고 수백 명이 심각한 부상을 당했다. 불길이 수 킬로미터나 번져가면서 그 길목에 있던 것들을 전부 태워버렸다. 들은 바에 의하면, 현장에 있던 젊은 발리인 청년들은 이런 짓을 저지른 범인들을 찾아내 죽여버리려 했단다. 그러자 발리인 연장자가 젊은이들을 엄격하게 제지했다. 그는 젊은이들을 세 그룹으로 나누어, 한 그룹에는 폭파 지역으로 가서 사체를 수습하라고 했다. 두 번째 그룹은 병원으로 가 화상을 입은 사람들을 돕도록 하고, 세 번째 그룹은 시체안치소에서 피해자 가족이 사랑하는 이의 신원을 확인하는 것을 도우라고 했다. 그러고는 이들 모두를 다음날 저녁 다시 모이게 한 다음, 여전히 다른 누군가에게 이런 고통을 되갚고 싶은지 알려달라고 했다.[22]

연장자의 지혜 덕분에 젊은이들은 즉각 보복하고 싶은 욕망을 넘어 상황을 차분히 바라보게 되었다. 연장자가 젊은이들의 공격적인 감정을 책임감과 보살펴주고 싶은 마음, 연민심으로 변환시켜 폭력의 악순환을 끊었기 때문이다. 이것들 모두가 발리인이 확고하게 붙잡고 있는 가치들이다. 이들은 어떻게 성장했기에 그처럼 놀라운 도덕적 도약을 이뤄낼 수 있는 사람이 된 걸까? 지난 25년간 5번에 걸쳐 발리를 방문하면서 나는 1년 가까이를 발리에서 생활했다. 그 결과 어린 시절부터 받아온 대접이 그처럼 평화로운 사람이 될 수 있는 정서의 토대를 형성해주었다고 진심으로 믿게 되었다.

발리인에게는 다른 어느 지역에서도 찾아볼 수 없는 영적인 풍속이 있다. 이 풍속은 힌두교와 불교, 발리 원주민의 애니미즘적인 종교가 결합된 것이다. 긴밀한 부모-아기 관계의 바탕에는, 아기는 하늘이 내린 선물이자 전생에 사랑하던 가족의 화신일 가능성이 크다는 믿음이 존재한다. 아기를 '순수한 선goodness'이나 '신에 가까운' 존재로 소중하게 여기는 문화권에서 태어나면 어떤 느낌일지 상상해보라. 아기를 가장 명예로운 가족 구성원으로 존중하고 생후 3개월간 누군가가 끊임없이 안아주며 천상의 에너지에 조금이라도 젖어보려 모두들 아기를 안고 보살피려는 문화권에서 태어난다면 어떨까? 환생이 가능하다면 나는 이런 곳에서 다시 태어나고 싶다.

발리는 진정한 내 '마음의 고향'이다. 25년 넘게 '우리 동네'에서 모든 세대를 관찰했다. 어른들은 연장자가 되고 십대는 마을의 지도자가 되었으며 아이들은 자식을 거느린 부모가 되었다. 인도네시아 공용어를 배운 덕분에 연구를 수월하게 진행하고, 나를 '식구'로 받아들인 발리인 식구들과 친밀한 관계를 맺을 수 있었다. 지금까지도 그들은 나를 '이부Ibu(어머니라는 의미)'라는 가장 영광스러운 호칭으로 부르며 존경과 사랑으로 대해준다.

가장 행복한 미소, 가장 따뜻한 마음을 지닌 발리 사람들

1989년 첫 여행 이후 발리에서도 많은 변화들이 일어났다. 마을에 전기가 들어오고, 주민들은 자전거 대신 오토바이를 타고 다니며, 대부분의 어른들이 핸드폰을 사용하고, 관광객을 위한 방갈로와 카페가 들어서면서 논 면적은 크게 줄어들었다. 테러리스트들이 일으킨 폭파 사건으로 관광객이 방문을 꺼리게 되면서 경제도 엄청나게 안 좋아졌다. 그래도 발리인들은 내가 지구상에서 만나본 사람들 가운데 가장 따뜻한 가슴과 행복한 미소를 잃지 않고 있다.

발리인과 어울려 살면서 나는 이들이 대단히 밝고 푸근한 마음을 지니고 있음을 금세 알아차렸다. 이들이 지닌 연민의 크기는 놀라웠다. 어느 연장자에게 발리인이 이처럼 너그러운 이유를 묻자, 이기적이기 때문이라는 다소 혼란스러운 대답을 내놓았다. 상대를 행복하게 만들어주는 일을 하면 자기 마음도 좋아지는 반면, 상대에게 상처를 주면 자신도 밤에 잠을 못 이루기 때문이라는 게 그의 설명이었다. 그러므로 상대를 행복하게 만들어주는 일은 곧 자신을 위한 일이라고 유쾌하게 결론지었다. 그는 미소를 지으면서 그러므로 자신은 사실 이기적으로 행동하는 것이라고 덧붙였다. 공감을 이처럼 간단하고도 심오하게 이해하면 관계를 긍정적으로 만들 수 있다. 처음 발리에 갔을 때 다섯 살짜리 딸 에밀리가 물었다. "여기 사람들은 어쩌면 이렇게 행복할 수 있는 거야?" 그리고 며칠 후에는 이렇게 묻기도 했다. "여기 애기들은 울 줄 모르는 거야?" 발리에는 아기를 환영하고 유년기 내내 아기를 존중하는 의식들이 있다. 이들은 이런 의식이 아기에게 자존감을 심어주고, 충분히 사랑받고 있음을 일깨워준다고 믿는다.

아기를 맞는 의식에는 세 가지가 있다. 신생아 환영의식과 생후 42일째에 치르는 작명의식 그리고 생후 3개월이 됐을 때 해주는 티가 불란^{Tiga Bulan}이 그것이다. 티가 불란('세 개의 달'이라는 의미)은 4시간에 걸친 정교한 의식인데, 사제가 아기와 부모, 아기가 처음 발을 디딘 자리에 축복을 내리는 동안 가족들은 아기의 건강과 장수를 위해 기도한다. 이 의식을 치르기 전까지 생후 3개월 동안은 아기를 '천상의' 존재로 여겨서 계속 누군가가 안고 있어야 한다. 그러다 의식이 끝나면 비로소 아기를 '지상의' 존재로 받아들인다. 이 시점부터 아기를 '팔에서 풀어놓을' 수 있다. 하지만 나는 젖먹이나 걸음마장이들 중에 안겨 있지 않거나 가까이서 보살핌을 못 받는 아기는 발리에서 거의 보지 못했다. 이들은 아기를 결코 다른 방에 두거나 홀로 방치하지 않았다. 언제나 한 명 이상의 가족들이 볼 수 있는 곳에 아기를 두었다.

이들은 (우리가 1년에 한 번씩 생일을 챙겨주는 것과는 달리) 6개월마다 특별한 오톤^{Oton} 의식을 연다. 이때 어머니는 아기의 태반을 묻어놓은 코코넛 나무 아래에 제물을 바치고 장수와 건강을 위해 특별히 기도한다. 아기가 아프거나 특별한 보호가 필요할 경우에는 이곳에서 제물을 만든다. 그러나 탯줄은 태반과 함께 묻지 않고, 말려서 가루로 빻은 다음 아기에게 쓸 소중한 약으로 간직한다. 발리의 아기들은 작은 은상자가 매달린 목걸이를 하고 있는데, 그 안에는 탯줄을 빻은 가루가 일부 들어 있다. 아기가 아플 것 같으면 즉각 그 가루를 소독한 식수에 조금 타서 아기에게 먹인다. 탯줄 가루에는 그 주인에게 특별히 잘 맞는 면역 보호물질이 들어 있어서 평생 사용할 수 있는 것 같다(일본에서도 탯줄을 약으로 쓴다. 아기의 탯줄을 말려서 삼나무 상자에 보관했다가 그 주인을 위해 사용하는 것이다). 발리에서는 아기가 사산되거나 태어난 지 얼마 안 돼 사망하면, 다른 가족이 세상을 떠났을 때보다 더욱 깊이 애도를 표한다. 애도 기간도 훨씬 길다. '아기는 그만큼 특별한 존재이기 때문이다.'

발리인에게 부모로서의 목적을 물으니 "아이에게 운명적으로 주어진 모습을 최대한 실현하도록 돕는 것"이라고 했다. 아이마다 특별한 재능을 갖고 태어난다고 믿기 때문에 발리의 부모들은 최대한 재능을 계발하고 발휘하도록 힘을 북돋아준다. 또 어떤 식으로든 아이를 통제하거나 조종하거나 바꾸려는 것은 부모로서 잘못된 길이라 여기기에 마을의 모든 주민이 이 점을 알려주려고 한다. 뿐만 아니라 화가의 재능을 갖고 있든, 음악가나 회계사, 요리사, 가정주부, 정원사의 재능을 갖고 있든, 본래의 타고난 재능에 충실하면, 타고난 재능이나 가정에서의 역할에 상관없이 아이들을 모두 동등하게 존중한다.

발리인은 대단한 평등주의자들이다. 남성과 여성이 동등하게 일하고 똑같이 존경받는다. 발리의 남성들은 자녀를 보살피는 일에도 많이 관여하고, 마초 같은 행동보다 아이를 돌보는 일을 훨씬 가치 있게 여긴다. 또 어머니가 아기 가까이에 있는 동안 아버지는 흔히 아기를 안거나 업고 얼러준다. 어머니에게 휴식을 주고 아기와 더욱 친밀한 관계를 맺기 위해서다. 아기가 커서 어머니가 복직을 하면, 흔히 아버지가 낮 동안 걸음마장이나 어린아이와 함께 지

내면서 즐겁게 놀아주고 보살핀다. 자
연히 아버지도 아이에게 많은 사랑을
쏟아붓는다. 그래서인지 사춘기 직전
의 아들이 여전히 아버지 무릎 위에
앉는다거나, 십대의 아이들이 아버지
를 옆에서 끌어안고 있는 모습도 흔
하게 볼 수 있다(사진).

　아이가 아프면 양친 모두가 간호한
다. 다시 건강해질 때까지 번갈아가면
서 계속 보살피는 것이다. 그래서 미국에선 흔한 부모와 자식 간의
반감을 발리의 사춘기 아이들에게서는 한 번도 본 적이 없다. 발리
의 사춘기 아이들은 오히려 가족을 돕는 책임을 더욱 많이 떠맡으
면서 가족에게 존중받고 어른으로 대접받는다.

　발리의 어린 소년들은 미국의 또래 아이들보다 눈에 띄게 평온
해 보였다. 과잉활동이라든가 공격적인 행위도 훨씬 적었다. 거칠
게 놀기도 했지만, 대개는 얌전히 앉아서 친구들과 편하게 이야기
를 나누었다. 또 나이가 많은 소년들이 어린 동생들을 보살피고 놀
아주는 광경도 흔히 볼 수 있었다.

　발리인은 모든 아이들이 내면에 '선함'을 지니고 태어나기 때문
에 부모가 '내면에 귀 기울이도록' 도와주면 아이 스스로 바람직한
결정을 내릴 것이라고 믿는다. 처음 이런 설명을 들었을 때는 부모
가 걸음마장이에게 스스로 내면의 소리에 귀 기울이도록 돕기만
한다는 훈육방식이 합리적으로 여겨지지 않았다. 그러나 이런 양
육방식을 실제로 목격한 후에는 이것에 확신을 갖게 되었다.

어느 날 발리인 가정을 방문해서 두 살짜리 소녀에게 풍선 하나를 건네주었다. 아이는 풍선을 갖고 즐겁게 놀았다. 그런데 두 살 반짜리 사촌 오빠가 들어와 풍선을 낚아챘다. 아이가 울음을 터뜨리자 소년의 어머니는 몸을 숙이고 아들에게 조용히 물었다. "사촌 동생을 울리고 싶었던 거니?" 아이가 고개를 젓자 다시 물었다. "어떻게 하면 동생이 다시 행복해할까?" 소년은 손에 쥐고 있던 풍선을 내려다보다 동생에게로 달려가 그것을 건네주었다. 그러자 둘러 앉아 있던 식구 모두가 어머니를 칭찬하고 소년에게도 똑똑하다고 추켜세웠다. 문제를 그처럼 신속하고 부드럽게 해결하는 방식이 내겐 너무도 인상적이었다. 1분도 안 돼서 서로를 위해 긍정적인 '윈-윈' 상황을 만들어내다니! 미국에서라면 이 상황이 어떻게 마무리됐을지 상상해보았다. 아마도 소년은 마지막에 현명하고 너그러우며 친절한 사람이라고 강화를 받기보다 수치심과 분노, 화를 느끼게 되었을 것이다. 이런 훈육법이 다른 상황에서는 어떻게 작용할지 궁금해지기 시작했다.

미국으로 돌아오자마자 아이에게 자신을 성찰하게 하는 이런 훈육방식을 실험해볼 기회가 주어졌다. 이제 막 중학생이 된 딸 에밀리가 며칠 후 학교에서 돌아와서는 끔찍한 욕을 해대는 것이었다. 딸이 그런 식으로 말하는 걸 한 번도 들어본 적이 없던 터라 충격이 이만저만이 아니었다. 도대체 무슨 일이냐고 묻자 딸이 대답했다. "중학교에서는 애들이 다 이런 식으로 말해." 나는 잠시 생각을 정리했다. 발리의 부모라면 이런 문제를 어떻게 다룰까? 그러곤 에밀리를 바라보며 차분하게 말해주었다. "네 안에 그런 사람이 들어 있는 줄 몰랐구나. 너는 지금, 앞으로 되고 싶은 여성의 모습을 훈련하고 있는 거야. 그러니까 네가 정말로 어떤 식으로 말하고 싶은지를 결정하는 것도 중요한 일이야." 그러자 에밀리는 즉시 욕을 멈추었다.

발리에서 사는 동안 양육에 대한 그들의 생각을 인터뷰할 기회가 많았다. 그중에는 영어를 아주 잘하는 와얀 라트나라는 젊은 어머니도 있었다. 그녀는 발리인 어머니와 오스트레일리아인 아버지 사이에서 태어난 덕에 두 나라에서 살아본 경험이 있었다. 자연히 발리에서의 삶에도 두 문화가 뒤섞여 있었다. 그녀는 어느 한쪽의 문화에 모든 답이 있다고 생각하지 않았다. 그렇지만 발리인이 아이들에게 많은 관심을 기울이는 태도를 진심으로 좋아했으며 "아주 적은 접촉과 대화도 아이에게는 크게 여겨질 것"이라고 믿었다. 발리의 아이들은 정말로 사랑과 존중을 받고 있음을 느낀다며 이렇게 덧붙였다. "아이들을 돌보는 방식은 정말로 큰 차이를 만들어내죠. 부모가 배려하는 자세로 가르칠수록 아이도 더 배려할 줄 아는 사람으로 자랍니다."[23]

국제적으로 유명한 예술가 케투트 카르타는 발리에 있는 페네스타난 마을의 지도자였다. 카르타는 아버지를 포함해서 모든 부모가 주어진 시간의 반은 아이들과 보내야 한다고 굳게 믿고 있었다. "사업에 운이 따라주면 때때로 아이들을 잊어버리죠. 하지만 가장 중요한 일은 아이들에게 사랑을 주는 겁니다. 아이들이 건강하고 행복하고 사랑받는다고 느끼는 것. 그게 돈보다 더 좋은 일이죠."[24] 어린 시절은 즐거움으로 가득해야 한다는 것이 발리인의 생각이었다. 그래서인지 누구나 아이들과 노는 것을 좋아하는 것 같았다.

노만 간드리는 두 소년의 어머니였다. 그녀의 설명은 발리의 부부들이 양성 평등을 실천하고 있음을 다시 일깨워주었다. "요리에서 빨래, 제사에 이르기까지 남편이 집에서 모든 일을 도와줘요."[25] 노만은 약 10년 전 발리의 주민들을 정말로 걱정시킨 이야기를 들려주었다.

"어느 미국인 여자가 아홉 달 된 아들을 데리고 발리를 방문해서 몇 달간 머물렀죠. 그녀는 제 동생 케투트를 고용해서 아들을 돌보게 했어요. 그러곤 매일 아침 아들을 두고 집을 나섰습니다. 아이는 거의 하루 종일 엄마 없이 지냈지만, 엄마가 외출을 하려고 해도 울지 않았어요. 그런데 몇 주 후 케투트가 떠나려 하니 울기 시작했어요. 그러자 그녀는 케투트에게 아기를 너무 많이 안아주지 말라고 했어요. 그러면 아기의 독립심이 약해질 게 뻔하고, 그건 '미국인다운 태도'가 아니라면서요. 마을사람들은 충격을 받았고 미국인은 아이들에게 충분한 보살핌을 주지 않는 것 같다며 걱정했지요. 몇 년이 지난 뒤에도 아이가 울 때마다 케투트를 부른다는 걸 보면 아이는 발리의 방식을 더 좋아하는 것 같아요."[26]

나의 '발리인 아들' 메이드 나룩에게 발리의 부모가 자식에게 그토록 헌신적인 이유를 물었다. 그러자 그는 웃으며 대답했다. "늙으면 자식이 부모를 보살필 테니 자식에게 잘 대해주어야지요."[27] 어렸을 때 어떻게 기르느냐에 따라 자식이 노년에 보살펴주는 방식이 달라진다는 것을 발리인은 잘 알고 있었다.

평화로운 문화권의 부모를 지켜보며 터득한 양육법 중 가장 가치 있는 하나는 자식과의 관계를 구축하고 지키는 것이 중요하다는 점이다. 관계가 단절됐다는 느낌이 들면 가능한 빨리 다시 이어지도록 최선을 다해야 한다. 이렇게 관계가 긴밀해지면 양육은 더욱 많은 기쁨을 가져다준다. 아이도 더 협조적이고 친절한 사람으로 성장하고 가족도 행복해진다.

평화로운 공존을 위한 전통육아

일본

2001년 9·11 테러 이후 우리 가족은 2002년에 일본으로 여행을 떠났다. 그로 인한 국가적 슬픔에 젖어 히로시마로 가서 2차 세계대전 중에 미국의 원폭 투하로 삶과 사랑하는 사람, 건강을 모두 잃어버린 일본인에게 조의를 표하고 싶은 마음이 든 것이다. 여행 전까지만 해도 우리는 2차 대전 후 일본이 다시는 전쟁에 가담하지 않겠다고 국가적 차원에서 다짐했다는 사실을 몰랐다. 그런데 2014년 7월 1일 일본 헌법 9조의 재해석을 둘러싸고 일본인들 사이에서 엄청난 논란이 일었다. 이 재해석으로 이제는 자국 방어를 위해 군사력을 사용할 수 있게 되었기 때문이다.[28]

지난 69년 동안 고통스런 과거를 치유하고 평화로운 미래를 창조하기 위해 일본의 국민이 많은 노력을 기울였다는 사실에 가슴이 따뜻해졌다. 새롭게 발의된 정부 정책과 상관없이 오랜 동안 유지되어온 비폭력 약속을 일본 국민이 계속 지켜나갔으면 싶은 마음이다. 1945년 8월 6일 미국의 핵폭탄 투하로 사망한 15만(대부분이 아이들이다) 시민들을 기념하는 히로시마 기념관을 방문했을 때,

우리 가족은 엄청난 양심의 가책을 느꼈다. 누가 봐도 미국인인 우리를 히로시마 사람들이 어떻게 받아들일지도 알 수 없었다. 그러나 영원히 잊지 못할 경험 덕분에 연민이 인간의 마음을 치유해주면 화해가 가능함을 진심으로 믿게 되었다.

이른 아침 우리 가족은 기념박물관 바깥에 있는 평화의 공원에 앉아 있었다. 안으로 들어가 인류에게 가해진 가장 끔찍한 파괴의 참상을 확인하는 데는 용기가 필요했다. 그때 그 끔찍한 사건을 겪어냈을 것 같은 노쇠한 할머니 한 분이 갑자기 우리에게 다가왔다. 그녀는 서툰 영어로 우리에게 미국인이 맞느냐고 물었다. "네, 고통 속에서 죽어간 일본인들에게 진심으로 사과하려고 왔어요." 나는 얼른 이렇게 대답했다. 그러자 그녀는 눈물을 글썽이면서, 여기서 미국인을 본 적이 거의 없는데 당신들에게 축복을 빌어주면 안 되겠냐고 물었다. 우리가 놀라며 좋다고 대답하자 할머니는 주름 진 팔을 들어 올리더니 오래도록 우리 머리 위에 손을 얹었다. 눈물이 우리 모두의 얼굴 위로 흘러내렸다. 인류는 하나라는 신성한 느낌이 거세게 밀려오면서 지구상에서 평화롭게 공존할 길을 찾을 수 있을지도 모른다는 희망이 피어났다.

비폭력 사회를 창조하는 일에 더욱 헌신할 수 있도록 일본 정부가 가장 우선적으로 실시한 정책의 하나는 초보 부모를 지원하고 젖먹이 아이들을 돌보는 일에 많은 시간을 할애하도록 장려하는 것이었다. 아이들을 연민이 큰 사람으로 키워내는 것이 목적이었을 것이다.

일본에서는 출산 후 산모가 모유를 제대로 먹일 수 있을 때까지 병원은 밤낮없이 수유에 도움을 준다. 집으로 돌아온 후에는 적어도 4주 동안 아기를 사람들이 있는 곳에 데리고 나가지 않는다. 산모와 아기가 유대감을 쌓는 이 기간에 둘은 모든 시간을 함께 보낸다. 그동안 보통은 아기의 외할머니가 다른 자녀들과 집안을 보살핀다. 친구와 친지도 음식을 들고 오지만 문간에 두고 갈 뿐, 절대 집 안으로 들어오지 않는다. 어머니와 아기의 애착관계가 형성되는 이 중요한 시간을 방해하지 않기 위해서다.

선택 사항이지만 일본의 모든 어머니는 1년간의 유급 출산휴가를 받을 수 있다. 덕분에 어머니들은 아기에게 첫 1년 동안 계속 모유를 먹일 수 있다. 정부는 이 시기 동안 산모에게 매달 월급을 지급하고, 산모는 신생아가 첫 돌을 맞을 때까지 언제든 일하던 직상으로 돌아갈 수 있다. 산모는 또 정부의 지원을 받는 어머니 지지 그룹에 들어갈 수도 있다. 이 그룹은 아기가 한 살이 될 때까지 지속된다. 이 그룹에서는 2~3개월 미만의 아이를 둔 근처의 새내기 어머니들을 위해 매주 서로 무언가를 해준다. 1년이 지나면 어머니들은 재량껏 지지그룹과의 만남을 이어갈 수도 있다.[29]

도쿄에 있을 때 기쁘게도 나호 키쿠치를 인터뷰할 수 있었다. 국제학교에서 상담사로 일하는 나호는 두 아이의 어머니였다. 그녀는 정부의 유급휴가가 너무 고맙다며 출산 후 1년간 집에서 딸과 보낸 시간이 둘의 관계에 얼마나 놀라운 영향을 미쳤는지 설명해주었다. 그러나 첫 아이를 낳았을 때는 출산 후 4달만 집에 머물렀던 데다 모유를 계속 먹이기도 힘들었다. 아들과 더 오래도록 집에 있었으면 좋았을 텐데 말이다.[30] 이 인터뷰에서 얻은 다른 정보들은 뒤에서 이야기할 것이다.

내가 포대기를 쓸 수밖에 없었던 이유

———

중앙아메리카와 남아메리카의 장기 여행 후 몇 주 안 돼 첫 아들 셰인을 임신했다. 다른 나라의 양육법을 관찰하면서 아이를 어떻게 길러야 하는지 깊이 깨달은 나는 당시의 전통적인 미국 방식은 따르지 않으리라 마음먹었다. 그리고 이런 결심의 대가로 나의 낯선 양육방식을 남들에게 되풀이해서 설명해야 할 것을 알고 있었으므로 내 생에 가장 중요한 여행을 시작했다. 먼저 나는 새로 개업한 조산원에 들어갔다. 이곳에는 출산을 도와주는 산파간호사까지 있었다. 당시만 해도 이런 조산원은 혁신적이었다. 이곳에서 나는 (극히 드물게도) 완전 자연분만으로 출산을 했다. 남편도 충분히 동참하고 (이제 막 받아들여지기 시작한 상황이었다) 아기는 언제나 나와 함께했다(이는 처음 듣는 일일 것이다).

1970년대 중반에는 일반적이지 않은 일이었지만 나는 아주 헌신적으로 모유만을 먹였다. 당시 여성의 가슴은 언론매체 속에 종종 등장했지만, 북아메리카인은 가슴의 일차적인 목적(수유)은 잊어버린 것 같았다. 일반적으로 젖먹이들에게 4시간 단위로 조제분유를 먹이던 때였다. 그러나 나는 셰인이 원할 때는 언제든 모유를 먹였다. 그렇게 며칠이 지나자 남편이 1시간 단위로 먹이는 것이 어떻겠느냐고 물었다. 그러나 본능적으로 무엇이 좋은지 깊이 알고 있었던 터라 나는 이렇게 대답했다. "글쎄, 볼리비아 엄마들이 아기에게 젖을 물리기 전에 시계를 보는 모습은 한 번도 본 적이 없는데."

나는 또 가능할 때마다 셰인을 가방형 포대기에 넣어 가슴에 끌어안고 잠도 나와 같은 침대에서 재웠다. 신체적으로 위험하고 정서적으로도 해로울 수 있다는 생각에 당시 미국에서는 이것을 의학적으로 금기시하고 있었다.

명색이 유아발달전문가라는 사람이 아들을 이렇게 키우는 게 걱정됐는지 식구들은 물론이고 이웃들까지 눈살을 찌푸렸다. 그런데 놀랍게도 아흔 살 된 할머니는 가장 강력한 옹호자가 돼주었다. 나름대로 오랜 지혜를 갖고 있던 할머니는 어느 날 내 귀 가까이에 머리를 기울이고 조용히 속삭였다. "셰인이 어렸을 때 줄 수 있는 만큼 사랑을 많이 줘. 그러면 셰인도 사랑하는 법을 배워서 언젠가는 너를 보살펴줄 거야." 그러고는 물러나 자리에서 일어서며 자신 있게 소리쳤다. "내가 양로원으로 안 보내진 게 우연만은 아니야!" 할머니의 확신에 안도감을 느끼고 나는 셰인에게 최대한 많이 사랑을 쏟았다. 덕분에 셰인은 불만 없이 아주 행복하고 친절한 꼬마로 자라났다. 그리고 나의 양육법에 의문을 제기했던 많은 사람들도 호기심을 느끼기 시작했다.

Chapter 2

애착관계의
막중함

사랑과 감사의 느낌은 사랑과 보살핌에 대한 반응이며
어린아이의 내면에서 직접적으로 자연스럽게 일어난다.
– 메라니 클레인

젖먹이에게 애착은 삶과 죽음의 문제다. 완전히 무력한 상태로 태어나기 때문에 아기의 기본적인 생존은 어머니나 누군가와 친밀한 관계를 유지하는 데 달려 있다. 이들이 아기에게 먹을 것을 주거나 아기의 모든 요구를 들어주기 때문이다. 인간은 임신기의 중간에 태어나는 것 같다. 다른 포유류는 생후 며칠이나 몇 주 만에 먹이가 있는 곳까지 기어가지만 인간 아기는 아홉 달이 지나야 그럴 수 있기 때문이다. 인류학자들은 우리의 조상이 직립보행을 시작하면서부터 보행의 용이성을 위해 골반 부위의 구조가 변화했다고 믿는다. 출산은 처음에 문제가 안 됐다. 인간의 두뇌는 태어날 때 좁은 골반 뼈 사이를 쉽게 빠져나올 수 있을 만큼 작았기 때문이다. 그러나 두 다리로 걷게 되면서 갑자기 두 손으로 여러 가지 새로운 일들을 하게 되고, 이로 인해 두뇌도 성장하기 시작했다. 지난 1,500만 년 동안 인간의 두뇌는 모든 살아 있는 포유류의 몸 크기를 놓고 볼 때 상대적으로 가장 크게 성장했다.[1] 아기들이 '완전한 기간'을 채우고 태어났다면 머리는 더 이상 산도를 통과하지 못했을 것이다. 그래서 두뇌가 자라는 만큼 아기들은 갈수록 일찍 태어나기 시작했다.

현재 아기들은 임신 40주 만에 태어난다. 이로 인해 기어가 스스로 음식을 찾아먹을 때까지 적어도 40주간은 손쉽게 구할 수 있는 음식과 지속적인 보살핌이 필요하게 되었다. 초기 발달의 관점에서 보면, 젖먹이들은 계속 데리고 다니며 음식을 먹여줘야 하는 아기 캥거루와 비슷한 면이 많다. 아직은 미성숙하기 때문에 이 결정적인 '임신 후반기'에 아기들의 모든 욕구를 기꺼이 충족시켜줄 헌신적인 양육자, 즉 생존을 위한 긴밀하고도 책임 있는 애착 대상이 필요하다. 인간의 두뇌는 많은 부분이 출생 이후에 성장한다. 양육자가 아기를 지속적으로 양육하고 돌보는 데서 기쁨을 느끼면, 아기의 두뇌는 안정감과 자존감, 관계에 대한 신뢰로 가득 찬 상태로 발달한다. 그리고 이런 두뇌는 곧 인성의 바탕을 이룬다.

원숭이들의 애착육아

진화의 관점에서 보면 인간의 양육법 외에도 인간과 가장 가까운 동물이 새끼의 요구를 충족시켜주는 방식을 살펴보는 것도 흥미롭다. 나는 발리의 원숭이 숲에 사는 마카크 원숭이 무리는 물론이고, 인도와 네팔에 걸쳐 있는 히말라야 산맥의 랑구르도 관찰한 적이 있다. 이 영장류들의 양육은 훨씬 본능적이었으며 새끼의 실제적인 요구를 충족시켜주는 데 초점을 맞추고 있었다. 대중적인 믿음이나 문화에는 영향을 받지 않았다.

마카크 원숭이는 새끼들이 보통 어미 하나에만 애착을 느끼는 '단일 결속자'다.[2] 어미 원숭이는 새끼에게 많은 주의를 기울이고 보살핀다. 1~2년 동안은 새끼를 언제나 '안거나 업고' 다니며 '마음대로' 젖을 물린다. 어미가 걷거나 기어오르는 중에도 등에 업히거나 가슴에 매달려 어미의 몸을 꽉 움켜쥔 채 젖을 빠는 새끼의 모습을 흔하게 볼 수 있다. 새끼 원숭이들은 깨어 있든 자는 중이든 하루 종일 어미의 일상적 활동에 동행한다. 마카크 어미들은 무리를 지어 살며 서로를 사회적으로 지지해준다. 하지만 새끼를 함께 키우는 건 좋아하지 않는다. 모여 있을 때 새끼들은 함께 놀고 어미들은 서로의 털을 다듬어주지만, 다른 원숭이들의 새끼들과 어미들이 서로 영향을 주고받는 일은 없다. 현재 서구문화에서는 인간의 양육에서도 이와 비슷한 상황이 벌어진다. 다른 누군가가 아기를 안겠다고 해도, 이것은 보통 아기의 모든 요구를 책임지고 기꺼이 들어주겠다는 의미가 아니다. 그보다는 아기가 불편해하면 곧장 어머니에게 되돌려 보내는 경우가 더 흔하다.

마카크 원숭이에 비해 랑구르 원숭이는 더 '협력적인 양육자'라고 할 수 있다. 랑구르 원숭이 어미는 가까운 친지들을 신뢰한다. 그래서 가까운 친지들이 낮 시간의 거의 반 동안이나 새끼들을 보살펴준다.[3] 특히 젊은 암컷 원숭이들이 새끼들을 기꺼이 보살피고 싶어 한다. 스스로 어미가 되기 전에 미리 양육훈련을 할 수 있기 때문이다.[4]

이런 식의 '젖먹이 육아 분담'은 발리 같은 문화권에서 일어나는 일과 비슷하다. 발리인은 아이를 돌볼 때 가족구성원의 직접적인 도움에 의존한다. '젖먹이의 육아를 분담하는' 발리인은 아기를 이 사람에서 저 사람에게로 계속 건넨다. 발리에서는 아기를 안는 것을 영광으로 여기기 때문에 어머니들은 엄청난 지원을 받을 수 있다. 이처럼 끊임없이 주어지는 도움 덕분에 어머니들은 짓눌리거나 지치지 않고 아기의 강력한 요구들을 쉽게 충족시켜줄 수 있다.

부모의 애착은 왜 중요할까

영아용 조제분유가 모유보다 몸에 더 좋다고 믿었던 1950년대에 실험심리학자인 해리 할로우Harry Harlow는 붉은털원숭이를 대상으로 연구를 했다. 그는 붉은털원숭이의 유아사망률을 줄이기 위해 아기 원숭이를 태어나자마자 어미에게서 떼어내 우리 속에 집어넣었다. 그러고는 철과 비타민 보충제를 첨가한 분유를 젖병에 넣

52

어 새끼 원숭이들에게 먹였다. 그러자 놀랍게도 우리에 있던 새끼 원숭이들의 건강이 나빠지면서 영아사망률은 오히려 증가했다. 또 우리에서 분유를 먹으며 혼자 자란 새끼들은 더 독립적으로 변하기보다 높은 수준의 불안을 드러냈다. 어미가 키운 새끼들처럼 놀면서 탐구하기보다는 시설에서 자라나 정서적으로 피폐해진 인간 아기들처럼 자신의 몸을 붙잡고 강박적으로 앞뒤로 흔들어댔다. 할로우가 타월처럼 수분을 잘 흡수하는 테리 천으로 싼 원뿔형의 물체를 우리에 넣어주었더니 외로운 원숭이는 필사적으로 이 대체 어미에 매달렸다. 이후 자기 몸을 감싼 채 반복적으로 흔들어대는 행위는 줄어들었다.

할로우는 아기의 정상적인 발달에 왜 어미가 그토록 중요한지 의문을 품기 시작했다. 이제까지 대부분의 사람들은 아기에게 먹을 것을 주는 능력 때문에 아기가 어미에게만 애착을 갖는다고 믿었다. 그러나 심도 있는 연구 결과, 새끼 원숭이들은 튀어나온 젖꼭지에서 언제든 젖을 먹게 해놓은 단순한 철사 '어미'보다 부드러운 천으로 싸여 있지만 먹을 것은 주지 않는 '어미'를 분명히 더 좋아했다. 새끼 원숭이들은 먹을 때만 철사 '어미'를 이용하고 나머지 시간에는 더 포근한 테리 천 '어미'에게 미친 듯 매달려 위안을 얻었다. 그리고 이 모성을 박탈당한 원숭이들 전부가 나중에 새끼를 낳았지만 어미 역할을 제대로 하지 못했다. 사실 어찌나 양육에 서툴렀는지, 사람이 직접 우유를 먹이지 않았다면 새끼들은 제대로 살아남지 못했을 것이다. 이처럼 무시와 학대 속에 자라난 세대는 야생에서 존속하지 못한다. 자손들이 살아남지 못하기 때문이다.[5] 무시나 학대의 폐해를 인식하고 이를 바꾸겠다고 굳게 결심하지 않으면 아이를 방치하거나 학대하는 악순환은 미래의 세대에게 지속적으로 전해질 것이다.

영국의 심리학자 존 볼비John Bowlby는 1950년대 애착이론의 선구자다. 그는 신생아가 생존을 위해서 양육자에게 본능적으로 애착을 느낀다고 설명했다. '영아와 유아는 어머니(혹은 지속적인 어머니 대체자)와 따스하고 친밀하며 지속적인 관계를 경험해야 하며, 이런 관계에서 아기와 어머니 모두 만족감과 즐거움을 얻는다'[6]고 믿었다. 이런 친밀한 애착 덕분에 아기는 걸음마장이로 성장해도 위험할 때는 부모 옆에 바싹 붙어 있으면 된다고 확신한다.[7] 사실 인간 아기의 경우 18세까지는 모든 주요 욕구를 충족시키는 데 부모와의 친밀한 애착이 필요하다.

캐나다의 심리학자 메리 에인스워스Mary Ainsworth는 1950년대 런던에 있던 존 볼비의 클리닉에서 일하는 동안 어머니-아기의 애착 역할에 관심을 갖기 시작했다. 당시에는 애착을 상당히 잘못 이해하고 있어서, 병원에서는 부모가 자식을 병문안하는 것조차 금지할 정도였다. 면회 시간이 끝나 부모가 떠나면 아이들이 울면서 심하게 우울해했기 때문이다. 하지만 부모가 면회를 오지 않으면 아이들은 훨씬 조용해져서 다루기가 수월했다. 그래서 아이들이 입원해 있는 내내 부모가 아예 면회를 안 하거나 횟수를 줄이는 편이 더 낫다고 생각했다. 볼비와 에인스워스는 이런 병원 정책을 급진적으로 바꿔놓았다. 부모가 곁에 없을 때 고통스럽고 두려운 병원 치료를 받으면서도 울음을 터뜨리지 않는 이유는 아이들이 고통을 넘어서 우울과 체념 상태에 이르렀기 때문임을 입증했기 때문이다. 이런 아이들은 퇴원 후에도 부모에게 다시 애착을 느끼는

데 어려움을 겪었다. 근본적인 신뢰감이 그만큼 훼손돼버렸기 때문이다. 볼비와 에인스워스는 안정적인 애착의 긍정적인 신호가 바로 울음이므로 그치게 하지 말고 존중해야 한다고 주장했다.[8]

에인스워스 박사는 모성 애착을 더욱 폭넓게 연구하기 위해 미국과 아프리카에서 어머니-유아의 관계를 연구했다. 그 결과 다음과 같은 사실들을 발견했다. 첫째, 아이에게 빨리 반응하는 엄마는 단단한 애착관계를 형성한다. 덕분에 아이는 덜 울고 훨씬 쉽게 달랠 수 있다. 둘째, 엄마가 아이에게 주의를 기울이지만 아이가 보내는 신호를 잘못 읽으면 아이가 많이 운다. 셋째, 엄마가 아이에게 반응하지도 않고 종종 혼자 두면, 아이는 엄마가 방 안에 있어도 신경조차 안 쓰고 자신을 닫아버린다.[9]

이 혁명적인 발견은 당시 서구 문화권의 일반적인 믿음과는 완전히 상충되는 것이었다. 당시에는 우는 아기에게 너무 빨리 반응하면 아기가 '버릇이 없어져서' 나중에 걸음마장이가 됐을 때 곧잘 떼를 쓰고 요구사항도 많아진다고 믿었기 때문이다. 그러나 꾸준한 관심과 섬세한 보살핌이 충분하지 않으면 아이는 상처를 입는다. 또 다른 오해는 아이를 지나치게 보호하면 아이가 독립적으로 자라지 못하고 '스스로 차분해'지지도 못한다는 것이었다. 이것도 사실은 정반대로 밝혀졌다. 독립성은 안정감에서 비롯되고, 안정감은 타인에게 의존했을 때 욕구가 변함없이 충족될 경우 생겨나기 때문이다.

에인스워스는 이렇게 결론지었다. '생후 처음 몇 달간 어머니가 다정하고 따스하게 안아주면, 아기는 1년이 지날 즈음 아주 적은 신체적 접촉에도 만족해한다…… 안기는 걸 좋아하지만 어머니가

내려놓아도 독립적으로 즐겁게 탐색 놀이를 시작한다.'[10]

생후 1년 반 동안 영유아는 신체적·정서적 욕구들을 스스로 충족시키지 못한다. 그래서 이런 욕구들을 따스하고 섬세하게 이해하고 충족시켜줄 믿을 만한 사람에게 애착을 갖는다. 그러다 움직임이 쉬워지면 이 애착 인물을 안전한 기지로 삼아 세계를 탐험하기 시작한다. 돌아오면 이들이 반기고 보살펴줄 것을 알기 때문이다. 영유아의 두뇌는 적절한 행위를 구분할 정도로 충분히 발달되지 않았다. 하지만 약 18개월이 되면 걸음마장이는 사회적으로 용인되는 행위를 배우기 시작한다. 그러므로 이 시점부터는 분명한 기대와 한계를 설정해주어야 한다. 영유아기의 친밀한 애착관계는 이런 한계 설정을 더욱 수월하게 해준다. 걸음마장이들은 따스하고 친밀하게 느끼는 대상에게 즐거움을 주는 데서 기쁨을 느끼기 때문이다.

평생 이어질 부모-자식 간 긍정적인 관계의 토대는 생후 18개월 동안 신체적이고 정서적인 친밀감을 충족시켜주려는 부모의 갈망으로 만들어진다. 60년간의 연구 결과들은 애착이 관계에 대한 신뢰와 안정감에 결정적으로 중요한 역할을 한다는 점을 일관되게 보여준다. 다정하고 친밀한 애착 형성에 역점을 두는 양육법은 영유아의 생존은 물론 건강한 성장에도 도움이 된다.

애착을 결정짓는 마법의 한 시간

부모의 애착은 보통 임신기의 어느 시점에 시작된다. 그러나 호르몬의 영향으로 부모와 영유아 사이 가장 강력한 애착관계가 형성되는 시기는 출생 직후 90분간이다. 일생에서 가장 힘든 도전인 출생을 막 겪어낸 신생아도 엄마가 반경 약1미터 내에 있으면 차분해진다. 반면에 엄마에게서 멀리 떨어지면 보통 울부짖으며 극도의 불안을 경험하고 (심한 스트레스를 받았을 때 분비되는 호르몬인) 코르티솔 수치도 정상의 10배까지 치솟는다.[11]

엄마가 신생아를 계속 가까이에 두고 출산 중에 약물을 과도하게 사용하지 않았다면, 아기는 엄마와의 첫 대면 시간에 '평온하게 살피는 상태'에 든다. 특히 얼굴에 관심을 갖고, 자신을 안고 있는 사람이 누구든 눈을 응시한다. 영유아는 자궁 속에 있을 때 들었던 엄마의 음성이나 냄새는 물론, 아빠나 다른 사람의 목소리도 알아들을 수 있다. 아기의 모든 에너지는 보고 듣고 연결 짓는 데 쓰인다.[12] 이 응시의 시간에 피부접촉은 어머니와 아버지, 아기 사이의 애착 형성을 돕는다. 부모는 이렇게 애착이 형성되는 시간이 아기와 '사랑에 빠지는' 가장 기쁜 시기라고 말한다. 이때 어머니와 아버지의 뇌에서 분비되는 옥시토신과 프로락틴은 이 시간을 특별히 더 행복하게 받아들이도록 만들어준다. 연구 결과 갓난아기와 이 초기의 유대 형성 기간을 거친 어머니는 나중에 떠받치기나 끌어안기, 입 맞추기, 쓰다듬기, 말해주기, 눈 맞추기, 미소 지어주기 같은 애정 어린 행위들을 더욱 열심히 해주는 것으로 나타났다.[13]

약물 치료를 하지 않았을 경우, 태어나자마자 아기를 어머니의 배 위에 올려놓으면 아기는 본능적으로 어머니의 가슴 위로 기어올라가 스스로 젖꼭지를 찾아서 붙잡고 빨기 시작한다. 이 모든 일이 처음 55분 안에 일어난다.[14] 유니세프와 세계보건기구에서 추진하는 '아기를 위한 병원 지침Baby-Friendly Hospital Initiative'에서는 아기를 생후 1시간 동안은 방해 없이 어머니와 살갗을 맞대고 있게 해주라고 권장한다. 또 '출산 후 1시간 내에 수유를 시작하도록 돕는 것'이 수유의 성공적인 시작과 지속에서 가장 중요한 10단계 중 하나라고 주장한다.[15]

프로락틴은 놀라운 '양육 호르몬'으로 이완과 참을성, 보호, 수유 행위, 애착을 자극한다. '유즙 분비를 돕는다'는 의미의 프로락틴은 확실히 모유를 수유하는 어머니와 관련이 깊다. 그래서인지 남성에게도 프로락틴이 있다는 사실은 잘 알려져 있지 않다. 영장류를 대상으로 한 연구 결과, 타마린 원숭이는 암컷이 새끼를 낳은 직후 수컷의 프로락틴 수치가 증가하는 것으로 나타났다. 임신이나 수유 중인 암컷, 새끼와 아주 가까이에 있을 때도 마찬가지였다. 또 새끼를 데리고 다니는 마모셋 수컷 원숭이에게서는 프로락틴이 다섯 배나 더 높게 나타났다.[16] 연구 결과 인간의 경우에도 아내의 임신이 남편의 호르몬에 영향을 미치는 것으로 나타났다. 아내의 출산 경험에 남편이 진심으로 관여할 때도 그래서, 출산 시 남편에게서도 프로락틴과 바소프레신, 옥시토신 같은 호르몬들이 모두 증가할 수 있다. 이 호르몬들은 새내기 아버지의 애착과 보호, 사랑, 충실함, 헌신, 보살핌을 촉진시킨다.[17] 자식을 보살피는 데 많은 시간을 할애하는 발리의 남성들이 아주 온화하게 아이를 잘 양육하는 것도 아마 이 때문일 것이다. 영유아를 돌보는 일에 직접 관여하는 선진국 아버지들 사이에서도 양육 행위가 늘어나고 있다.

기저귀를 가는 아빠가 세상을 바꾼다

생존을 완전히 의존해야 하기에 신생아에게는 빈틈없는 양육자와 안정적인 애착관계를 형성하는 것이 중요하다. 이론적으로는 누구와도 이런 관계를 형성할 수 있다. 그러나 인간 영유아에게는 아홉 달 넘게 자궁 안에서 시작하고 발달시킨 어머니와의 관계가 자궁 밖으로 나온 후에도 가장 먼저 이어지기를 바라는 근원적인 욕망이 있다. 자궁 밖으로 나온 후의 아홉 달을 가리키는 '임신 후반기'에 아기는 특히 어머니에 대한 애착의 지속을 느끼고 싶어 한다.

죽음이나 유기, 입양으로 생모를 잃어버린 어른이나 아이들을 연구하면서 분명히 확인한 점이 있다. 영유아기에 어머니를 상실한 경험은 극심한 불안정과 불안을 불러온다는 점이다. 이는 사랑이 넘치는 아버지와 조부모, 입양 부모 밑에서 자란 경우에도 마찬가지였다. 물론 모든 아기가 생모에게 반가운 존재로 대접받지는 못하겠지만 이런 상황이 커다란 고통을 불러온다는 점은 인정해야 한다. 어머니와의 관계가 단절되면 아기는 깊은 상실감을 경험하고, 이런 상실감은 오래도록 지속적으로 영향을 미친다.

모유를 먹는 아기와 어머니 사이에서는 특별히 긴밀한 관계가 형성된다. 이들의 몸에서 분비되는 양육호르몬과 이들의 몸이 긴밀하게 서로 연결되는 방식도 관계를 촉진시킨다. 사랑이 많은 아버지도 수유를 제외한 모든 유형의 편안함을 아기에게 제공해줄 수 있다. 그래도 아기는 흔히 어머니와 함께 있고 싶어 한다. 미성숙한 두뇌가 최초의 애착을 유지하길 바라는 동안 어머니의 수유가 안도감과 피신처를 제공해주기 때문이다. 수유 행위가 불러오는 이 필수적인 유대를 이해하는 것은 아버지에게 중요하다. 그래야 아기에게 최고의 영양은 물론이고 정서적 안정을 위한 탄탄한 토대까지 제공할 수 있기 때문이다.

아기가 어머니에게 극도로 의존하는 처음 9개월간 아버지는 자신의 역할에 혼란을 느낄 수 있다. 어떤 아버지들은 수유가 만들어내는 그 긴밀한 관계로 인해 따돌려졌다는 느낌이나 질투, 분노까지 느낀다. 아버지도 초기 양육에 참여해야 한다고 앞장서서 주창하는 패트릭 하우저Patrick Houser도 이렇게 말했다. "수유기간이 짧은 게 가장 좋다고 생각하는 아버지도 있어요. 아내의 젖가슴과 아내를 빨리 되차지할 수 있으니까요."[18] 그런가 하면 아기가 자신에게도 똑같이 관심 가져주기를 바라면서 아내와 경쟁하는 아버지들도 있다. 이처럼 아기가 태어난 후 1년 동안 애착을 가진 아버지는 자기 역할에 당혹감을 느낄 수도 있다. 그러나 평화로운 문화에서는 이런 것 또한 분명히 이해한다.

티베트의 아버지들은 당연하게 집안 허드렛일을 떠맡는다. 어머니가 양육 시간을 더 많이 확보하고 되도록 잠을 많이 잘 수 있도록 하기 위해서다. 그래야 어머니도 갓난아기가 애착을 갖고 따스하게 안정적으로 생을 시작하게 해줄 수 있다. 또 아기를 가능한 한 많이 보살피고, 아기가 원할 때는 어머니와 함께 있도록 아기를 지지해준다. 이로써 처음부터 아버지와 아기 사이에서도 긴밀한 유대감의 토대가 형성된다. 이처럼 일찍부터 아기와 애착관계를 형성하면, 흔히 아기가 9개월이 됐을 때 직접 그 효과를 경험한다. '임신 후반기'에서 벗어난 아기가 이제는 어머니와의 유대를 지지하는 아버지와 함께 있는 것을 더욱 즐겁게 받아들이기 시작하는 것이다. 그렇다고 과거 세대의 아버지처럼 보호자 겸 부양자의 역할에만 머물러야 한다는 의미는 분명 아니다. 그보다는 되도록 언제나 아기를 직접 보살피는 것이 좋다. 잭 헤노위츠Jack Heinowitz도 저서 《초기의 아버지 역할Fathering Right from the Start》에서 같은 이야기를 했다.[19] 생후 몇 달간 아버지도 피부접촉이나 끈 포대기로 안아주기, 달래주기, 기저귀 갈아주기, 놀아주기, 이야기해주기, 노래 불러주기, 춤춰주기 등을 통해 아기를 따스하게 보살필 수 있다. 이 모든 보살핌은 아버지와 영유아 사이에서 단단하고 안정적인 애착관계를 형성하는 토대가 된다. 이때 초보 엄마는 아빠의 보살핌을 뒷받침해주어야 한다. 방식이 다르다 해도 가장 중요한 것은 아버지가 아기를 보살피고 있다는 것임을 인식해야 한다. 아기를 돌보는 일이라면 무엇이든 내가 제일 잘 안다는 생각에 어머니가 무심코 아버지의 양육을 방해하는 경우가 흔하기 때문이다. 다양한 방식으로 보살피는 것이 아기에게도 좋을 수 있음을 인정하는 것이 아버지의 참여와 협조를 북돋우는 데도 좋다.

미국의 경우 과거 세대의 아버지는 아기를 직접 보살피는 일에 최소한으로 관여했다. 1970년대 이전에는 아내의 출산 경험을 지켜봐줄 수도 없었다! 그러다 여성해방운동이 일어나고 10년 동안 남녀 모두에게서 많은 변화가 생겨났다. 남편도 분만실에 들어갈 수 있게 되었고, 아내가 집 밖에서 일을 시작하면 자식들을 직접 돌보는 일에 더 많이 관여해야 했다. 이런 아버지 중 일부는 이 새로운 기대로 인해 갈등을 겪기도 했다. 또 아이를 보살피는 일이 가장의 직업적 성취나 가족에 대한 경제적 지원과 충돌하는 경우 부부 사이에서 분노가 일기도 했다. 갈등을 느끼기는 아내도 마찬가지였다. 집에서 아이와 함께 있고 싶으면서도 다른 한편으로는 만족스러운 직업도 원하지 않았겠는가. 이로 인해 미국의 이혼율은 세계에서 가장 높은 수준으로 치솟았다. 이러한 갈등은 아마도 사회가 변화를 통해 성평등을 이뤄내려고 분투할 때 자연스럽게 발생하는 진화과정의 일부일 것이다.

지금 세대의 아버지들은 아이를 직접 보살핀 아버지 밑에서 자란 때문인지 양육자의 역할을 더욱 열린 자세로 받아들이는 것 같다. 패트릭 하우저의 주장에 따르면, 아버지가 아기에게 열중할 때 양육호르몬이 자극받아 아버지의 '유대감과 애착, 보호, 충실성, 헌신, 보살핌'이 향상된다고 한다.[20] 또 2011년《태아기와 출생 전후의 심리와 건강 협회Association for Prenatal and Perinatal Psychology and Health》회보에 실린 〈부성애의 과학〉에서 하우저는 아버지의 양육 본능과 호르몬들이 깨어나면서 우리 사회는 운명적으로 다른 미래를 갖게되었다고 주장했다. '아이들로 인해 아버지들이 부드러움의 문을 통과하면서 우리 모두 새로운 시대로 접어들었다'는 것이다. 처음부터 아기에게 애착을 갖는 아버지는 젖먹이가 걸음마장이로 성장해도 계속 아기에게 몰두한다. 부모가 어린아이를 돌보는 가정의 1/3에서 집에 있는 이는 이제 아버지들이다.[21]

많은 선진국에서는 1년 이상의 유급 양육휴가를 갖도록 정부가 재정적으로 지원한다. 보통은 어머니가 1년의 대부분을 아이와 함께 보내지만, 몇 주에서 몇 달간은 아버지가 휴가를 쓰기도 한다. 그리고 아기가 두세 살 때는 흔히 둘이 함께 아기를 돌본다. 미국도 언젠가 새내기 부모들에게 이런 정부 차원의 지원이 이루어지는 것이 나의 가장 큰 소망 중 하나다. 이런 지원은 신생아들이 필요한 보살핌을 받게 하고, 부모의 스트레스를 줄여주며, 결혼생활의 만족감도 높여준다. 최근에 나는 아주 멋진 범퍼 스티커 문구를 보았다. '기저귀를 가는 남성이 세상을 바꾼다.'

애착의 걸림돌, 엄마의 양가감정

호르몬의 영향으로 여성은 아기와 친밀한 관계를 형성하고 아기를 보살피고픈 마음이 '들게 되어 있다.' 그러나 모성애보다 양가감정을 경험하는 어머니들도 많다. 이것은 다른 영장류에게서는 흔치 않은 일이다. 인류학자 세라 블래퍼 허디Sarah Blaffer Hrdy는 똑같이 강렬한 두 가지 욕망, 즉 개인적 자유 욕구와 모성의 애착 욕구 사이의 심리적 투쟁이 갈등을 일으킬 수 있음을 발견했다.[22] 미국의 여성운동 덕분에 여성도 집 바깥에서 직업을 갖고, 고등교육기관에서 학위를 받고, 전문가로 존중받는 위치에 오를 수 있는 기회 등 갑자기 많은 독립성을 누리게 되었다. 과거 세대의 많은 어머니는 불행하게도 '가정주부'의 덫에 걸렸다고 느끼며 집과 남편, 자식을 돌보는 일에만 전적으로 매달렸다. 이런 어머니들은 대부분 능력과 야망을 실현할 자유를 못 가진 것에 분노했다.

  어머니의 삶에 주어진 다양한 조건은 아기를 돌보는 방식에 영향을 미친다. 너무 많은 욕구를 희생해야 한다고 생각할 경우, 어머니는 자식과의 긴밀한 애착을 거부하기 쉽다. 아기에게 중요한 것은 단순히 보살펴주는 부모가 있는가 아니라, 그들이 신체적·정서적 보살핌을 즐겁게 제공해주는 부모인가다. 그러나 어머니가 갓 태어난 아이와 친밀한 사랑의 관계를 형성하려면, 거의 모든 토착문화와 선진국에서처럼 정서적으로나 경제적으로 배우자와 확대가족 구성원, 공동체의 직접적인 지원이 있어야 한다.

일본인 나호 키쿠치는 좋은 어머니가 되기 위한 가장 중요한 요건은 친정 엄마를 포함한 나이 든 여성들과 어머니가 된 친한 친구들의 지원이라고 했다. 일본에서는 여성이 임신하면 어머니는 딸이 성공적인 엄마가 되도록 돕는다. 출산이 임박하면 산모는 보통 친정으로 가서 아기를 낳는다. 아기의 아버지도 출산에 관여하지만 직장을 다녀야 하므로 해산 후에는 부부가 살던 집으로 돌아간다. 반면에 산모는 보통 출산 후 한 달간 친정집에 머무른다. 친정어머니가 도울 상황이 안 되면, 외가의 다른 식구들이 산모와 아기를 보살핀다.[23]

1970년대 초 시위에 참여했던 '여성해방 운동가' 중 한 사람으로서 나는 나의 개인적인 목적을 성취하게 도와준 그 모든 변화에 영원히 감사하며 지낼 것이다. 나의 세대는 늘어난 기회들에 엄청난 혜택을 입고, 맞벌이 가정의 부를 향유할 수 있었다. 어머니가 아이로부터 점점 오랜 동안 떨어져 있을 수 있었던 또 하나의 이유는 1970년대 초 미국 영유아의 75퍼센트가 상업적으로 생산한 영유아 조제분유만 거의 전적으로 먹고 자랐기 때문이다.[24] 그러나 뒤돌아보면 우리 베이비부머 세대는 아기에게 어머니의 양육이 얼마나 중요한지를 인식하지 못했다. 아이들에게서 나타나는 정신건강상의 문제나 영유아기의 두뇌 발달에 대한 최근의 연구 결과들도 이런 양육법을 재평가하게 해준다. 현재 미국에서는 아기가 12주밖에 안 됐을 때부터 하루 8시간 이상씩 아무 관계도 없는 어른들의 보살핌을 받는다.

어린아이들이 정서적으로나 신체적으로 건강한 사람이 되는 데 필요한 양육과 시간, 관심을 받지 못하고 있는 것이다. 이런 사실을 생각하면 굳이 자책까지는 아니더라도 가슴이 아파온다. 물론 부모들도 직업과 가정, 경제, 양육의 의무를 다하기 위해 애쓰느라 갈수록 '극도의' 스트레스에 시달리지만, 젖먹이와 걸음마장이들은 여전히 제대로 보살핌을 못 받고 있는 것 같다.

교육과 직업의 기회가 늘어나면서 어머니들은 자율성을 더 많이 누리게 되었지만, 아이들은 기본적인 욕구를 제대로 충족하지 못하고 있다. 아이에게 자존감을 느끼고 관계를 신뢰할 힘의 토대를 만들어주는 것은 생후 1년 동안에 형성되는 사랑의 유대감이다.[25] 이후 2년 동안 걸음마장이는 양심을 발달시키고 주변의 기대를 이해하며 자제력을 익히고 타인과 잘 어울려 지내는 법을 터득한다. 많은 연구자들은 이 3년을 일생에서 가장 중요한 '1000일'이라고 한다.

불만이 가득했던 이전 세대처럼 선택의 여지없이 덫에 걸렸다고 느끼는 삶을 바라는 엄마는 없겠지만 그러면서도 어린 자식들의 욕구는 분명히 충족시켜주고 싶어 한다. 여기서 새내기 부모들이 중요하게 이해해야 할 점이 있다. 어머니가 직업을 포기하거나 과거 세대가 생각하던 '전업주부'의 영역을 받아들여야만 보살핌을 원하는 영유아의 욕구를 충족시켜줄 수 있는 건 아니라는 점이다. 신뢰의 토대를 구축하고, 두뇌 발달을 최적화하며, 자기절제력을 터득하는 데 필요한 기간은 약 3년이다. 우리는 새로운 직업을 위한 훈련에 기꺼이 몇 년을 투자하고, 기술을 익히거나 준학사 학

1700년대 말 프랑스에서는 도시에 사는 아기들의 95퍼센트를 시골로 보내 낯선 사람의 젖을 먹고 자라게 했다. 그리고 이 유모에게 돈을 지불했다. 자식을 직접 보살피다보면 사회에서 일할 수 있는 능력과 정체성을 상실하게 될 것이라고 어머니들이 느꼈기 때문이다. 아이의 발달에 초기 육아가 그리 중요하지 않다고 여긴 탓에 많은 어머니들이 생후 1년 내내 자신의 아기를 대면조차 안 하기도 했다.[26]

위를 얻는 데 최소한 2년을, 학사 학위에는 4년을, 석박사 학위까지에는 더욱 오랜 기간을 바치지 않는가. 이와 비교한다면 정서적으로 건강한 아기를 키워내는 데 들어가는 1년에서 3년의 기간은 상대적으로 짧은 것이 아닐까? 아이를 건강하게 키우기 위해 공들이는 생후 몇 년이, 나중에 혹 생길지도 모르는 문제를 교정하는 데 들어가는 시간과 돈을 줄여줄 것이다. 부탄의 어느 벽에 붙어 있던 포스터에서 이를 요약해주는 글귀를 만났다. '성인을 교정하는 것보다는 아이를 바로 세우는 일이 훨씬 더 쉽다.'

아기는 온 마을이 함께 키운다

새내기 어머니와 아기가 사랑의 애착관계를 형성하려면, 어머니가 먼저 사랑과 보살핌과 지지를 받고 있다고 느껴야 한다. 서아프리카 출신의 뛰어난 다문화 교육자인 수본푸 소메Subonfu Somé의 말처럼 '아이를 한 명 키우는 데는 온 마을이, 부모가 온전한 정신을 유지하게 만드는 데는 공동체 전체가 필요하다.'[27] 임신과 출산, 수유 기간 동안 어머니가 제 역할을 다하게 만드는 주요 요건의 하나는 남편에게 받는 보살핌의 질이다.[28] 그리고 배우자나 확대가족 구성원, 친구, 고용주, 정부 프로그램의 지원, 다른 여성들의 사회적 지지도 필요하다.

2000년에 연구자들은 여성이 스트레스를 다루는 방식을 관찰했다.[29] 과거의 연구는 스트레스에 대한 반응을 아드레날린으로 인한 '싸움 혹은 도피' 반응으로 설명하고 남성만 피실험 대상으로 삼았다. 그러나 최근에 더욱 철저하게 실시된 연구 결과, 스트레스에 대한 반응 면에서 남성과 여성 사이에 큰 차이가 있음이 밝혀졌다. 스트레스를 받으면 남성에게서는 '싸움 혹은 도피' 반응을 유발하는 테스토스테론이 높은 수치로 분비되지만 여성에게서는 싸움 혹은 도피 반응의 완화를 위해 옥시토신이 분비된다고 한다. 옥시토신은 '사랑 호르몬'의 하나로 타인과 연결되고픈 살망을 불러일으킨다. 고대에 남성과 여성이 맡았던 특정 역할을 생각해보면, 스트레스에 대한 두뇌 화학작용의 차이도 이해가 간다. 씨족에 위협이 가해지면 남성은 위험에 맞서 싸워야 했다. 반면에 여성은 서로 도와서 아이들을 차분하게 다독이고 안전하게 지켜야 했다. 알다시피 여성들은 스트레스를 받으면 흔히 가장 먼저 수화기를 집어 든다. 그러고는 이야기를 들어주며 맞장구를 쳐줄 다른 여성에게 전화를 건다. 이렇게 '보살피고 친구가 돼주는' 행위를 하면 옥시토신이 훨씬 많이 분비돼 스트레스는 줄고 평온함은 증가하는 것 같다. 실제로 많은 연구 결과 여성 사이의 친밀한 우정은 스트레스를 유발하는 사건을 이겨내는 데 도움이 된다고 한다. 그래서 다른 여성과 연락해서 지지를 얻어내는 여성은 혈압이 낮고, 콜레스테롤 수치도 낮아지며, 더 오래 사는 경향이 있는 것으로 나타났

다.[30]

인간은 '군집 혹은 씨족 동물'로서 신뢰하는 집단의 지지에 크게 의존한다.[31] 인간은 퓨마보다는 늑대와 훨씬 비슷하지만 '외로운 늑대'처럼 지나치게 독립적이거나 고립돼 있으면 생존하지 못한다. 대부분의 미국인 부모들은 자식을 '독립적인' 사람으로 키우는 것이 목표라고 말하는데, 이것은 긴밀한 상호의존적 관계를 바라는 인간의 근본적인 욕구와 상충되는 것이다. 모험심이 더없이 강했던 개척자들도 마차를 타고 줄지어 로키산맥을 넘을 때 서로를 보살피고 나누는 데 생존이 달려 있음을 알고 있었다. 그들은 긴밀한 지지 관계를 바탕으로 힘을 합해 집과 헛간을 짓고 마을을 세웠다. 지금 우리는 확대가족과 다시 연결되고 공동체를 재창조해서 아이들이 '상호의존적인' 사람으로 자라도록 돕는 것이 모두가 더 행복하고 건강하게 사는 길임을 다시 깨닫고 있다.

아기와 부모의 애정 어린 관계는 건강한 사람으로 자라는 토대가 돼준다. 음식이나 물보다 사랑을 더 원할 정도로 인간은 연결 욕구가 강하기 때문이다. 그래서 충분히 잘 먹어도 사랑과 보살핌을 못 받으면 아기는 몸무게도 안 늘고 심지어는 죽기도 한다. 그런데도 이런 아기들의 문제를 단순히 '성장장애'로 진단하고 있다.

평화로운 문화권의 아기들은 마을의 모든 어른에게 무조건적인 사랑과 존중을 받아서인지 무럭무럭 잘 자라난다. 이런 모습을 보면 마음이 정말로 따뜻해진다. 따뜻하게 대접받고 자란 아이들은 사랑받을 수 있다고 느끼기 때문에 실제로 사랑스러운 존재가 된다. 이 말이 단순하게 들릴지도 모르지만, 사랑은 확실히 인간을 행복으로 인도하는 힘이다. 사람들이 사랑을 위해 무엇을 감행하는지 생각해보라. 사람들은 사랑을 위해 죽음도 불사한다. 사랑받지 못한다고 느끼면 자살을 시도하기도 하고, 가장 사랑하는 사람에게 사랑받지 못하면 그를 죽이려 들기도 한다. 어른도 마찬가지다. 사랑받는다는 느낌은 근본적인 행복감을 완전히 변화시킨다. 타인이 나를 소중히 여긴다는 느낌일 때 얼마나 기쁜지, 반대로 타인이 나를 하찮게 여기거나 무시하거나 버릴 때 얼마나 고통스러운지, 우리 모두 잘 알지 않은가.

◉ 발리에서 확인한
   확대가족 구성원들의 지지

발리에서는 확대가족 구성원들이 함께 모여 마당을 공유하고 산다. 이 마당은 조리와 식사를 위한 공간이자 거실이다. 그리고 잠을 자는 침실(핵가족 1세대당 1개)이 마당을 빙 둘러싸고 있다. 결혼을 하면 아내는 집을 떠나 남편의 가족과 함께 산다. 이렇게 확대가족을 이루고 사는 덕분에 아기는 전 연령대의 많은 가족에게 언제나 보살핌을 받고 함께 놀기도 한다. 발리인들은 이런 지속적인 보살핌이 사랑스러운 아이를 길러낸다고 믿는다.

현재 미국의 젊은 부모는 확대가족과 공동체가 건강하고 행복한 아이를 키워내는 데 얼마나 중요한 역할을 하는지 점차 깨달아가고 있다. 이전 세대는 개별적으로 노력을 집중하고 고립적인 핵가족이나 한부모 가정에서 아이를 양육하려고 했다. 우리의 아이들에게서 나타나는 극도의 우울이나 불안은 이런 방식이 성공적이지 않았음을 말해준다. 이로 인해 확대가족의 도움을 받을 수 없는 젊은 부부는 새내기 부모들과의 관계를 발전시키거나 서로 돕는 지지 '공동체'를 만들고 있다. 아이를 정서적으로 건강하게 키우는 것이야말로 힘들어도 정말 보람 있는 일이기 때문이다.

Chapter 3

영유아를 위한
마음챙김 육아

나 언제나 그대 가슴을 지니고 다닌다네.
내 가슴 안에 그대 가슴을 품고 다닌다네.
한 번도 그대 가슴과 함께하지 않은 적 없었나니
내가 어디를 가든, 내 사랑 그대도 간다네.
―E. E. 커밍즈

마음챙김 양육법은 내가 지난 40년 동안 아동발달을 연구하고, 전 세계의 양육법을 관찰하고, 어린 시절의 트라우마를 치유하도록 돕고, 어머니로서 내 딸과 아들에게 직접 실험해보는 과정을 통해 개발해낸 육아법이다. 영유아를 주의 깊게 양육하려면 먼저 부모가 깨어 있어야 한다. 아기의 요구에 잘 반응하고 적극 관여해야 하며, 궁극적으로 긴밀한 애착관계를 형성하겠다는 목적을 지녀야 한다. 마음챙김 양육법에는 평화로운 문화권의 양육법도 통합돼 있는데, 이런 문화권에서는 정성스러운 의식으로 신생아를 맞이하고 많은 식구가 양육에 동참하며 아이들이 소중한 존재라고 느끼게 해주고 무조건적인 사랑을 베푼다.

애착을 키우는 전 세계의 육아법

전 세계를 돌며 관찰한 결과, 서로에게 안정감을 주는 친밀한 애착 관계를 형성하는 데는 다음과 같은 방법이 있었다. 살갗을 맞대기와 모유 먹이기, 아기 안거나 업어주기, 함께 잠자기, 애정, 잘 들어주기, 잘 반응해주기, 노래 불러주기, 놀아주기, 가까이 있어주기 같은 것들이었다. 아기가 태어나는 순간 부모가 이런 방법을 실천하면 애착은 더욱 커진다. 의학적인 응급 상황이나 입양처럼 이렇게 해주기 어려운 경우에는 가능할 때 빨리 해주는 것이 최선이다. 좀 큰 걸음마장이에게도 이런 방법을 실천하면 안정적인 애착관계를 형성할 가능성이 높아진다.

살갗 맞대기

살갗을 맞대는 것이 중요하다는 것을 뒷받침해주는 증거들은 많다. 아기가 '평온하게 살피는 상태'에 있는 생후 90분 동안에는 특히 이것이 중요하다. 산도를 비집고 나와 완전히 낯선 환경으로 던져지는 상처를 경험한 후 살갗을 맞대고 어머니의 눈을 들여다보면, 아기는 보통 울음을 멈춘다. 갓난아기를 어머니의 맨가슴에 안겨주면, 어머니와 아기 모두에서 옥시토신이 자극을 받아 둘이 사랑에 빠진다. 이렇게 갓난아기를 반겨주면 아기는 아홉 달이나 자리 잡고 살았던 어머니의 익숙한 목소리와 냄새에 위안을 느낀다. 아기가 자궁 밖으로 나와 평생의 여정을 시작할 때 이런 신체접촉과 눈맞춤은 애착에 불을 지펴준다. 초기의 살갗 맞대기는 평온하고 다정한 느낌을 불러일으킬 뿐만 아니라 여러 면에서 도움을 준다. 호흡이 규칙적으로 이루어지고 심장 박동과 체온이 안정되며, 혈당 수치가 일정하게 유지되면서 어머니 몸의 박테리아가 아기의 몸으로 옮겨오고, 신속하게 어머니의 가슴을 찾아가며 모유 수유가 잘 이루어진다.[1]

이 생후 1시간 반 동안에는 아기가 아버지의 맨가슴과 피부접촉을 갖는 것도 중요하다. 아기는 보통 아버지의 품에 안기면 목소리를 알아듣고 안정감을 느낀다. '아버지가 특히 신체접촉을 통해 아기와 친밀한 관계를 형성하면, 아버지의 몸에서도 옥시토신 분비량이 증가한다. 이 옥시토신은 아버지의 양육 본능을 일깨우고 유지시키는 핵심 요소로 인정받고 있다.'[2] 제왕절개 분만이나 의학적 문제로 인해 어머니가 출산 직후 아기와 신체접촉을 할 수 없을 때도 있다. 이럴 때는 특히 아버지가 맨가슴에 아기를 안아서 안심시키고 위안과 사랑을 쏟는 게 중요하다. 나도 제왕절개 현장을 참관한 적이 있다. 그런데 아버지가 입고 있는 병원 가운이 몸에 꽉 끼어 아기를 품안에 안기가 힘들다고 했다. 나는 조용히 복도 끝의 가운 장롱으로 가서 품이 넉넉한 XXL 크기의 가운을 가져왔다. 그러곤 아버지에게 가운을 걸치고 놀란 아기를 맨가슴에 안으라고 했다. 아기는 가운과 아버지의 맨몸 사이에 넉넉히 들어가 안겼다. 아기가 울음을 그치자 아버지와 아기의 불안이 스르르 녹아버렸고 아기는 곧 평온을 되찾고는 눈물 그렁그렁한 아버지의 다정한 눈을 지그시 올려다보았다.

◉ 애착을 키우는 방법

- 살갗 맞대기
- 모유 먹이기
- 아기 안거나 업기
- 아이와 같이 잠자기
- 애정 어린 보살핌
- 잘 들어주기
- 잘 반응해주기
- 노래 불러주기
- 놀아주기
- 가까이 있어주기

아기를 집이나 조산원에서 낳는 문화권에서는 이런 신체접촉을 표준 관행처럼 실천한다. 그러나 병원에서 따라야 하는 통상적 절차는 흔히 유대감이 형성되는 이 중요한 시간에 방해가 된다. 그러므로 병원에서 아기를 낳는 부모들은 출산계획 서류를 제출하는 게 좋다. 이것은 바로 자기 아기를 출산하는 일이며, 의학적인 응급 상황이 발생하지 않는 한 생후 1시간 반 동안 살갗을 맞대고 아기를 안아주고 싶다는 마음을 분명히 전달하는 일이다. 아기가 너무 일찍 태어나는 경우에도, 피부접촉은 아기를 안정시키고 따뜻하게 하며 별도의 산소에 대한 필요를 줄여준다.

태아신생아심리건강협회APPPAH에서는 피부접촉을 늘리기 위해 중요한 국제적 캠페인을 시작했다. 피부접촉이야말로 별도의 희생 없이 쉽게 부모와 아이가 처음부터 애착을 최대로 형성할 수 있는 방법이라고 생각했기 때문이다. APPPAH의 보고에 따르면 1시간의 피부접촉이 아기와 어머니 모두에게 다음과 같은 장기적 이득을 가져다준다고 한다. 우선 아기에게는 모유 수유와 소화, 수면의 향상, 정서적 애착, 생후 1년간의 발달지표 면에서 도움이 된다. 또한 산모에게는 산후 회복과 정서적 안녕, 어머니의 애착, 모유 수유로 인한 문제 감소 면에서 이득이다.[3]

그러나 의학적인 응급 상황에 처할 경우에는 초기의 신체접촉 시간을 놓칠 수도 있다. 아기의 출생 현장에 있어줄 수 없는 입양 부모도 마찬가지다. 이런 지체는 물론 바람직한 상황은 아니지만 나중에 이루어진다 해도 신체접촉은 여전히 큰 도움이 된다. 어떤 인간관계에서든 신뢰하는 사람의 애정 어린 접촉이나 안기, 포옹은 직접적으로 사랑의 느낌을 불러일으키기 때문이다. 젖먹이나 걸음마장이 시절 내내 아기와 피부접촉 할 수 있는 방법은 다음과 같이 다양하다.

- 맨가슴에 아기의 맨몸을 받쳐 안고 부드럽게 흔들어준다(포근한 담요로 아기의 등을 덮어줄 수도 있다).
- 아기를 가슴 위에 눕힌 채 낮잠을 자도 좋다(이 경우에는 기저귀를 채우는 것이 좋다).
- 따뜻한 물속에서 아기를 가까이 붙잡고 함께 목욕을 한다.
- 살갗을 맞대고 아기를 안은 채 노래를 불러주거나 춤을 춘다.

아기에게 마사지를 해주는 것도 놀랄 만큼 기분을 좋게 만들어준다. 이 오래된 접촉 방법도 심신을 편안하게 이완하고 수면의 질을 향상시키며, 부모와 아기 사이에 친밀한 애착을 만들어낸다.[4]

입양 부모들에게 나는 언제나 아기와 살갗을 맞대는 접촉에 시간을 할애해서 친밀감과 애착을 쌓으라고 조언한다. 입양한 아기에게는 특히 몇 가지 방법을 통해 과거로 거슬러 가 아이가 놓친 애착을 키워주는 게 도움이 된다. 이때는 물론 아이가 이런 경험에 편안함과 안정감을 느끼는지 부모가 섬세하게 신경을 써야 한다. 부모의 접촉에 안도와 즐거움을 느끼기까지 얼마간 시간이 필요한 아이도 있기 때문이다.

모유 먹이기

생후 1시간 동안 어머니의 가슴에 살갗을 맞대고 안겨 있으면, 아기는 본능적으로 가슴으로 돌진해 젖꼭지를 차지할 힘을 얻는다.

이렇게 젖을 빨면 애착을 강화시키는 호르몬이 분비돼 어머니와 아기 모두 서로 긴밀하게 연결되는 것을 느낀다. 스웨덴의 연구자들이 발견한 바에 따르면 생후 1시간 내에 아기의 입술이 어머니의 젖꼭지에 닿을 경우, 초기에 이런 경험을 못한 산모에 비해 어머니가 아기를 가까이 두는 시간이 하루에 100분이나 더 긴 것으로 나타났다.[5]

그러나 모유를 먹이지 않는 쪽을 선택하는 어머니도 있다. 이런 의향을 갖고 있다면 이처럼 중요한 결정을 내리기 전에 수집 가능한 모든 정보들을 꼭 살펴보아야 한다. 모유는 완벽히 인간 아기를 위해서 만들어진 것이기 때문에 의심의 여지없는 최고의 음식이다. 또 아기와 어머니를 즉각 연결시켜주고 편안함을 제공한다. 배가 고프거나 피곤하거나 특별한 보살핌이 필요할 때면 세계 어디서나 언제든 아기에게 젖을 먹일 수 있다.

발리에 사는 라트나도 어머니와 아기가 친밀한 관계를 쌓는 데 모유 수유가 가장 중요하다고 말했다. "저는 딸들이 아기였을 때 언제나 함께 있었지요. 모유를 먹이면 아기와 엄마가 더 가까워지고 사랑도 더 많이 느끼게 됩니다." 그래서 큰 딸은 4년간, 작은 딸은 3년간 모유를 먹였다고 했다.[6] 역시 발리에 사는 노만도 아기와의 사랑을 느끼는 데에는 모유를 먹이는 것이 좋다고 굳게 믿고 있었다. "엄마의 젖을 먹으면 엄마가 품고 있는 사랑의 느낌이 그대로 아기 속으로 스며들죠." 그녀는 아들들에게 다섯 살까지 젖을 먹였다고 했다.[7] 또 부탄의 미미 박사는 부탄의 아기들은 적어도 2년간 언제든 젖을 먹을 수 있다고 말했다. 그러면서 부탄에서는 아기들에게 처음 4개월간은 어머니의 젖만 먹이다가 이후 곡물을 주기도 하는데, 알레르기와 천식을 피하려면 젖만 먹이는 기간을 몇 달 더 늘려야 한다고도 덧붙였다. 부탄에서는 어머니가 일터로 복귀해도 매일 오전과 오후에 30분씩의 휴식시간이 주어진다. 이때 누군가 아기를 데려오면 아기에게 젖을 먹일 수 있다.[8]

비교적 최근의 역사지만 여기서 서양의 어머니들이 모유 수유를 멈춘 시기와 과정을 이해하는 것도 중요할 듯하다. 1867년 독일의 화학자가 처음으로 영유아용 조제분유를 개발했지만 널리 이용되지는 않았다. 그러나 1930년대 말에서 1950년대에 걸쳐 소의 젖을 증발시켜 만든 분유가 경제적으로 여유 있는 사람들 사이에서 인기를 끌었다. 1950년대 미국의 시밀락과 엔파밀 사는 실험을 통해 시밀락 농축분유와 엔파밀 농축분유를 만들어 무료 샘플을 병원과 소아과의사들에게 나눠주었고, 이들은 이것을 다시 새내기 어머니들에게 전파했다. 영유아용 조제분유는 모유와 비슷하지만 모유에 한참 못 미친다. 그러나 제조업자들은 대량 판매 캠페인으로 조제분유가 마치 과학적으로도 아기에게 더 건강한 현대적 대안인 양 홍보했다. 이로 인해 거의 모든 어머니들이 모유보다 조제분유가 아기에게 더 좋은 것이라고 확신하게 되었다. 결국 1970년대 초에 이르러서는 미국 아기의 75퍼센트 이상이 상업적으로 제조된 조제분유만 먹게 되었다.[9] 영유아용 조제분유는 보통 콩이나 소의 젖(새끼소에게만 완벽한)으로 만들며 근 150년 동안 재조제 과정을 거쳤다. 그러나 영양이나 건강을 지켜주는 특징 면에서 모유에 필적하는 대체 음식은 없다.

지금은 모유가 특별히 영유아에게 맞도록 만들어진 것이며, 어머니의 질병 면역물질까지 아기에게 전달해서 아기의 몸을 보호해준다는 것을 대부분의 사람들이 알고 있다. 그러나 아기의 성장 과정에 맞춰 모유도 끊임없이 조정된다는 점은 상대적으로 잘 모른다. 미숙한 젖먹이에서부터 걸음마장이에 이르기까지 아기의 모든 영양학적 필요를 충족시킬 수 있도록 모유는 시간이 흐르면서 자동으로 조정된다.[10] 아기가 엄청나게 급성장하면서 음식을 더 많이 필요로 하면, 어머니의 가슴에서도 젖이 더 많이 만들어진다. 또 아기가 병에 노출되면 면역성의 보호물질이 자연스럽게 젖에 첨가된다. 생후 6개월에서 1년간 어머니와 아기 사이에서 일어나는 이 놀라우리만치 잘 계획된 상호작용 동안, 건강한 아기로 자라는 데 필요한 모든 것이 어머니의 몸에서 끊임없이 만들어지는 것이다.

일반적으로 아기는 생후 6개월에 이르면 몸무게가 처음의 2배, 3세가 되면 4배에 이른다. 영장류들을 연구한 결과, 아기 원숭이는 몸무게가 출생 시의 4배에 이를 때까지는 젖을 완전히 떼지 않는 것으로 나타났다. 우리와 가장 가까운 유인원들은 몸무게가 출생 시의 6배가[11] 될 때까지 젖을 떼지 않는다. 인간으로 치면 4세 때까지 걸음마장이에게 젖을 먹이는 것과 같다.

모유를 먹이는 것은 자연스러운 행동이지만 한편으로는 잘 답습된 기술이기도 하다. 다른 문화권에서는 어머니나 할머니들이 수유 방법을 전수해준다. 미국에서는 수십 년 동안 모유가 아닌 분유를 먹였기 때문에 요즘의 새내기 어머니들은 대단히 불리한 위치에 있다. 과거의 세대에게 기본적인 수유법을 전수받지 못한 탓에 많은 새내기 어머니들이 자신은 아기를 제대로 키우지 못하리라는 잘못된 결론을 내린다. 수유는 물론 힘들고 고통스러운 일일 수 있다. 첫 아기를 키울 때는 부모 모두 이런 경험이 처음이기 때문에 특히 더 그렇다. 하지만 모유를 먹이는 다른 어머니들이 경험에서 우러난 지지와 지원을 해주면 거의 모든 어머니가 성공적으로 모유를 먹일 수 있다. 산후 건강팀의 유능한 일원들 중에는 통상적으로 자격증을 갖춘 수유 상담자가 있으며, 이들은 수유가 성공적으로 이뤄지도록 미국 전역에서 산모와 아기들을 돕고 있다. 이런 사실을 알아두는 것도 새내기 어머니들에게는 중요하다.

어머니들이 수유를 중지하는 가장 흔한 이유는 젖이 충분하지 않다고 믿기 때문이다. 어머니가 이 새로운 기술에 통달한 것 같다고 느낄 즈음 아기가 갑자기 평소보다 더욱 까다롭게 굴고 굶주린 사람처럼 밤낮으로 매 시간 끊임없이 젖을 먹으려 들면, 어머니는 걱정에 빠져든다. 그러나 이것은 지극히 정상적인 현상이다! 아기들은 급성장하며, 이런 급성장의 시기에는 갑자기 커지는 몸을 위해 젖을 더 많이 먹어야 한다. 급성장은 생후 1년 동안 언제든 일어날 수 있지만, 일반적으로 주요한 급성장은 다섯 번 발생한다. 보통은 약 3주 지났을 때와 6주, 3개월, 6개월, 9개월이 됐을 때가 그렇다. 아기가 필요로 하는 대로 먹이다보면, 어머니의 젖 공급량은 며칠 내에 맞춰진다. 그러면 아기는 새로 주문한 모유량에 다시 만족한다.

이렇게 정착되면 분유보다 모유를 먹이는 편이 훨씬 쉽고 비용도 적게 들며 안전하다. 모유는 즉각 먹일 수 있는 데다 아기에게 딱 맞는 완전한 식품이다. 또 언제나 적정 온도를 유지하고 균도 없어서 아기를 병으로부터 지켜주고 아기에게 위안을 주기도 한다. 뿐만 아니라 바쁜 어머니에게는 수유를 하는 동안 온갖 잡일을 멈추고 아기와 편안히 쉴 수 있다는 근본적인 장점도 있다. 이처럼 친밀하게 연결돼 젖을 먹이는 동안 어머니는 자동적으로 아기와 '교감'한다. 미국에서는 아기의 요구로 시작되는 수유를 흔히 '불규칙 수유'(일정한 시간에 주지 않고 아기가 울 때만 젖을 먹이는 것—옮긴이)라고 한다. 세계의 다른 곳에서는 거의 모든 아기들이 젖을 달라고 '요구'하지 않아도 원할 때는 언제든 신속하게 모유를 먹을 수 있다. 그러므로 이 개념을 다시 살펴볼 필요가 있다.

전 세계의 아기들은 일반적으로 최소 2년간 젖을 먹는데, 5세까지 모유를 먹는 경우도 종종 있다. 혼자 힘으로 기거나 걷는 등 다른 행위를 할 준비가 되면 아기들은 이것을 우리에게 알려준다. 젖을 뗄 준비가 됐을 때도 마찬가지다. 나의 아들은 생후 1년이 지나서 곧바로 젖을 뗐다. 반면에 딸은 2년 반이 지난 후에도 젖을 그만 먹이려고 하자 완전히 퇴행적인 모습을 보였다. 며칠간이나 눈물이 그렁그렁한 눈으로 "쪼금만 더 줘~" 하며 달라붙어 떼를 썼다. 그런 모습에서 딸이 아직 이 위안의 원천을 포기할 준비가 안 됐음을 분명히 깨달았다. 그러더니 6개월 후 세 번째 생일이 지난 직후에 떼쓰기를 멈추었다.

세계보건기구와 미국소아과학회는 생후 6개월간은 아기가 최상의 성장과 발달, 전체적인 건강을 유지하도록 모유만 먹이라고 권장한다. 이 기간 동안 고형식이든 유동식이든 다른 이유식을 주지 않고 모유만 먹이는 편이, 3~4개월간만 모유를 먹이거나 다른 이유식과 고형식을 함께 주는 것보다 아기에게 좋다.[12] 2011년 세계보건기구의 발표에 따르면, 최소한 처음 6개월간 오로지 모유만 먹은 아기는 위장내 감염에 걸릴 위험이 훨씬 적다고 한다. 세계보건기구와 미국소아과학회는 6개월째부터 고형식을 주기 시작한 후에도 아이가 적어도 2세가 될 때까지는 모유를 계속 먹이라고 권장한다. '모유를 먹이는 것이야말로 영유아의 건강한 성장과 발달에 이상적인 음식을 제공하는 최고의 길이기 때문이다…… 전 세계적으로 해마다 5세 미만의 아이들이 1,090만 명이나 사망하고 있는데, 이 중 60퍼센트는 영양실조와 직간접적인 원인이 있다. 그리고 이런 죽음의 2/3 이상은 생후 1년 사이에 일어나는데 흔히 부적절한 음식 섭취와 연관이 있다.'[13]

미국인 조산원 로빈 림Robin Lim은 자연재해와 인간이 만든 재앙으로 어려움을 겪고 있는 지역들에 출산 클리닉을 설립한 공로로 2011년 CNN이 뽑은 올해의 영웅으로 선정되었다. 그녀는 20년 넘게 발리에 살고 있는데, 2004년 발리로 여행을 갔을 때 그녀의 클리닉에서 '이부(어머니) 로빈'과 오후를 함께 보냈다. 당시 로빈의 가장 큰 걱정거리는 발리가 테러리스트들의 폭파로 경제가 파탄난 후 최근 들어 조제분유를 먹이기 시작하면서 아이들이 영양실조에 걸리고 있다는 점이었다. 서양의 회사들이 인간에게 해로울 수 있는 제품을 소개해서 사람들의 고통을 이용하는 것은 참으로 부도덕한 짓이다. 실제로 영유아용 조제분유를 먹는 발리의 아기들은 모유를 먹은 아기들에 비해 생후 1년 안에 사망할 가능성이 300배는 더 높다고 한다.[14]

유아돌연사증후군은 1세 미만의 아기가 갑자기 사망하는 것을 가리킨다. 이 경우 부검을 해도 납득할 만한 원인을 찾아내기 힘들다. 독일에서 발표된 최근의 연구 결과, 모유를 먹이면 유아돌연사증후군의 위험성이 영유아기 내내 약 50퍼센트까지 줄어드는 것으로 나타났다. 그래서 연구진은 생후 최소 6개월간 모유 수유의 중요성을 조언할 때 '유아돌연사증후군의 위험을 줄여준다는 메시지'도 포함시켜야 한다고 했다.[15] 또 2012년 미국소아과학회는 미국의 소아과의사들이 조제분유 샘플이나 쿠폰을 영유아 부모에게 제공하지 못하도록 하자는 결의안을 통과시켰다. 연구 결과 이런 선물들이 전적으로 모유만 먹이는 행위와 수유 기간에 악영향을 미치는 것으로 나타난 이상, 영유아용 조제분유의 상업적 마케팅으로부터 부모를 보호해야 한다는 것이 이들의 주장이었다.[16]

모유를 먹이면 보통 배란이 억제되므로 2년에서 5년간 모유를 먹이다 보면 아이들 사이에서 자연스럽게 터울이 생긴다. 아이로서는 새로운 형제자매와 경쟁을 벌이기 전에 필요한 관심과 시간을 보장받을 수 있다. 아버지에게는 불행한 일이지만, 수유 중 촉진되는 호르몬으로 인해 어머니의 성욕이 없어진다는 사실도 이런 상황에 도움이 된다. 서구 문화에서 이전 세대에서는 아이들의 터울이 흔히 2년이었다. 이런 현상은 성욕과 배란에 영향을 미치지 않는 조제분유의 사용과 동시에 일어났다. 심리학자로서 나는 아이들 사이에 적어도 4년은 터울을 두라고 조언한다. 걸음마장이의 욕구를 충족시켜주면 형제간 경쟁을 크게 줄일 수 있기 때문이다. 한 살 반에서 세 살 반 차이의 형제들은 경쟁으로 가장 극심하게 문제를 겪는다. 너무 일찍 다른 형제가 생기면 애착관계에 분명히 긴장이 주어진다. 피곤한 부모들은 보통 걸음마장이가 더 어른스럽게 행동해주기를 바라겠지만, 두 살배기 아이는 쿠키 하나도 나눠 먹지 않는다. 하물며 엄마는 오죽하겠는가!

⊙ 모유 수유가 건강에 미치는 좋은 점들

어머니가 산후 6개월 동안 모유만 먹일 경우 [17]
- 산후 출혈이 줄어든다.
- 임신으로 불어난 몸무게를 더 쉽게 줄일 수 있다.
- 배란 가능성이 낮아져서, 충분히 회복되기 전 다시 임신하는 것으로부터 자신을 보호할 수 있다.

모유 수유는 다음과 같은 질병의 발병 위험성 감소와도 연관이 있다. [18]
- 난소암과 유방암
- 빈혈
- 골다공증
- 제2형 당뇨

모유를 먹이지 않거나 일찍 수유를 멈추면 산후 우울증의 위험이 커질 수 있다. [19]

아기의 경우 모유를 먹으면 다음과 같은 질병의 발병 위험성이 감소한다. [20]
- 백혈병 같은 소아암
- 신생아괴사성장염(미숙아에게서 주로 나타나는 장 조직의 죽음)
- 비특이성 위장염(급성 설사나 구토)
- 중증의 하부 기도 감염
- 소아천식
- 비만
- 제1형 당뇨와 제2형 당뇨
- 귀 감염
- 아토피 피부염(습진 같은)
- 영아돌연사증후군

자식에게 모유를 수유할지의 여부에 아버지도 막대한 영향을 미칠 수 있다. 평화로운 문화권처럼 서구의 아버지들도 아이에게 어머니의 젖을 먹이면 신체적으로는 물론이고 사회적, 정서적인 면에서도 유익하다는 것을 안다. 모유 수유는 가장 친밀한 형태의 피부접촉이다. 그렇기 때문에 젖을 먹이는 어머니에게서는 사랑의 호르몬인 옥시토신과 프로락틴이 다량으로 분비되고, 이로 인해 아기를 보살피고 지켜주겠다는 마음과 평온함이 커진다. 모유를 먹으면 아기도 이런 호르몬들을 흡수하기 때문에 친밀한 수유 관계는 아기의 신뢰감과 안전감, 만족감을 증진시킨다. 그러나 어머니가 복직할 경우, 휴식 시간에 모유를 부지런히 짜내 병에 담아두었다가 나중에 먹이게 되는데 이럴 경우에는 신체접촉을 바탕으로 하는 수유의 이점을 놓쳐버린다. 정책 입안자들은 더 멋지고 효율적인 흡유기를 개발하는 데 시간과 돈을 투자하기보다 유급 양육휴가를 주는 편이 새내기 어머니와 아기 모두에게 훨씬 이득이라는 것을 깨달아야 한다. 연구자들의 주장에 따르면 아버지가 모유 수유를 지지할 경우, 복직해서 다시 일을 해도 98퍼센트 이상의 어머니들이 젖먹이와 걸음마장이에게 모유를 계속 먹인다고 한다. 그러나 아버지가 모유 수유에 무심하면, 26.9퍼센트의 어머니만 계속 모유를 먹인다는 것이다.[21]

출산 후 처음 몇 주간 수유 방법을 배우느라 진이 빠진 어머니는 종종 아기에게 제대로 젖을 먹일 수 있을지 의문을 품는다. 이럴 때 아기가 더 커서 젖을 자주 안 물려도 되는 때가 오면 양육이 훨씬 쉬워질 것임을 일깨우며 용기를 북돋아주는 배우자는 수유의 지속에 커다란 영향을 미친다.

어머니의 친밀한 애착은 오랜 모유 수유와 연관이 있으며, 모유 수유는 신체적·정서적 건강 면에서 아기에게 최고의 이득을 가져다준다. 그래서 세계의 모든 평화로운 문화권에서는 모유 수유 기간을 어머니가 아기에게 사랑을 먹이는 시간으로 여긴다. 달라이 라마도 이렇게 말한 적이 있다. "태어나 어머니의 젖을 먹는 바로 그날부터 우리 안에서는 연민심이 싹틉니다. 젖을 먹이는 행위는 사랑과 애정의 상징과 같아요. 저는 생애 첫날부터 이루어지는 이런 행위가 평생토록 우리가 만나는 모든 관계의 토대를 만들어준다고 생각합니다."[22]

아기를 안거나 업고 다니기

아기는 어머니나 아버지, 주요한 양육자들과 친밀하게 몸을 맞대고 싶어 한다. 예컨대 생후 9개월 동안의 아기는 캥거루 새끼와 상당히 유사하다. 캥거루도 너무 일찍 태어나 자립을 못하는 탓에 어미 몸의 주머니 안에서 산다. 이 주머니가 여전히 자궁 안에 있는 듯한 느낌을 불러일으키기 때문이다. 인간 아기도 미숙한 상태로 태어나기 때문에 자궁 안에 있을 때와 비슷한 움직임이나 이동을 간절히 원한다. 티베트인과 발리인은 어머니나 아버지, 다른 식구와의 지속적인 신체접촉이 아기의 정신과 정서를 건강하게 발달시키는 데 필수적이라고 생각한다. 실제로 아기들은 몸과 마음의 지속적인 연결을 갈망해서 부모의 몸에 '붙어 있을 때' 가장 안정감을 느낀다. 미국에서 새내기 부모는 영유아용 좌석이나 탄력 있는 의자, 그네, 멋진 유모차 같은 유아용품을 사는 데 많은 비용을 투자하지만 영유아가 정말로 원하는 것은 보통 간단한 끈 포대기에 들어가 있다.

전 세계 거의 모든 곳에서 생후 1년간은 아기를 끈 포대기에 넣어서 가슴이나 옆구리에 안고 다닌다(사진). 그러다 이후 몇 년 동

안은 등에 업고 다닌다. 이런 친밀한 접촉은 부모와 아기가 더욱 쉽게 대화를 나누게 해준다. 뿐만 아니라 아기를 달래는 데도 좋은 것이, 부모의 몸에 '붙어 있으면' 아기들은 덜 울고 더 쉽게 편안함을 느끼기 때문이다.

아기가 보채거나 울면 양육 스트레스는 확실히 심해진다. 그러므로 아기를 편안하게 해주는 것은 무엇이든 부모도 편안하게 해준다. 아기가 만족해하면 누구든 더 쉽게 아기를 돌볼 수 있으므로 아기를 안거나 업는 것은 부모-아기 관계를 더욱 긍정적으로 만든다.

아이와 같이 잠자기

아기와 함께 혹은 가까이에서 잠자는 행위에 대해서는 여전히 논란이 분분하다. 미국에서는 오래전부터 이를 반대해왔지만 다른 나라 사람들은 대부분 이것을 자연스럽게 받아들인다. 티베트의 아이들은 낮 시간의 대부분을 사랑하는 식구들과 보내고, 약 일곱 살이 될 때까지 부모와 한 침대에서 잔다. 나호의 말에 따르면, 일본에서는 아기들이 흔히 요람을 기어 나올 만큼 클 때까지 부모의 요 바로 옆에서 자다가 나중에는 부모 사이에 끼어 잔다고 한다. 아기가 잠들 때까지 부모가 함께 누워 있는 것이 일본에서는 흔한 모습이라는 말도 덧붙였다.[23]

노만은 발리의 아기와 걸음마장이들이 어떻게 항상 부모와 침대에서 자는지 이야기해주었다. 아기가 크면 십대 청소년이 될 때까지 가족 침실의 특정한 바닥 매트에서 잠을 잔다. 대화를 나눌 당시 노만은 슬픔에 잠겨 있었는데, 열네 살짜리 아들이 가족 침실을 떠나 자기 방으로 옮겨가겠다고 했기 때문이다. 나중에 결혼하면 아들은 이 새로운 방에서 아내와 자식들과 함께 잘 것이다. 발리인은 가족과 한방에서 잘 때 느끼는 친밀감을 좋아한다. 이런 친밀감은 서양인들이 캠핑 때 텐트에서 함께 잘 때 느끼는 감정과 비슷하다.[24] 부탄에서는 네 살에서 일곱 살까지 커다란 침대에서 부모와 함께 잔다. 덕분에 낮이든 밤이든 아이가 울면 언제나 부드럽게 반응해줄 수 있다. 미미 박사는 미국의 아기들이 생후 1년간만 부모와 같은 침대에서 잔다는 말에 안타까워했다. 또 미국에서는 사실 거의 모든 부모가 자녀들과 함께 자지 않는다는 말에 충격을 받기도 했다.[25]

미국은 예나 지금이나 몇 개월밖에 안 된 신생아도 종종 아기 방에 있는 아기 침대에서 재우는 유일한 사회다.[26] 그래서 미국인들은 '함께 자기'라는 말의 그 정확한 의미를 궁금해한다. 나는 함께 자기가 '방의 공유'와 '침대의 공유' 두 가지로 나뉜다고 생각한다. '방의 공유'는 부모의 손이 닿는 범위에서 아기와 부모가 한방에서 자는 것을 말하는 반면, '침대의 공유'는 아기가 부모와 같은 침대에서 자는 것을 의미한다. 지금은 서양의 부모도 아기와 방을 공유하는 풍습을 더 많이 받아들이고 있으며, 이런 사람들 대부분은 때로 아기와 침대를 공유하기도 한다. 피곤한 부모들은 그럴 의도가 없었어도 아기와 함께 잠들기가 쉽다. 그러나 침대 공유를 놓고 미국에서 벌어진 역사적 논란으로 인해 선의를 가진 일부 부모도 아기와의 침대 공유를 두려워한다. 또 아기와 함께 잘 경우 흔히 죄책감에 이런 사실을 숨기려 한다.

영유아돌연사증후군과 관련해서 이제까지 실시된 연구 중에서 가장 대규모의 연구는, 부모의 침실에서 잠자는 영유아의 사망 위험성이 혼자 자는 아기에 비해 절반 수준이라고 보고한다.[27] 영국과 뉴질랜드를 포함한 많은 서유럽 국가의 최근 연구에서 과학자들은 부모와 침실을 공유하지 않고 아기 방의 요람에서 보살핌 없이 오래 시간 방치된 아기들이 영유아돌연사증후군으로 사망할 위험성은 2배 가까이나 됨을 발견했다.[28] 실제로 '어떤 형태로든 함께 자는 풍습을 일상으로 실천하는 문화권에서는 대부분 영유아돌연사증후군이 극히 드물었다.'[29] 아기와 침실을 공유하는 몇몇 부모들은 아기를 바구니처럼 생긴 요람에 눕혀 침대 가까이에 둔다. 어른들이 자는 침대 옆을 아기에게 내주거나 아기를 바구니 안에 넣어 부부 사이에 두기도 한다. 연구 결과, 침실의 공유는 정상적이고 본능적일 뿐만 아니라 아기를 보호하고 양육하는 최상의 길인 것으로 나타났다. 영유아가 어떤 이유로든 고통스러울 때, 문제가 있음을 부모가 즉각 알아차릴 수 있기 때문이다. 그래서 거의 모든 문화권에서는 침실과 침대의 공유를 결합한 방식을 취한다. 안전 조치들을 따르면 침대의 공유는 실제로 많은 이점들을 가져다준다. 반면에 위험성은 거의 없다.

아기가 안전한지 살피고 밤에 이따금씩 젖을 먹이기 위해 전 세계의 어머니들은 자연스럽게 아기와 침대를 공유한다. 아기를 옆에 재우면 젖을 먹이기도 쉬울뿐더러 어머니도 방해를 덜 받고 숙

면을 취할 수 있다. 새내기 엄마의 경우 산후 우울증의 가장 큰 요인 중 하나는 충분한 수면을 취하지 못하는 것이다. 적절한 휴식은 새내기 엄마의 기분에 중요한 영향을 미치고, 갓난아기를 향해 분노보다는 긍정적인 느낌을 더 갖도록 도와준다. 안전하게만 이루어진다면 엄마와 아기가 침대를 공유하면서 밤마다 기분 좋게 젖을 먹이는 것은 둘 모두의 욕구를 충족시켜준다.

야간의 접촉은 부모와 아기의 유대감을 강화시킨다. 이런 유대감은 힘든 상황에서 쓸 수 있는 정서적 자산을 쌓는 데 큰 영향을 미친다. 어른들은 일반적으로 누군가의 옆에서 자는 것을 좋아한다. 영유아와 어린아이 역시 밤에 이런 친밀감을 느끼고픈 욕망과 욕구는 아주 강렬하다. 스트레스가 많은 시기거나 매일 부모와 떨어져 지내는 시간이 많은 아이의 경우, 밤에 가까이 있어주면 안심시키고 재결합하는 데 특히 도움이 된다. 모든 포유동물은 자식과 함께 잔다. 그렇게 하지 않으면 우리는 실제로 부모가 자식에게 무관심하다고 여긴다. 낑낑거리는 새끼를 홀로 버려두고 다른 방에서 잠자는 어미 고양이를 상상해보라. 새끼 고양이들에게 안타까운 마음에 들면서 이들의 생존이 걱정될 것이다. 어미 고양이가 새끼들과 안전하게 잘 수 있다면 모든 인간 어머니들도 그렇게 할 수 있지 않을까?

국립보건원 산하 '국립아동보건인간계발연구소National Institute of Child Health and Human Development'의 지원으로 지난 20년간 과학자들은 아기가 혼자 잘 때와 어머니와 함께 잘 때의 차이를 연구했다. 연구자들이 특별히 관심을 둔 것은 밤에 어머니와 아기의 생리와 행위에 수면 방식이 어떤 식으로 영향을 미치는가 하는 점이었다.[30]

노틀담 대학교 '어머니와 아기의 수면행위연구소Mother-Baby Behavioral Sleep Laboratory' 소장이자 인류학자인 제임스 맥케나James McKenna 박사는 다른 포유동물에 비해 인간 아기가 믿을 수 없을 만큼 미숙한 상태로 태어나기 때문에 '어머니와 떨어져 있을 준비가 안 되어 있고 생물학적으로 그렇게 만들어져 있지도 않다. 수면 중에는 특히 더 그렇다'[31]는 점을 발견했다. 맥케나 박사는 또 아시아와 아프리카, 중앙아메리카, 남아메리카, 남부 유럽 국가들에서는 아기가 젖을 뗄 때까지 혹은 그보다 더 오랜 기간 아기와 침대를 공유하는 것이 일반적인 관행이라고 설명했다. 그러면서 덧붙이기를 '한 침대에서 자는 동안 얼마나 많은 일들이 일어나는지를 가족이 이해했으면 좋겠다. 촉감과 향기, 소리, 맛을 통해 서로와 접촉하는 것도 그중 하나다. 이런 무의식적인 소통은 진화를 통해 인간 종족이 건강과 생존을 최대화하기 위해 터득한 방법이다. 어머니나 아버지의 관찰이나 점검도 못 받고 요람에서 혼자 자는 아기는 이런 중요한 소통을 박탈당하므로 위험에 처할 가능성이 더욱 높다. 과학적인 연구 결과들도 이것을 입증해주고 있다'고 말한다.[32]

호흡기가 미성숙한 아기는 어머니 가까이서 자는 편이 확실히 좋다. 엄마의 숨소리와 흉부의 움직임이 일정하고 리드미컬한 호흡을 발달시키는 데 도움이 되기 때문이다. 잊지 말아야 한다. 아기는 이제 막 숨 쉬는 법을 배우는 중이며 개중에는 특별한 도움이 필요한 아기도 있다. 엄마가 흡연을 하지 않는 한, 엄마가 내뿜는 이산화탄소도 아기의 호흡을 활발하게 만드는 데 도움이 된다.

한 침대에서 몇 시간 간격으로 젖을 먹으면, 아기는 깊은 잠에 빠지는 시간이 줄어드는 경향을 보인다. 그러면 호흡법을 완벽하게 익히기 전까지 위험에 처할 가능성도 그만큼 줄어든다. 어머니 가까이에서 자는 아기는 가벼운 수면 상태에서 더 많은 시간을 보내고, 어린 영유아들에게는 이것이 훨씬 안전하기 때문이다. 또 아기가 부모와 아주 가까이에서 자면, 호흡기에 문제가 생겨도 부모가 훨씬 쉽게 파악하고 신속하게 조치를 취할 수 있다. 실제로 많은 연구 결과, '어머니의 몸 위에서 휴식을 취하면 미숙아나 만삭아 모두 호흡이 훨씬 규칙적으로 변하고, 에너지도 더 효율적으로 사용하고, 혈압도 더 낮은 상태를 유지하고, 더 빨리 성장하는 반면 스트레스는 덜 받는다'고 한다.[33]

2005년부터 미국소아과학회는 영유아돌연사증후군을 줄이는 방법의 하나로 침실 공유를 권장하고 있다. 연구 결과 생후 최소 6개월간은 부모와 영유아가 침실을 공유하는 것이 더 안전한 것으로 나타났기 때문이다. 그렇다고 모든 가정이 그래야 한다는 의미는 아니다. 맥케나 박사는 그보다 부모와 영유아가 안전하게 함께 자고, 침대 공유로 인해 아기가 안 좋은 조건에서 위험에 처하는 일이 없도록 가족을 교육시키는 것이 중요하다고 강조했다.[34] 아기가 움직이다가 위험한 위치에 놓이거나 평소와는 다른 소리를 내거나 숨을 멈추면 어머니는 보통 즉시 조처를 취한다. 그래도 아기와 한 침대를 쓰는 어른들은 누구나 다음과 같은 안전사항들을 지키는 것이 중요하다.

아기의 안전을 최대한 보장하는 방법[35]

• 언제나 아기가 등을 대고 눕게 한다. 젖을 먹거나 잘 때는 이것이 가장 자연스럽고 안전한 자세다.

- 집 안이나 아기 근처에서는 누구도 담배를 피우지 말아야 한다. 밖에서 피우고 온 후에도 아기를 안으면 안 된다(아기가 공기를 통해 간접흡연을 하고, 손이나 옷 혹은 호흡을 통해 3차 흡연을 할 가능성이 있기 때문이다). 자는 동안 흡연자가 내뿜는 숨도 아기의 호흡을 방해할 수 있다. 임신 중에 어머니가 흡연을 했거나 부모 중 한 명이 흡연자라면 아기와 같은 침대를 쓰지 말아야 한다.
- 침대 매트리스는 단단한 것을, 시트는 매트에 딱 맞는 것을 쓴다.
- 베개와 폭신한 담요, 범퍼 패드, 속을 채운 봉제 동물인형은 아기의 얼굴에서 먼 곳에 둔다.
- 소파나 등받이가 뒤로 넘어가는 안락의자, 물침대, 베개, 커다란 부대에 작은 플라스틱 조각을 채운 의자처럼 표면이 부드러운 것 위에 아기를 재우지 않는다.
- 아기가 굴러 떨어져 끼이지 않게 침대와 벽 사이에 틈을 두지 않는다.
- 아기가 떨어지거나 매트리스와 벽 혹은 침대 머리판 사이에 끼이지 않도록 방 한가운데에 단단한 매트리스를 깔아 둔다.
- 방의 온도를 너무 높이거나 아기를 지나치게 꽁꽁 싸매서 체온이 과열되지 않게 한다(과열은 영유아돌연사증후군의 위험성을 높인다).
- 아기가 한 살이 채 안 됐을 때는 다른 아기나 애완동물들과 같은 침대에 재우지 않는다.
- 문제가 생겼을 때 신속하게 보고 들을 수 있도록 아기를 언제

나 가까이에 둔다.

- 아기를 보살피거나 옆에서 함께 잠잘 모든 사람에게 이 정보를 알려준다.

아기와 침대를 공유하지 말아야 할 사람들[36]

- 흡연자
- 의식에 변성을 가져오는 마약이나 알코올을 섭취하는 사람
- 졸음을 유발하는 약물이나 진정제를 복용하는 사람
- 너무 피곤하거나 아픈 사람, 잘 깨어나지 못하는 사람
- 눈에 띄게 뚱뚱한 사람(아기와 얼마나 가까이 있는지 느끼지 못해 부모가 아기를 깔고 누울 위험성이 커진다)

이런 위험요인들을 안고 있는 부모들은 '아기침대(높이도 같고 그옆에 앉을 수도 있으며, 부모의 침대를 향해 개방되어 있는 구유 모양의 침대)'를 사용하는 편이 훨씬 안전하다. 침대를 공유하는 대부분의 부모는 아기를 침대에서 언제 내보내야 하는지 궁금해한다. 본질적으로 모든 아이들은 일정 시점이 되면 부모로부터 독립하고 싶어 한다. 심지어는 아기들도 의지가 강한 경우에는 어느 때부턴가 몸을 꿈틀대며 부모의 품에서 빠져나와 기고 걷고 달리게 내려놓아 달라고 요구한다. 부모와 함께 자는 아기들도 마찬가지다. 모두들 어느 시점에 이르면 자신만의 방과 침대를 갖고 싶어 한다. 그런데 어떤 연구를 보면, 부모와 함께 자는 아기들은 태어날 때부터 혼자 잠든 아기들에 비해 혼자 자는 것을 1년 늦게 받아들인다고 한다. 이처럼 부모와 1년 더 함께 잔 덕분에 아기는 자부심과 회복력이

강하고 안정적이며 애정 어린 접촉도 더욱 편안히 받아들이는 사람으로 자라난다.[37]

여기서 새내기 부모들이 궁금해할 문제가 있다. 아기와 침실을 공유하면, 특히 같은 침대에서 자면 부모는 어떻게 성생활을 하는가 하는 것이다. 음, 내가 여행한 나라들의 경우 아기와 침대를 공유하는 문화권에서는 대개 침실을 성적 친밀감을 나누는 장소로 여기지 않았다. 서양인의 시각과 달리, 그들에게 침실은 부모가 밤에 교감을 나누는 장소가 아니라 가족의 공동 공간에 더 가까웠다. 침실은 모든 가족 구성원이 살을 부비고 끌어안고 포옹하며 친밀감을 느끼는 애정의 공간이었다. 이런 문화권의 부부들은 즐겁고 에로틱한 만남의 장소를 창조적으로 찾아내는 것 같다.

애정 어린 보살핌

인간은 누구나 애정을 갈망한다. 긍정적인 접촉이나 부드러운 말, 안기, 입맞춤, 포옹의 순간 몸에서 분비되는 사랑의 호르몬은 만족감과 따스함, 전반적인 안녕함을 불러일으킨다. 우는 아기들도 마찬가지다. 애정과 친절, 누군가 자신에게 귀 기울이고 있음을 알게 되는 순간, 모든 연령대의 사람이 그렇듯 아기도 보통 마음이 평온해진다. 또 부드럽게 쓰다듬거나 어루만지는 행위는 아기를 편안하게 만들어줄 뿐만 아니라 두뇌 회로를 이어주는 이점도 있다. 이런 연결은 컸을 때 스스로 마음을 다독이는 능력을 키워준다.[38]

티베트인은 아기의 두뇌 발달과 유대감에 접촉이 매우 중요함을 오래전부터 알고 있었다. 부탄 사람들도 젖먹이와 걸음마장이에게 끊임없이 관심과 애정을 쏟아붓는다. 부모가 아기를 안아줄 수 없을 때는 보통 형제자매가 아기를 안
고 돌아다닌다(사진).[39] 이렇게 확대
가족 속에서 자라면 아기는 다른 사
람들에게서도 많은 사랑을 받을 수
있다. 그리고 어머니는 스트레스를
덜 받고, 아기와 함께 있을 때 더욱
잘 보살필 수 있다.

부탄 사람들은 애정을 아주 중요
하게 여긴다. 그래서 생후 3개월 동안에는 누군가 아기를 계속 안
고 있어준다. 발리에서는 세 살 미만의 아기들 중에 누군가의 품에
안겨 있지 않은 아기를 거의 본 적이 없다. 발리에서는 아기를 안
는 것을 영광으로 여겼다. 마지막으로 발리를 방문했을 때 그들은
내게 아기를 안아달라고 건넸다. 순간 나는 '발리의 가족들'이 나
를 새로운 차원에서 인정하고 있음을 깨달았다. 도착하자마자 생
후 12일밖에 안 된 작은 아기를 건네받는 순간, 굉장히 존중받고
있다는 느낌이 들었다. 또 생후 42일에 치르는 아기의 작명식에서,
새로 이름을 얻은 남자 아기가 내 품에서 편안하고 흡족해하자 사
람들이 나를 '핀타 이부pintar Ibu(현명한 어머니)'라고 불렀다. 의식이
끝난 후 나는 즐거운 기분으로 베란다에 앉아서 1시간 반 넘도록
내 품에서 자고 있는 아기를 마을 사람들과 함께 축복해주었다. 행
복한 가족과 기쁨에 젖은 아이들의 투명한 눈, 다정한 영혼들에 둘
러싸여 있다 보니 내 가슴도 따뜻해졌다. 이처럼 아기를 따스하게
기르고 소중하게 여기는 마음이 분명 명랑하고 친절한 아이를 만
들어내는 것이리라.

이런 애정 덕분에 아기는 사랑을 주고받는 법을 배운다. 주변의 사람들만 봐도 우리는 누가 어린 시절에 애정을 받고 자랐는지 분명히 알 수 있지 않은가? 따뜻하게 보살핌을 받고 자란 아이에게서는 연민과 공감 능력이 발달하고, 이런 능력은 미래의 모든 관계에서 축복으로 작용한다.[40] 믿어도 좋다. 애정을 갖고 아이를 대하면, 미래에 만날 아이의 친구들이나 배우자, 아이들이 당신에게 더없이 고마워할 것이다!

잘 듣고 반응하기

갓 태어난 아기들은 돌봐주는 이에게 전적으로 의존한다. 처음 몇 달간은 가려운 곳도 스스로 긁지 못할 정도로 미성숙한 상태로 태어나는 탓에 아기들은 감정도 전혀 조절하지 못한다. 따라서 떼를 쓸 때 들어주지 않고 그냥 두면 영유아도 '스스로 차분해지는' 법을 터득한다는 생각은 분명히 틀린 것이다. 아기의 울음은 젖을 먹거나 안기거나, 몸을 따뜻하게 하거나 위로를 받거나, 기저귀를 갈거나 트림을 하고 싶으니 도와달라고 요청하는 의사 표시다. 스트레스를 받을 때마다 편안하게 달래주면 아기들은 드디어 부드러운 조절 방식을 터득한다. 배고플 때 먹여주고 추울 때 따뜻이 덥혀주고 피곤할 때 둥개둥개 흔들며 재우면, 아기들의 두뇌 속에서 신경 연결망이 발달하기 시작한다. 그리고 이런 신경 연결망은 아기들이 더 컸을 때 정서와 행동, 정신과 관련된 상황에서 스스로를 차분히 조절하게 도와준다.[41]

그러나 '관심받기를 원한다는 이유만으로' 아기를 들어 안아주지는 말라고 주의를 주는 이들도 있다. 그렇지만 설령 아기가 원하는 게 관심을 받는 것뿐이라 해도 그게 왜 잘못이란 말인가? 관심받고 싶어 하는 건 사회적 동물의 기본적 욕구다. 우리도 누구나 관심을 원하고 필요로 하지 않나? 고된 하루를 마치고 남편에게 안아달라고 했는데 남편이 '당신이 관심을 원할 때마다 항상 안아주지는 않을 거야!'라고 말한다면 어떻겠는가? 이런 태도는 아마도 관계 속에서 신뢰를 높이거나 위안을 얻는 데 도움이 안 될 것이다.

물론 아기가 울 때마다 항상 즉각적으로 들어주기는 힘들다. 하지만 가능한 빨리 가서 도와주마고 안심시키는 일은 중요하다. 부모의 이런 들음과 반응은 아기에게 자신의 요구가 중요하다는 점을 인식시켜준다. 생후 18개월 동안 영유아는 필요로 할 때 타인이 '거기 있어'주리라고 믿어도 되는지를 배운다. 자기를 도와줄 것을 알면, 아기의 내면에서 자존감과 관계에 대한 신뢰가 생겨난다. 이런 신뢰가 발달된 아기는 자신이 가치 있는 존재이며 관계는 위로가 되는 안전하고 믿을 만한 것이라는 생각을 갖고 살아간다.[42]

일부 양육 프로그램에서는 '울음을 통한 통제법'으로 아기에게 스스로 마음을 차분히 다스리고 잠드는 법을 가르치라고 권유한다. '울음방치법Cry It Out'이 처음 제안된 것은 1895년이었다.[43] 울음방치법은 아기를 일정 시간 울게 내버려둔 후에 양육자가 어떤 식으로든 달래거나 아예 요구에 반응해주지 않는 수면 훈련법을 가리킨다. 이런 방법을 쓰면 아기는 결국 울다가 스스로 잠들 것이다. 하지만 동시에 양육자는 믿을 만한 존재가 못 된다는 생각을 갖게 되기도 한다. 아기에게 이것은 지극히 당황스럽고 두려운 일이다. 오늘날 많은 유아발달전문가들은 울음방치법을 이용한 훈련

은 부자연스럽고 불필요하며 도리어 심각한 문제를 유발할 가능성이 있다고 지적한다.[44]

평화로운 문화권에서는 우는 아기에게 부모가 반응하는 것을 지극히 당연하게 여긴다. 이들은 아기에게 '울음방치법'을 쓴다는 것을 아마 상상도 못할 것이다. 오스트레일리아 영유아정신건강학회에서도 울음을 통한 통제법은 최적의 정서적 · 심리적 건강에 필요한 것과 부합하지 않는다고 경고하고, 도리어 부모의 의도와 달리 부정적 결과들을 낳을 것이라고 주장한다.[45] 한 예로, 장시간의 울음은 스트레스와 관련된 부신 호르몬의 하나인 코르티솔 수치를 급격하게 증가시킨다. 몇몇 연구 결과 영유아의 두뇌에서 코르티솔 수치가 증가하면 무심함이 생겨나 사회화와 관계에서 나중에 문제를 겪을 수 있다고 한다.[46]

노래 불러주기와 놀아주기

노래 불러주기와 놀아주기, 아기와 이야기 나누기는 건강한 두뇌 발달에 필수적이다. 갓난아기와 이야기를 나누고 놀아주기에 가장 좋은 시간은 아기의 의식이 '차분하게 살피는 상태'에 있을 때다. 이런 상태일 때 아기를 잘 살펴보면, 차분하고 고요하며 몸을 움직이지도 않고 두 눈을 크게 뜬 채 주변을 둘러보고 있음을 알 수 있다. 갓 태어난 아기도 당신의 목소리와 얼굴을 알아보고 고개를 돌려 눈을 맞출 것이다. 이런 상태에 있을 때 아기는 관찰하는 것들을 알아차린다. 그래서 목소리가 들리는 곳으로 고개를 돌리고 눈을 들여다보며 심지어는 얼굴 표정을 흉내 내기도 한다. 갓난아기에게는 눈이 특히 황홀해 보이기 때문에 두 눈을 들여다보는 걸 좋아한다. 갓난아기의 보는 능력은 한때 우리가 믿었던 것보다 훌륭하다. 30센티미터 거리에서는 특히 더 뛰어난데, 어머니의 가슴에서 눈에 이르는 거리가 30센티미터인 것은 우연이 아닐 것이다. 이렇게 짧은 동안 시각적으로 관심을 집중시키는 순간 아기와 처음으로 직접적인 소통을 하게 된다. 더없이 즐겁고 신나는 이 순간은 친밀한 관계의 시작이다.[47]

세계의 모든 문화에서는 친밀감을 만들어내고 기분을 전환시키며 영혼을 고양시키기 위해 음악과 놀이를 사용한다. 자장가도 노래로 아기를 달래는 오랜 풍습에서 생겨난 것이다. 음악과 리듬은 아기의 기본적인 두뇌 구조를 체계화시켜 걸음마장이들이 나중에 생각하고 말하는 데 도움을 준다. 그래서인지 아기들은 노래 듣기를 좋아한다. 하지만 노래를 정확히 부르지 못한다고 걱정할 필요는 없다. 아기들은 음악 비평가가 아니니까!

발리는 지상에서 가장 창조적인 사람들을 보유하고 있는 것으로 유명하다. 발리의 뛰어난 화가인 카르타는 어린아이였을 때 받았던 느낌을 기억해내야만 아기들이 필요로 하는 것도 떠올릴 수 있다고 했다. 또 적어도 다섯 살까지는 시간의 90퍼센트를 놀이에 써야 한다고 주장했다. 그의 지혜로운 말은 경종을 울린다. "계속 웃고 놀고 행복하게 만들어주는 게 두뇌 발달에 좋아요. 하지만 텔레비전이나 컴퓨터, 비디오 게임은 두뇌를 게으르게 만들죠. 그러면 창조력은 자라나지 못합니다."[48] 발리의 어른들이 아이들과 즐겁게 장난치고 놀며 뛰어다니는 모습을 보면 나도 기분이 좋아졌다. 그런데 발리의 성인들은 의식을 치를 때 가장 아름다운 원주민 옷으로 빼입는 반면, 어린아이들은 대체로 그렇지 않다는 점을 발견했다. 그래서 어느 가족의 결혼식에서 나의 발리인 '아들'에게 이유를 물었더니 이렇게 설명해주었다. "어렸을 때는 노는 걸 좋아하잖아요. 그리고 노는 건 가장 중요한 일이고요. 옷을 편안하게 입으면 놀 때 훨씬 편해요. 그래서 아이들은 초등학교를 졸업한 후부터 우아한 발리 옷을 입기 시작하지요."[49]

노래나 춤, 놀이로 아기를 즐겁게 해주면 부모도 아기와 더욱 가까운 애착관계를 형성하게 된다. 아기는 부모와 함께 보내는 시간에서 기쁨을 얻는다. 마찬가지로 아기가 곧잘 반응하고 잘 웃고 부모를 보고 신난 표정을 지으면, 부모 또한 아기와 시간을 더 많이 보내고픈 욕망이 커진다. 관계는 이처럼 상호적이며 인간은 누구나 긍정적이고 따스한 연결을 갈망한다. 양육자가 (까꿍놀이를 하거나 '아기돼지'나 '벌이 배가 아파요' 등의 노래를 불러주는 것처럼) 많은 시간을 놀아주면 아이는 장난기 많고 명랑하며 함께 있으면 즐겁고 유쾌한 아이로 성장한다. 그리고 이런 성격을 갖고 있으면 더욱 긍정적인 관계를 통해 더 행복하고 낙천적인 삶을 살아갈 수 있다.

아기를 늘 가까이에 둔다

아기는 양육자 아주 가까이에 두어야 한다. 아기들이 기본적인 생존을 전적으로 의지하는 생후 9개월간은 특히 그래야 한다. 다른 포유류도 이 상처받기 쉬운 초기 단계에는 갓 태어난 새끼 곁에 머물면서 이들을 철저히 보호한다. 아기들을 흔히 끈 포대기로 감싸는 문화권에서 그러하듯, 원숭이들은 새끼를 보통 어미 등에 업고 다닌다. 나를 포함한 여러 사람들의 관찰에 의하면, 발리인들은 한 달 된 아기를 혼자 두는 시간이 전혀 없었다. 반면에 한국인들은

8.3퍼센트, 미국인들은 67.5퍼센트나 됐다.[50]

미국의 이전 세대에서는 생후 몇 개월 된 아기를 혼자 방에 두고 밤에 울어도 반응하지 않는 것이 일반적인 풍속이었다(일부 소아과 의사들은 지금도 여전히 이를 주장한다). 그러나 전 세계 거의 모든 어머니들은 아기를 잘 보이는 곳에 두고 밤낮없이 언제나 아기의 소리에 귀 기울인다. 아기가 무언가를 원하거나 문제가 생겼을 때 즉각 도와주기 위해서다. 세계의 거의 모든 지역이 혼자 자거나 '스스로 차분해지도록' 아기를 다른 방에 두는 것은 방치라고 여긴다. 그런데 밤에 아기가 울어도 내버려두는 이런 풍속이 미국의 높은 영유아사망률과 관련 있는 것은 아닐까? 최근에 영유아돌연사증후군으로 죽은 아기 이야기를 들은 적이 있다. 선한 사람이었음에도 어머니는 아기를 혼자 아기 방에 두고 10시간이 넘도록 들여다보지 않았다고 한다. 미국의 영유아사망률은 다른 국가에 비해서 상당히 높은 편이다. 다른 선진국 45개국도 미국보다 낮다.[51] 영유아돌연사증후군은 미국에서 발생하는 영유아 사망의 3가지 주요 원인 중 하나다(2010년 원인 불명의 영아사망은 2천 건도 넘는다).[52]

이런 사실에 비추어볼 때, 생후 1년간은 아기를 언제나 가까이에 두는 것이 가장 손쉬운 예방책일 것이다. 아기가 가볍게 칭얼대는 경우에는 다시 혼자 잠들 수도 있겠지만 큰 소리로 울기 시작한다면 확실히 도움이 필요하다고 봐야 한다. 마찬가지로 숨이 막히거나 호흡을 멈추면 반드시 가까이 있던 누군가가 이 응급 상황을 알아차리고 조처를 취해야 한다.

전 세계 거의 모든 지역에서는 자는 아기를 다른 방에 방치하거나 양육자의 눈과 귀가 미치지 않는 곳에 두지 않는다. 세계에서 가장 가난한 나라 중 하나인 네팔에서도 바쁜 어머니가 아기를 직접 보살필 수 없는 경우가 흔한데, 이럴 때는 보통 다른 누군가가 아기를 보살핀다. 히말라야 산맥의 고지대 마을에서 한 살배기 강지Ganji를 십대 언니가 등에 업은 채 가족이 운영하는 식당에서 종업원으로 일하는 걸 본 적이 있다. 언니가 학교에 가고 어머니도 주방에서 요리를 하면, 강지는 식탁들 한가운데 놓인 유아용 침대에서 시간을 보냈다. 덕분에 손님들을 포함한 모든 사람들이 강지와 소통할 수 있었다.

이렇게 언제나 가까이에 두면 아기와 멀리 떨어져 있을 때 생길지도 모르는 위험을 피할 수 있다. 덕분에 아기는 정서적으로나 신체적으로 무럭무럭 자라난다. 또 밤낮없이 함께 놀고 이야기하고 서로에게 응답하면서 더욱더 교감하게 된다. 이런 친밀감은 사회성을 높이고 언어능력을 더욱 빨리 발달시켜준다. 뿐만 아니라 강하고 안정적이며 긍정적인 애착도 자연스럽게 키워준다.

애착을 망치는 요인들

새내기 부모와 아기의 애착관계를 촉진시키는 것뿐만 아니라 이를 방해하는 요인들을 이해하는 것도 중요하다. 이제 막 출산한 여성은 인간이 감당할 수 있는 가장 힘들고 소모적이며 고통스러운 도전 하나를 겪어냈다고 할 수 있다. 그러므로 산모는 자신을 한없이 강력하고도 동시에 더없이 취약한 존재로 느낄 수 있다.

출산이 계획대로 이루어졌으면 세계에서 가장 높은 산에 오른 것만큼이나 체력적으로 힘든 일을 해냈다고 뿌듯해할 것이다. 동시에 어머니로서 경외감이 들면서도 모호하고 때로는 두렵기도 한 단계로 들어간다. 이 작고 새로운 존재의 욕구를 전부 충족시켜줄 수 있을까? 이 작은 존재가 건강하고 유능하며 사랑스럽고 도덕적이며 사회에 이바지할 수 있는 구성원으로 성장하도록 도울 수 있을까? 몸을 관통하며

⊙ **애착을 방해하는 요인**

• 계획에 없던 임신
• 난산
• 호르몬의 지지 결여
• 낮은 아프가르 점수
• 상상했던 것과 다른 아기의 모습
• 병원의 의례적 절차
• 부정적인 말들
• 부모에게 애착 문제가 있는 경우
• 산후 기분장애
• 아이의 버릇을 망칠 수 있다는 두려움

요동치는 호르몬들이 가슴을 활짝 열어주면, 어머니는 새로 태어난 기적 같은 존재를 사랑할 준비를 마친다. 또 완전히 노출되었다고 느끼며 주변에서 일어나는 모든 일을 민감하게 받아들인다.

애착을 방해하는 몇몇 요인은 흔히 부모와 아기의 관계가 시작되는 시점부터 나타난다. 이런 요인들에는 계획하지 않은 임신과 이상하게 어려웠던 출산 과정, 호르몬의 지지 부족, 낮은 아프가르 점수Apgar Score(신생아의 건강 상태를 확인하기 위해 호흡과 심장박동, 피부색, 근육의 힘, 신경반사 등을 체크한 점수―옮긴이), 기대와 많이 다른 아기의 모습, 거슬리는 병원 절차, 병원 직원이나 방문객들의 부정적인 말, 부모가 자신의 부모에게 갖고 있던 불안정한 애착, 산후 우울이나 불안, 아기가 버릇없어질지도 모른다는, 사회적 통념이 만들어낸 두려움 등이 있다.

이런 요인들이 미칠 수 있는 영향을 설명하는 것도 중요한 것 같

다. 대부분의 새내기 부모는 아기와 가슴에서 가슴으로 친밀하게 이어져 있다는 느낌을 받지 못하면 매우 불안해한다. 흔히 발생할 수 있는 요인들이 자연스러운 애착 과정을 방해할 수도 있다는 점은 인식하지 못한다. 그러나 방해 요인이 있다 해도, 애착을 증가시키기 위해 전 세계에서 사용하는 방법들을 가능한 한 많이 실천하면 애착을 단단히 할 수 있다.

계획에 없던 임신

발리인과 부탄인은 가족계획을 위해 피임을 권장한다. 또 티베트인은 사랑의 부드러운 합일에서 아기의 영혼이 들어오는 순간 임신이 이루어지리라 생각하며 몸과 마음을 가다듬는 것에 특별히 초점을 맞춘다. 그러나 미국에서는 임신의 49퍼센트가 의도하지 않은 상황에서 이루어진다. 그중 29퍼센트는 시기가 좋지 않은 경우이고, 19퍼센트는 전혀 원치 않은 임신이다.[53] 아무 계획도 없는 상태에서 삶을 뒤바꿔놓을 일이 일어났음을 발견하면, 여성은 엄청난 혼란과 압박감, 불안, 두려움, 우울감을 느낀다. 그때까지만 해도 삶에서의 선택과 결정을 완전히 통제할 수 있다고 믿었을 것이기 때문이다. 그런데 갑자기 삶을 변화시킬 가장 중요한 경험에 직면한다. 적어도 그 순간에는 스스로 선택하지 않았을 경험에 말이다.

이런 여성이 어머니가 될 준비가 돼 있을까? 아기가 원하는 어머니가 제대로 되어줄 수 있을까? 경제적, 정서적 지원은 받을 수 있을까? 이런 상황에서 여성은 때로 아기의 아버지나 자신의 가족, 친구들에게 버림받기도 한다. 이로 인해 어린 여성은 흔히 임신 초기부터 고립감과 외로움에 시달린다. 아이를 낳기로 결심했어도 회의에 젖거나 아이에게 분노를 느끼기도 한다.

아기가 태어나기 전의 우울과 불안은 의도하지 않은 임신에서 아주 흔하게 나타난다. 임신한 여성은 흔히 다른 사람들에게 자신의 두려움과 부정적인 감정을 들키는 것도 두려워한다. 자신이 무능한 어머니라는 증거가 바로 이런 감정들임을 확신하기 때문이다. 이런 여성은 출산 후에도 우울이나 불안장애에 걸릴 위험성이 높으며, 아기에게 애착을 갖는 것도 어려워한다. 그러나 임신 중이나 출산 후에 상담이나 사회적 지지를 받으면 이런 상황에서도 자신의 아기를 더욱 잘 받아들일 수 있다.

난산

출산의 경험은 분명히 어머니가 되는 중요한 관문이다. 출산 과정을 어느 정도 통제할 수 있고 자신의 감정과 요구들이 존중받고 있다고 느끼면, 출산의 경험은 힘을 엄청나게 북돋워준다. 여성에게 성공적인 출산 경험은 무엇이든 처리할 수 있다는 자신감을 강하게 심어주는 것이다. 어머니는 정말로 모든 것을 처리할 수 있어야 하므로 이런 자신감은 아주 중요하다. 그러나 힘든 출산 과정에 원치 않는 개입을 받으면, 스스로 어머니가 될 자격이 없다거나 자신의 몸이 자신과 아기를 실망시켰다고 느낀다. 이런 느낌은 아기에게 애착을 느끼는 능력을 방해한다.

미국의 경우, 출산 과정을 보살펴주는 이로는 먼저 위험성이 낮은 임신과 출산, 산후 관리를 도와주는 전문가인 산파가 있다. 이들은 충분한 영양섭취와 건강에 좋은 운동, 스트레스 완화를 권장한다. 그리고 인간 여성의 몸은 다른 포유동물만큼 아기를 잘 낳지 못한다는 생각에 흔히 갖는 출산에의 두려움을 줄여주기 위해 최선을 다한다. 산파는 산모와 함께 많은 시간을 보내면서 산모를 파악하고 두려움을 이해하며 몸에 일어나는 변화와 태아의 발달, 몸이 갖춘 출산 능력 등을 가르쳐준다. 또 아직 태어나지 않은 아기에게 애착을 키우도록 돕기도 한다. 전통적으로 이들은 산모가 임신과 출산을 경험하고 산후 조리를 하는 내내 충분한 정보와 지지를 제공해준다. 자격증이 있는 조산사는 전문 훈련을 받은 간호 이학 석사로서 출산의 '위험성이 높지' 않은 건강한 산모에게 주요한 건강관리자 역할을 한다. 또 교육을 통해 비정상적인 임신 합병증도 파악할 수 있어, 산파의 영역을 넘어서는 치료가 필요할 때 산부인과 전문의에게 인계한다.

한편으로 산부인과 전문의도 있는데, 이들은 출산 시 생길 수 있는 합병증을 치료하도록 특별히 훈련받은 외과 전문의다. 이상적으로 이 두 직업은 임신에 상당히 상보적인 역할을 해줄 수 있지만 실제는 협조를 잘 안 할 뿐만 아니라 서로에게 반감까지 품는 경우가 흔하다. 출산에 대한 접근이 기본적으로 다른 데다, 미국은 세계에서 유일하게 산파를 없애려는 나라이기 때문이다. 산파는 자연 출산을 돕도록 교육받았기 때문에 필요한 경우가 아니면 개입을 안 하려는 반면, 산부인과 전문의는 출산을 적극적으로 관리하도록 교육받은 탓에 일반직으로 의료 처치를 한다. 자궁수축의 속도를 높이거나 조절하기 위해 합성호르몬인 피토신을 사용하거나 통증을 완화시키기 위해 척추진통제나 경막외마취제를 주사하는 것이 그 예다. 그러나 출산 때 이런 처치를 하면 합병증의 발병 위험이 커져서 결국은 응급제왕절개술로 출산하게 될 수도 있다.

국립보건원 산하 '아동보건인간계발연구소'에 따르면, 산통을 유도할 경우 자연스럽게 진행되도록 허용할 때에 비해서 제왕절개의 비율이 두 배는 높아진다고 한다.[54] 제왕절개 분만을 하려면 중요한 복부 수술을 해야 한다. 의학적으로 심각한 응급상황인 경우, 산모나 아기 모두에게 이런 수술은 물론 생명을 구하는 기술이 될 수 있다. 하지만 질을 통한 분만보다 더 '쉽고 안전하다'거나 '아기에게 좋다'는 잘못된 믿음에서 이 방법을 선택하는 것은 바람직하지 않다. 제왕절개를 할 경우 수 주간 고통스러운 치유 과정을 거쳐야 하며 의학적으로 심각한 합병증에 걸릴 수도 있음을 산모에게 알려주어야 한다. 대부분의 제왕절개술이 별 어려움 없이 이루어지지만, 마취가 불러올 수도 있는 문제들이나 감염, 출혈, 수혈의 필요성, 다른 내장 기관의 손상, 치명적인 폐색전, 심리적인 어려움 등 산모의 건강이 위험에 처할 가능성이 높아진다.

가장 안전한 출산 방법은 언제나 질을 통한 분만이었다. 산모의 치사율이 선택적인 제왕절개 분만의 경우에는 질 분만보다 3배, 응급제왕절개 분만의 경우에는 4배나 높았다. 그래서 세계보건기구에서도 전 세계 어느 지역에서든 제왕절개 비율은 10~15퍼센트를 넘지 말아야 한다고 권고한다.[55] 그러나 현재 미국의 제왕절개 비율은 무려 34퍼센트에 육박하고 있다. 그런데 산파가 관여하는 분만의 제왕절개 비율은 5퍼센트도 안 된다. 산부인과 의사의 관리를 받는 산모의 경우, 셋 중에 한 명이 제왕절개수술을 받을 가능성이 있는 반면 산파의 도움을 받는 경우에는 스무 명 중 한 명꼴로 그 가능성이 줄어드는 것이다.

스코틀랜드와 네덜란드, 스칸디나비아 국가들은 제왕절개술과 임산부 사망률을 세계에서 가장 낮은 수준으로 유지하고 있다.[56] 발리의 산파 로빈 림의 조산원 '부미 세핫Bumi Sehat'(Heavenly Earth Mother)은 건강한 출산을 위한 포괄적인 지원을 제공한다. 출산 전 임산부들에게 검진을 해주고, 분만 시에도 헌신적으로 보살피며, 출산 후 관리와 모유 수유도 도와준다. 게다가 이 모든 지원은 무료다. 이 조산원은 임산부와 영유아사망률을 낮추고 병원보다 더 긍정적인 출산 경험을 제공하기 위해 만든 것이다.[57]

지난 10년 동안 미국에서는 산부인과 의사들의 유도로 실제 출산 예정일보다 몇 주 앞서서 '선택 분만'을 시작하는 비율이 훨씬 높아졌다. 이런 유도는 의사나 임산부의 일정, 때로는 임산부가 임신 상태에 피로를 느낀다는(흔히 TOP 증후군 즉, '임신피로증후군Tired of Pregnancy'이라고 한다) 단순한 이유 때문인 경우가 흔하다. 내가 만난 여성들도 사실 누구나 임신 후기에 피로를 느꼈다. 그렇다고 임신 기간을 단축시키면 체중과 시각, 폐와 두뇌 발달 면에서 아기에게 위험 요소가 증가한다. 뿐만 아니라 수유도 자연스럽게 시작할 수 없게 돼 탈수증과 황달에 걸릴 수 있다. 조산 때문이든 조기 유도나 선택적 제왕절개 때문이든, 기간을 다 채우지 못하고 태어난 아기는 출생 직후 산소호흡기가 필요할 가능성이 더 높으며, 신생아집중치료실에서 시간을 보내야 하는 경우도 2배나 더 높다.[58]

다른 포유동물의 어미들이 그렇듯 흔히 치료 때문에 아기와 떨어져서 산후에 즉각 아기와 접촉하지 못하면, 산모들은 나중에 아기에게 애착을 느끼는 데 어려움을 겪는다. 아기의 고통 때문에 아기와 일찍 떨어지면 산모는 아기와 연결감을 좀처럼 느끼지 못하고, 이런 상태는 생후 1년 혹은 그 이상 지속된다. 아기의 건강 문제가 몇 시간 안에 완전히 해결돼도 마찬가지다.[59]

2010년 미국 산부인과의사회 총회에서는 선택적 조기 분만으로 태어난 아기들에게 심각한 결과가 발생할 수 있음을 의사들에게 경고했다. 이로 인해 캘리포니아에서는 공공보건국과 '산모 돌봄 협력체Maternal Quality Care Collaborative', '소아마비 구제 모금 운동March of Dimes'이 협력해 임신 39주 이전에는 선택적 분만이나 제왕절개술을 하지 말 것을 촉구했다.[60]

분만 중 의학적 처치도 정상적인 유대와 애착에 심리적 문제를 일으킬 수 있다. 유대와 애착은 산모가 출산 경험을 긍정적으로 느낄 때 더욱 쉽게 일어나기 때문이다. 이 중요한 통과의례를 겪어낸 방식에 대한 자부심과 분만 시 자연스럽고 풍부하게 분비되는 호르몬들이 산모와 아기가 즉각 사랑의 유대감을 경험할 수 있는 최적의 환경을 만들어준다. 그러나 걱정할 필요는 없다. 애착을 즉각 느끼지 못해도, 아기 역시 유난히 힘든 과도기를 거치고 있음을 이해하고 부드럽게 안심시키며 반응해주면, 산모와 아기 사이에서는 치유와 사랑을 나누는 관계가 형성된다.

호르몬의 지지 부족

방해 없이 진통이 시작될 때 여성의 몸에서는 자동적으로 여러 호르몬들이 분비된다. 이 호르몬들은 분만 과정 내내 정서적으로 산모를 지지해준다. 통증을 이겨내고 아기와 친밀한 유대감을 느끼도록 돕는 것이다. 안정감과 지지감, 따스한 이해와 사랑을 받고 있다는 느낌을 받으면 산모는 최면에 빠진 것처럼 편안하게 이완

된 상태로 들어간다. 그러면 분만을 위한 호르몬 칵테일이 최적의 상태로 분비되어 분만 과정 내내 산모를 도와준다. 산파와 출산 경험이 있는 여성들은 산모를 이런 상태로 유도하는 데 큰 역할을 해줄 수 있다.

분만에 도움이 되는 주요한 호르몬은 엔도르핀류와 옥시토신, 아드레날린, 노르아드레날린, 프로락틴이다. 베타-엔도르핀은 천연 아편처럼 통증을 자연스럽게 완화시키고 의식의 변형 상태를 불러오며, 쾌감과 연결감을 촉진시킨다. 옥시토신은 산통 중에 서서히 증가해서 출산의 순간에 가장 많이 분비되는데, 자궁을 수축시키고 아기를 향한 사랑의 느낌을 북돋아준다. 아드레날린과 노르아드레날린은 스트레스를 부르는 신체적 요구에 부응하도록 도와주며, 진통이 강하게 일어나는 동안 아기를 보호한다. 프로락틴은 부드럽게 보살펴주고픈 느낌을 불러일으키는데, 이런 느낌은 출산의 순간과 아기가 어머니의 젖을 빨기 시작할 때 정점에 이른다. 이처럼 우리의 호르몬 체계는 진통과 분만 중에 활성화되어 출산의 경험을 향상시켜준다. 출산 과정을 안전하게 이끌며, 어머니와 아기가 자연스러운 애착을 통해 가슴을 열도록 돕는다.[61]

그러나 산모의 자궁을 수축시키기 위해 합성 옥시토신인 피토신을 주사하거나, 통증 완화를 위해 경막외마취제를 복용시키거나 진통을 다스리는 다른 처치법을 쓰면, 호르몬이 자연 분비되지 않아서 어머니와 아기 모두 심각한 불이익을 당할 수 있다. 진통을 유도하거나 속도를 높이기 위해 피토신을 사용하면, 자연 분만 때보다 수축이 더 길고 강하고 조밀하게 일어나 통증이 심해진다. 그러면 통증 완화를 위해 약물치료를 하는데 이런 치료는 베타-엔도르핀의 분비를 방해한다. 이 호르몬은 호의라는 긍정적인 느낌과 편안함을 자연스럽게 불러일으키는 작용을 한다. 어머니가 두려움에 떨고 있으면 두뇌에서 위험 신호를 받아들여 산모와 아기를 동시에 보호하려 한다. 이로 인해 진통은 자동적으로 느려지고 심지어는 멈추기도 한다.[62] 이 모든 조건들로 아기가 산소를 충분히 공급받지 못해 가사 상태에 이르면 응급제왕절개를 할 수밖에 없다.

외부에서 주입된 약물로 산모의 정상적 호르몬 작용이 교란되면, 분만 중인 산모를 돕기 위해 수백만 년도 넘는 동안 섬세하게 조정돼온 호르몬 칵테일도 자연스럽게 분비되지 못한다. 이렇게 호르몬의 정상적인 도움을 받지 못하면 분만 과정에 변화가 일어나 산모는 정서적으로 고갈돼 냉담해지거나 아기에게 분노를 느끼기도 한다.

의학의 힘으로 출산한 결과 여러 합병증에 시달리게 된 어느 무기력한 어머니가 슬픈 어조로 내게 물었다. "살면서 이제껏 경험했던 그 어떤 고통보다 큰 고통을 가져다 준 아기를 어떻게 사랑할 수 있겠어요?" 그녀는 몸에서 자연스럽게 분비되는 호르몬들의 지원을 받지 못한 탓에, 힘을 부여받는 느낌이나 황홀감, 사랑도 느끼지 못하고 화와 분노 속에서 아기와 멀어지게 된 것이다.

상상과는 다른 아기의 모습

주치의나 산파는 아기가 태어나고 1분이 지났을 때와 5분 후, 아기의 '아프가르 점수'를 측정한다. 이 점수는 아기의 생김새와 맥박, 찡그림, 활동성, 호흡 등에 각각 0에서 10까지 매긴 점수를 바탕으로 한 것이다. 7에서 10점은 정상으로, 4에서 6은 상당히 낮은 점수로, 3 이하는 심각하게 우려되는 상태로 여긴다. 이런 점수들이 낮으면 아기에게 심각한 문제가 있을지도 모른다는 두려움에 부모의 애착은 흔히 지연된다.

아기에 대한 부모의 애착은 흔히 임신 중에 시작된다. 일찍 애착을 느끼기 시작한 부모는 보통 아기의 모습에 강한 기대를 품는다. 그런데 성별이나 외양, 기형 등 태어난 아기의 모습이 생각했던 것과 다르면 애착에도 영향을 받는다. 상상했던 모습을 지워버리고 실제의 아기에게 적응해서 편안한 애착을 느끼려면 부모에게도 시간이 필요하다. 이렇게 지연된 애착이 정상으로 돌아오는 데는 며칠 혹은 몇 주, 심지어는 몇 달이 걸리기도 한다. 그러므로 새내기 부모들은 아기에게 즉시 사랑을 느끼지 못해도 인내심을 가질 일이다.

병원의 의례적 절차

병원에는 흔히 여러 절차들이 있다. 분만 전후 일정 기간 동안은 일상적으로 이런 절차에 따라야 하는데, 이런 상황이 애착을 느끼는 데 지장을 줄 수 있다. 그러나 출산을 앞둔 부모가 주치의나 산파에게 분만 시 자신들이 원하는 것과 원치 않는 것이 무엇인지 출산 계획을 제출하면 이 절차들 중 일부는 바꿀 수도 있다. 예를 들어 탄생 직후 아기가 '고요한 경계 상태'에 있는 처음 90분간은 애착 형성에 아주 중요하다. 이때 부모나 출산 경험이 있는 여성, 출산 도우미 등은 목욕이나 몸무게 측정, 정상 발달에 필요한 요소를 체크하는 페닐케톤뇨증 검사를 포함한 여러 침입성 검사들을 미뤄 달라고 요청할 수 있다. 아기를 반겨주는 짧지만 중요한 단계 이후로 미루는 것이다. 생후 1시간은 부모와 아기가 서로 사랑에 빠지는 아주 중요한 시기이므로 이 순간에는 방해 없이 사생활을 보호받으며 가족으로서 관계를 맺는 것이 중요하다.

부정적인 말

출산 후 옥시토신의 작용으로 아기와 사랑에 빠지기 시작하면 산모는 주변 사람들에게 마음을 열고 그들을 믿는다. 그러므로 상처받기 쉬운 이 시기에 산모의 시중을 드는 이들은 말에 신경을 써야 한다. 어떤 말이든 아기를 향한 산모의 느낌에 강력한 영향을 미칠 수 있기 때문이다. 타인의 관찰 소감은 산모의 무의식 깊이 영향을 미친다(처음 사랑에 빠졌을 때 상대에 대한 사람들의 견해를 얼마나 예민하게 받아들였는지 떠올려보라). 누군가 갓 태어난 아들이 '아주 야무져' 보인다고 말했다 하자. 어머니가 애착을 느끼는 데는 '정말로 요구가 많을 것 같다'는 말보다 이런 말이 훨씬 도움이 된다. 출산 후 몇 주 동안 하룻밤에 네 번이나 아기 울음소리에 잠을 깨다 보면, 출산 때 들은 말들이 지친 어머니의 마음속에서 시끄럽게 다시 떠올라 아기를 향한 느낌에 영향을 미친다.

어느 산모는 조산사가 갓 태어난 아기를 보며 "아이구, 이런 애기는 정말 처음이야" 하는 소리를 엿듣고 몇 년이나 그 말을 떨쳐버릴 수 없었다고 한다. 이 조산사가 무슨 의미로 그런 말을 했는지 몰랐는데도 엄청난 불안감이 생겨난 것이다. 이로 인해 그녀는 몇 년 동안이나 아기에게 뭔가 문제가 있을지도 모른다고 생각했다. 조산사의 부주의한 한 마디가 어머니의 애착을 심각하게 방해한 것이다.

원하든 원치 않든, 부모가 나를 대했던 방식은 보통 내가 자녀를 키우는 방식에도 영향을 미친다. 태어날 때부터 충격적인 경험을 했거나 어머니와 불안정한 애착관계를 형성하고 있었다면, 임신과 출산, 자식에 대한 애착도 더욱 힘들어질 수 있다. 그러나 좋은 소식도 있다. 부모가 정서적으로 어떻게 상처를 주었는지 기억하고 자녀와 더 긍정적인 관계를 형성하기 위해 의식적으로 노력하면, 과거의 유산들도 극적으로 변화시킬 수 있다. '유아 발달 분야의 연구들도 자신의 유년기 경험에 대한 이해가 아이와 부모의 안정적인 애착과 강하게 연관되어 있음을 입증하고 있다.'[63]

그러므로 힘든 유년기를 보냈다면 먼저 내가 어떻게 상처받았는지 최선을 다해 떠올려봐야 한다. 그러면 내 자녀와 이런 경험을 되풀이할 위험성이 크게 줄어든다. 어떤 치유자는 임신한 부부에게 '태아기 유대prenatal bonding'라는 새로운 치유법을 이용한다. 이 치유법은 부모의 애착 상처를 치유함으로써 아직 태어나지 않은 아기와의 애착이 향상되도록 도와준다.[64] 아기가 태어날 때 부모의 몸과 두뇌에서 분비되는 사랑의 호르몬들은 부모-영유아의 관계를 새롭고 따스한 방식으로 시작할 좋은 기회를 만든다. 누구도 완벽한 부모가 될 수는 없지만, 아이가 태어날 때마다 부모는 과거 세대에서 내려온 고통스러운 부모-자식 관계의 고리를 끊고 새로 시작할 기회를 얻는다. 자식이 태어나는 순간, 언제나 꿈꾸던 부모-자식 관계를 실현할 기회가 새로운 형태로 갑자기 주어지는 것이다.

산후 기분장애

50~80퍼센트에 이르는 많은 산모들이 산후 열흘 이내에 호르몬 작용의 급격한 변화로 '산후 우울증Baby Blues'을 경험한다. 산모의 20퍼센트는 여러 증상을 경험하는데, 이들은 산후 몇 주가 지난 후에도 계속되거나 산후 1년 동안 언제든 나타날 수 있다. 요즘은 산후 우울증보다 산후 기분장애라는 용어를 더 자주 사용한다. 문제의 증상들이 언제나 우울증은 아닌 데다 불안과 불면증, 혼란, 공포감, 강박적 행위, 마음을 어지럽히는 생각이나 두려움도 일어나기 때문이다. 임신 중 우울이나 불안을 느끼거나 이전에 기분장애를 앓은 적이 있으면 산후 몇 달간 이런 증상에 시달릴 확률이 더 높다. 다른 위험 인자로는 스트레스와 고립, 우울증 가족력, 불안, 양극성장애, 새로 복용한 출산 통제 호르몬에 대한 반응 등이 있다.[65] 여기서 중요하게 지적하고 넘어가야 할 점이 있는데, 산후 기분장애는 산후 정신병과는 아주 다르다는 것이다. 산후 정신병에 걸리면 망상과 의심, 환청이나 환시가 보이고 말이 어눌해지며 행동도 전체적으로 어수선해지고 출산 사실을 부인하기도 한다.

산후 기분장애는 생화학적인 요인으로 발병할 가능성이 가장 높다. 그러나 수면 부족과 사회적 지원 부족도 발병에 중요한 영향을 미친다. 평화로운 문화권에서는 임신 중이나 산후 몇 개월간 많은 보살핌을 받기 때문에 산후 기분장애에 걸리는 경우가 현저하게 적다. 정서적인 지지는 물론이고 잡다한 집안일과 아기 양육에도 직접적이고 실질적인 도움을 받으면, 여성들은 훨씬 빨리 회복된다. 그러나 죄책감을 느끼고 도움을 구하지도 않으며 아기와 떨어져 휴식을 취하지도 못하고 자신의 욕구도 돌보지 않으면 증상은 더욱 악화돼 오랫동안 지속된다.

그러나 산후 기분장애에 걸렸다고 해서 언제나 이런 식으로 느끼거나 어머니 역할을 못하거나 아기에게 애착을 못 느끼는 것은 아니다. 힘들지만 일시적인 병이기 때문에 시간이 지나면 모든 증상들이 수그러든다. 또 운동이나 식이요법, 상담, 지지그룹, 영적인 수행, 자연요법, 약물치료 같은 치료법들도 도움이 된다. 약물치료(몇몇 약물들은 모유를 먹이는 동안 복용해도 문제가 없다고 한다)도 증상완화에 큰 도움이 된다. 산후에 이런 어려움을 경험해본 다른 여성들의 지지를 받는 것도 마찬가지로 좋다. 또 배우자와 항상 소통하고, 민감하며 이해심이 많고 비판적이지 않은 사람들의 지지를 구하는 것도 증상들을 가라앉히는 데 도움이 된다.[66]

그러나 산후 기분장애에 걸리면 아기에게 친밀감을 느끼는 산모의 능력이 방해를 받아 애착이 초기에 잘 이루어지지 않을 수 있다. 그러면 엄마와 적극적으로 소통하는 아기의 능력도 영향을 받는다. 예를 들어 엄마의 얼굴에 늘 슬픔이나 노여움이 가득하면 아기는 엄마의 눈을 들여다보는 대신 시선을 돌려버릴 것이다. 그러나 어느 정도 도움을 받으면, 산후 기분장애에 걸린 산모도 놀라우리만치 헌신적인 어머니가 되어 아기와 강하고 따스한 애착관계를 형성할 수 있다.

아기의 버릇을 망칠지도 모른다는 두려움

애착을 가로막는 가장 슬픈 요인의 하나는 흔히 두려움이다. 아기에게 사랑과 관심을 과하게 주면 아이의 '버릇이 나빠질'지도 모른다는 이 두려움은 완전히 오해에서 비롯된 것이다. 아기에게 좋을 거라는 생각에 아이가 울어도 자기 본능을 억제하면서 아이를 달래거나 반응하지 않는다고 말하는 부모들을 만난 적이 있다. 그러나 양육의 가장 기본은 관심이나 애정을 지나치게 많이 쏟아도 아이의 버릇은 나빠지지는 않는다는 것이다. 이 점을 분명히 이해해야 한다. 이 책에서 '얻을 수 있는' 메시지가 하나뿐이라면 바로 이것이다.

아기는 물론이고 부모와 아기의 관계를 손상시키는 것은 오히려 관심의 부족이다. 아기가 울음은 내적인 불편에 대한 반응이다. 아기들은 욕구를 충족시킬 능력이 전무하기 때문에 양육자의 도움이 있어야 욕구를 해소할 수 있다. 생후 1년에서 1년 반까지 자신의 요구가 가능한 빨리 충족될 때 아기들은 많은 이득을 본다. 아기의 요구에 반응하지 않는 것은, 네가 보살핌을 받을 만한 가치가 없는 존재이며 또한 타인이 도와달라고 울어도 자비심을 베풀 필요가 없다고 가르치는 것과 마찬가지다. 아기의 고통에 어머니가 '귀를 닫는'다면, 타인의 고통에 '문을 닫는' 것이 일상적이고 심지어는 권장할 만한 일이라고 가르치는 것과 같다. 말을 배우기도 전에 아기의 잠재의식과 마음속에 버림받았다는 느낌과 신뢰의 부족, 도움을 구하지도 말고 타인에게 연민으로 반응하지도 말아야 한다는 가르침을 새겨주는 것이다. 울 때 혼자 내버려 두면 아기는 '스스로를 차분해지는' 법을 절대 배우지 못한다. 반대로 생후 1년 동안 많이 안고 달래주면 나이가 들어서도 스스로를 차분하게 잘 다스릴 수 있다. 잊지 말자. 독립성은 안정감에서 생겨나고, 안정감은 아기가 전적으로 의존적일 때 신체적으로나 심리적으로 욕구를 충족시켜주어야만 생겨난다.

넘치는 사랑과 애정을 받는 아기는 맑고 반짝이는 눈을
통해 열린 마음과 신뢰를 보여준다

아기의 두뇌는 아직 적절하게 행동하는 법을 배울 능력을 갖추지 못했다. 몇몇 사람들의 오해와 달리 아기에게는 누군가의 생각을 앞지르거나 조종할 능력이 없는 것이다. 아기의 두뇌는 14개월에서 18개월은 돼야 원인과 결과의 복잡한 상호연결성을 이해할 준비를 갖춘다. 이때가 되면 걸음마장이는 사회적으로 용인받는 행위들을 배운다. 이런 시점이 오면 부모는 한계를 정하고 사회적으로 적절한 행위가 무엇인지를 가르치기 시작해야 한다. 그러나 영아기는 무엇보다 사랑과 신뢰를 배우는 시기다. 이때 아기에게 신뢰와 사랑을 쏟으면, 열린 마음으로 신뢰하고 사랑할 수 있는 아이로 성장할 튼튼한 토대가 형성된다.

"태어나 어머니의 젖을 먹는 바로 그날부터
우리 안에서는 연민의 마음이 싹틉니다.
젖을 먹이는 행위는 사랑과 애정의 상징과 같아요.
생애 첫날부터 이루어지는 이런 행위가
평생토록 우리가 만나는 모든 관계의
토대를 만들어준다고 생각합니다."

– 달라이 라마

Chapter 4

미국에선 아이를
이렇게 키운다

본질적으로 교육은 아이의 친절한 본성과 조화를 이루어야 한다.
가장 중요한 요소는 아이를 사랑과 애정이 가득한
환경에서 키우는 것이다.
–달라이 라마

자녀를 키우는 방식을 우리는 흔히 어린 시절 부모의 양육 방식을 통해 일찍부터 배운다. 어린 시절 경험한 양육 방식은 거의 대부분 우리의 잠재의식 속에 기록된다. 3년의 양육을 거쳐야 이것을 언어로 설명할 수 있고, 7년이 지나야 이 정보를 논리적으로 처리할 수 있기 때문이다. '아이들은 우리의 말이 아닌 행동을 따른다'는 오래된 격언은 아주 정확하다. 어른의 행위를 본보기로 삼는 것은 가장 강력한 학습 방식이다. 그리고 우리가 평생 동안 보여주는 행위의 대부분은 여섯 살 이전에 습득한다. 연구 결과 취학 전 아동이 인형을 다루는 방법을 보면 나중에 자식을 어떻게 대할지 충분히 예측할 수 있다고 한다. 어느 실험에서는 취학 전 아동에게 부모가 특정한 인형에 공격적인 태도를 취하는 모습을 보여주자 아이는 후에 똑같은 인형에 공격적인 태도를 취했다.[1] 우리 안에 새겨진 부정적 양육 습관들을 고치려고 의도적으로 노력하지 않으면, 자녀에게도 똑같은 행위를 반복할 가능성이 있는 것이다. 화가 나거나 스트레스를 받을 때는 특히 잠재의식에서 비롯된 반응이 우리를 집어삼키기 쉽다. '세상에, 내가 이런 일을 저지르다니 믿을 수 없어. 맹세하는데, 아이에게 다시는 이렇게 하지 않을 거야!' 부모라면 누구나 충격에 휩싸여 이렇게 생각했던 순간이 있을 것이다.

사회학자이자 연구자인 브레네 브라운Brené Brown 박사는 수치심이나 무력함과 관련된 수천 건의 사적인 이야기들을 살펴본 결과, 사랑받을 만한 존재라는 느낌과 소속감이 있는 사람과 관계 속에서 끊임없이 갈등하는 사람을 가르는 변수가 바로 '가치 있는 존재라는 느낌'임을 발견했다. 이로써 브레네 박사는 스스로 사랑받을 만한 존재라는 느낌이 행복한 삶을 영위하는 데 가장 중요한 요소라고 믿게 되었다. 그녀는 또 관계를 맺을 만한 존재가 아니라는 두려움이 흔히 타인과의 관계를 가로막는 요인임을 발견했다.

스스로 사랑할 자격이 있다고 생각하는 사람이 결국은 단단한 사랑의 관계를 맺는 것이다.[2] 자아존중감은 아주 어렸을 때 생겨나며, 임신과 탄생, 관심을 끌기 위해 처음으로 울음을 터뜨렸을 때 아기가 경험한 반응 양식과 관련이 있는 것 같다. 부모가 영유아기의 울음에 화를 내거나 무시하는 대신 관심을 갖고 걱정하는 마음으로 반응해주면, 자존감은 더욱 긍정적으로 발달한다. 삶의 초기에 부모가 아이를 어떻게 보살폈느냐에 따라 관심과 애정, 사랑받을 만한 존재라는 내면의 믿음과 소속감이 커지기도 하고, 반대로 자기회의와 두려움, 수치심에 젖어 자신은 별 볼일 없는 존재라고 느끼게 될 수도 있다.

심리학자로서 나는 가슴 저미는 이야기들을 많이 들었다. 사람들은 눈물을 쏟으면서 어린 시절 부모에게 정서적으로 그리고 (혹은) 신체적으로 상처받았던 기억들을 털어놨다. 그중에는 자신이 상처 입은 것처럼 똑같이 자식들에게 상처를 줄지도 모른다는 두려움에 아이 낳는 것을 일부러 포기

> ⊙ **4가지 주요한 양육 방식**
>
> - 권위주의형 방식
> - 변덕형 방식
> - 방임형 방식
> - 관계형 방식

한 이들도 있었다. 유익했던 것이든 해로웠던 것이든, 자신이 경험한 양육 방식을 기꺼이 전부 떠올려보는 게 좋다. 두 극단적인 방식을 모두 떠올려보는 것이 더욱 건강한 양육 방식을 발전시키는 유일한 길이기 때문이다. 이런 기억은 우리를 자신감 있고 탄력적이며 연민을 가진, 정서적으로 건강한 사람이 되는 양육 방식을 답습하도록 도와준다. 반면에 자존감과 신뢰에 손상을 입히고 타인과 가까워지는 것을 두려워하게 만든 양육 방식은 의식적으로 피하게 해준다.

그렇다면 미국 문화에서 아이들을 대하는 방식을 결정하게 해주는 양육 모델은 어떤 것이 있을까? 현재 미국에서는 4가지의 주요한 양육 방식이 통용되고 있다. 권위주의형Authoritarian 양육방식과 변덕형Inconsistent, 방임형Permissive, 관계형Relational 방식이 그것으로, 여기에서는 각각의 방식을 살펴보기로 한다.

4가지 육아 스타일

권위주의형

미국을 포함한 세계 각국은 여러 세대 동안 역사적으로 권위주의형 양육을 장려했다. 이런 방식은 부모가 애정을 제한하고 아이들의 행위를 엄격히 통제해야 한다는 신념이 강하다. 존 B. 왓슨John B. Watson 박사는 1928년에 펴낸《영아와 유아에 대한 심리적 보살핌Psychological Care of Infant and Child》에서 이렇게 조언했다. '절대, 절대로 아이에게 입을 맞춰주지 마라…… 무릎 위에 앉히지 마라. 유모차를 흔들어주지도 마라.'[3] 권위주의적 양육 방식을 옹호하는 이들은 또 애정을 지나치게 많이 쏟거나 아기의 울음에 너무 빨리 반응해주면, 징징거리며 사사건건 요구하는 아이로 자라난다고 경고했다. 그러면서 우는 아기에게 반응을 줄이는 것이 좋다고 했다. 정서적으로 아이를 더욱 강하고 독립적으로 키우는 데 좋다는 잘못된 믿음 때문이었다.

이 양육법에서는 부모가 해야 할 일과 하지 말아야 할 일에 엄격한 규칙이 적용된다. 영유아 간의 개인적인 차이는 고려하지 않는다. 또 몸과 마음이 끊임없이 변화하는 상황에서 특정한 순간에 아이가 무엇을 필요로 하는지 부모에게 자신의 느낌에 귀 기울여보라고 권하지도 않는다. 그저 4시간 간격으로 엄격하게 통제하는 수유 일정을 지키라고만 한다. 그 결과 어떤 어머니는 상처받은 아이를 안고 먹일 수 '있을' 때까지, 때로는 몇 시간이나 문 밖에서 아기의 울음소리에 두 손을 움켜쥐고 시계를 흘깃거리면서 고통스럽게 서성여야만 했다.

권위주의형 양육법은 걸음마장이에게든 더 큰 아기에게든 무조건적인 복종을 요구한다. 아이들은 본래 반항적이고 조정에 능하기 때문에 냉정하고 호되게 다루어야 한다고 믿어서다. '매를 아끼면 아이를 망친다'는 오래된 믿음을 철석같이 믿어서 철저한 순종을 위해 신체적으로나 정서적으로 호되게 벌을 내린다. 생물학 명예교수인 메리 클라크Mary Clark 박사는 1950년대 중반부터 영국에서 학생들을 가르쳤다. 그녀는 혼란스럽게 여겨지는 이 속담을 이렇게 설명했다. "어린 애가 재채기를 하면 모질게 말하고 꾸짖잖아요. 그러면 아이는 짜증을 불러일으키고 싶을 때 재채기를 합니다. 재채기가 사람을 약오르게 만든다는 걸 아니까요."[4]

권위주의형 양육법에서는 어머니에게 아이의 부적절한 행위에 즉각 반응을 보여주라고 한다. 손이나 가장 가까이에 있는 물건으로 아이를 때리라는 것이다. 또 아버지는 막대기나 벨트, 면도날을 가는 가죽숫돌 등 극심한 고통을 불러일으키는 특별한 도구들로 가장 호되게 고의적인 체벌을 가해야 한다고 흔히들 생각한다. 그래서 아이가 말을 안 들으면 "아버지 돌아오시면 어디 두고 봐" 하고 불길한 경고를 날리기도 한다.

복종하지 않으면 체벌하겠다고 자주 위협하는 것도 이 양육법에서 흔히 있는 일이다. "셋 셀 때까지 하는 게 좋을 거야"나 "뚝 그쳐. 안 그러면 진짜로 울게 만들어줄 거야"라고 경고하는 것이다. 그러나 이런 식으로 경고를 주면 아이는 협조하고픈 마음보다는 두려움 때문에 무언가를 하게 된다. 어떤 아이는 '셋'이 될 때까지 못된 짓을 계속하기도 한다. 이런 아이는 부모의 인정을 받거나 바람직하게 행동하기 위해 혹은 양심의 가책 때문이 아니라 오로지 벌을 피하기 위해서 행동을 변화시킨다.

　권위주의적인 양육법에서는 언어로 마음에 상처를 주기도 한다. 말로 모욕을 주거나 꾸짖거나 욕을 하는 것이다. 그러나 비난의 말이 평생 지워지지 않는 상처를 남기고, 이런 상처는 자기존중감의 핵심적 느낌과 사랑할 수 있는 힘을 방해한다는 것을 우리 대부분은 알고 있다.

　징벌을 일삼는 양육법은 보통 세대에서 세대로 이어진다. 어린 시절 매를 맞거나 괴롭힘을 당한 아이는 타인은 물론이고 자식에게도 폭행을 일삼거나 괴롭힐 가능성이 있다. 권위주의적인 양육으로 자란 아이들이 가장 많이 기억하는 것은 부모가 두렵고 예측할 수 없으며 자신에게 상처를 입히곤 했다는 점이다. 그리고 때로는 진실보다 거짓말이 안전하다는 점을 가장 중요한 교훈처럼 터득한다. 또 붙잡히지 않으려고 교활하게 행동하며, 어른들이 화가 나 있을 때는 믿지 않는다. 이로 인해 대부분의 아이가 부모와의 관계에서 존경심보다 두려움을 더 느낀 것으로 기억한다.

　지금도 여전히 권위주의적 양육법을 따르는 인기 프로그램들이 있다. 이런 프로그램은 부모에게 손이나 벨트 같은 도구로 때려서 아이의 행위를 통제할 것을 권한다. 마이클Michael과 데비 펄 Debi Pearl도 그들의 책《아이를 훈육하기 위하여To Train Up a Child》에서 기독교에 근거를 둔 이런 프로그램을 알리고 있다. 또 이들이 만드는 '가장 큰 기쁨No Greater Joy'에서는 아이의 의지를 통제하고 완전한 순종을 요구하는 것이 부모의 의무라고 가르친다. 이들은 아이를 '주먹으로 세게 치고' 고통은 주지만 상처는 남기지 않는 도구로 아이를 '바꾸는' 체벌도 지지한다. 펄 부부는 '훈육의 필요성이 생기기 전에' 부모가 조기에 아이들을 교육시켜야 한다고 믿는다.[5] 그러나 이런 양육법으로 인해 몇몇 심각한 아동 학대가 발생하고 아이들이 죽음에 이른 경우도 있다.[6]

권위주의형 양육법의 또 다른 인기 프로그램으로 상당한 영향력을 행사한 것이 있다. 1994년에 처음으로 출간된 《아기를 잘 다루기 위하여On Becoming Babywise》[7]에서 개리 에조Gary Ezzo가 주장한 프로그램이다. 에조는 아이가 부모에게 부담이 되어서는 안 되며, 부모는 체벌로 아이를 고분고분하게 만들 필요가 있다는 믿음을 강화시켰다. 그는 자신이 책에 쓴 '영유아 관리 계획'을 이용하면 부모는 자연스럽게 '아이들이 먹고, 깨어 있고, 잠자는 시간의 순환을 일정하게 일치시킬' 수 있다고 주장했다. 이 방법을 쓰면 '밤에 아기가 자도록 만들어서 아기는 건강을, 어머니는 휴식을 얻을 수 있다'[8]는 것이었다. 에조의 방법이 현재 인기를 누리는 이유는 두 달째부터 아기가 밤사이 깨지 않고 잠들게 하려는 것과 연관이 있다. 일상이 규칙적이면 걸음마장이는 잠을 잘 자지만, 영아들의 경우엔 강제적 일정에 엄격히 따라줄 것을 기대하지 말아야 한다. 영아들은 언제 식사를 하고 소변을 보고 잠을 잘지 스스로 통제하지 못한다. 소아과의사 매튜 애니Matthew Aney는 에조의 '부모주도적인 식사' 전략이 모유 결핍과 탈수, 몸무게 부족, 조기 이유, 성장장애를 불러온다고 주장했다. 또 에조의 조언이 미국소아과학회의 신생아 수유 권고 내용과 완전히 정반대라고 했다.[9] 기독교 목사였던 에조는 현재 초기에 주장했던 엄격한 양육법을 완화시켜서 소아과의사와 공동으로 책도 출판하고 있다. 그러나 갓난아기에 대한 과보호에는 여전히 반대의 목소리를 내고, 부모가 아기의 요구에 맞추기보다 아기가 부모의 삶에 적응하도록 만들어야 한다고 주장한다. 그러나 보건 전문가와 저명한 기독교 지도자들도 에조의 양육 프로그램에 경악과 우려를 표했다.[10]

물론 식사와 수면을 부모가 바라는 일정에 수월하고 자연스럽게 맞춰주는 영아도 있다. 하지만 아기들은 보통 가족의 일정에 맞추기까지 많은 유연성과 시간을 필요로 한다. 하나의 시간표가 모든 아기에게 효과적이지는 않은 것이다. 한 예로, 내 아들은 생후 몇 개월간 낮잠도 길게 자고 밤에도 깨지 않고 내리 잤다. 반면에 딸은 세 살이 될 때까지 낮잠도 길어야 20분밖에 안 자고 밤에는 최소한 세 번 잠을 깼다. 초기에는 부모가 아기의 요구에 섬세하게 반응해주는 것이 아주 중요하다. 결국에는 이런 태도가 이득인 것이, 아이가 관계를 신뢰하도록 돕기 때문이다. 갓난아기를 충분히 보살피지 않으면 정서적 굶주림으로 인해 두뇌 발달도 크게 달라진다는 것을 이제는 잘 알고 있다.[11] 연구 결과 권위주의적 양육법으로 자라난 아이는 부모를 기쁘게 해주려는 의욕이 적다고 한다. 그 반면에 흔히 내성적이고 분노와 반항심에 차 있으며 자신감이 부족하다.[12]

변덕형

지난 세대의 권위주의형 양육 방식도 1946년부터 등장하기 시작한 베이비부머들과 함께 변화하기 시작했다. 벤저민 스포크Benjamin Spock가 출간한 혁명적인 육아서 《아기와 육아의 상식The Common Sense Book of Baby and Child Care》 덕분이었다. 스포크는 모든 아이에게 엄격한 규칙을 적용하는 고지식한 권위주의적 방식을 고수하지 말고, 아이를 한 개인으로 보고 좀 더 유연하게 욕구를 충족시켜줄 것을 촉구했다. 또 아이의 요구를 판단할 때는 부모의 '상식'을 믿으라고 가르쳤다. 뿐만 아니라 '아기를 껴안고 애정을 쏟으면 더욱 행복하고 안정적으로 자랄'[13] 것이라고 주장했다. 그러나 어머니들에게는 여전히 편리를 고려해서 약 4시간 간격으로 수유하고 잠을 재우는 일정을 지키라고 권했다. 스포크 박사의 조언은 분명 아이의 정서적 건강 면에서 전환점이 되었다. 그러나 권위주의적인 접근법으로 자라난 탓인지 부모들은 종종 일관되지 않은 양육 방식을 보여주었다.

변덕형 혹은 비일관형 양육법을 낳은 장본인은 최선의 방식이 무엇인지 몰라 혼란스러워하는 부모들이었다. 그들은 어떨 때는 우는 아기에게 바로 반응해주다가도 또 어떤 때는 시간이 적당히 흐를 때까지 시계를 보며 기다리다가 응답했다. 아이를 '망칠'지도 모른다는 걱정 때문에 종종 자신들이 경험한 양육 방식으로 돌아갔다.

전후 시대에는 병원에서 출산하는 동안 의학적 치료가 증가하기도 했다. 진통을 시작한 산모에게는 강한 진정제를 투여하고, 아버지에게는 진통과 분만을 함께하지 못하도록 금지하고, 갓난아기는 태어나는 즉시 신생아실로 옮기고, 모유보다는 조제분유를 먹이라고 강력하게 권장했다. 이 모든 요인들로 인해 부모-영유아의 애착은 불안정해지고 양육법도 일관성을 잃었다.

어떨 때는 안아주고 먹이고 달래주며 보살펴주다가도, 어떨 때는 그러지 않으면서 양육법이 일관성을 잃게 되었다. 엄마나 아빠에게 의존하지 않고 아기의 욕구를 충족시켜주려 한 탓에 아기들은 최초의 가장 중요한 부모-자식 관계를 편안히 신뢰하지 못하게 되었다. 이처럼 부모에 대한 불신은 불안정한 애착을 낳고, 불안정한 애착은 '양가감정을 지니'(많이 울면서도 자신의 욕구가 충족될지 불안해하는)거나 '회피적인'(무시하고 멀리하고 닫아버리는) 아기를 만들어낼 수 있다. 불안정한 애착은 또 나중에 문제 해결이나 자신과 타인에 대한 신뢰, 공감, 자존감, 건강한 관계, 감정 조절(예를 들어 울컥 치솟는 화를 다스리는 것 같은)에 어려움을 겪게 만든다.

세계 다른 나라들에 비해 미국의 부모들이 영유아들과 얼마나 소원한지를 알면 아마 놀랄 것이다.

- 1972년의 연구 결과, 미국의 어머니들은 생후 3개월 동안 아기가 울어도 울음의 약 46퍼센트를 일부러 무시해버린다고 한다.[14]
- 1989년 필자는 발리에서 그들의 양육법을 관찰했다. 그 결과 발리에서는 한 달 정도 된 아기가 혼자서 보내는 시간이 0퍼센트임을 발견했다. 반면에 1994년 K.리[Lee]의 연구[15]에 따르면, 한국에서는 8.3퍼센트, 미국의 경우에는 67.5퍼센트나 됐다.
- 1992년의 연구 결과, 아기를 아기 방의 아기 침대에 일상적으로 두는 사회는 미국뿐이었다.[16]

지금도 미국에서는 아기를 부모 가까이에서 재우는 것을 혐오한다(3장의 '아이와 같이 잠자기'를 참고). 모유를 먹일 경우 피곤한 어머니는 아기와 같은 침대에서, 아니면 적어도 같은 방에서 잠들기가 생후 4개월 차 로간은 만족감과 신뢰, 기쁨을 느낄 줄 아는 아기로 이제 막 피어나고 있었다. 밤에 부모 방에 있는 자기 침대에서 잠이 드는 것도, 잠에서 깨어날 때 부모의 숨소리를 듣는 것도 아주 편안했다. 로간이 울 때마다 엄마와 아빠는 언제나 귀를 기울이고 그의 요구들을 들어주었으며 많은 관심과 애정을 쏟았다.

그런데 어느 날 밤 갑자기 침대가 다른 방으로 옮겨졌다. 잠에서 깬 로간은 혼자인 것을 알고 놀라 울음을 터뜨렸다. 다행히 엄마가 방으로 들어와 말을 건네자 바로 마음이 놓였다. 그런데 예상과 달리 엄마는 그를 안아 올려주지도, 쓰다듬어주지도 않았다. 혼란에 빠진 로간은 더욱 크게 울어 젖혔다. 하지만 엄마는 그냥 몸을 돌려 방을 나가버렸다. 충격에 빠진 로간은 더욱 크게 울어댔지만, 오랜 시간이 지나도 누구 하나 도와주러 오지 않았다.

드디어 아빠가 들어와 몇 마디 말로 그를 달랬다. 하지만 아빠도 쓰다듬거나 안아주지는 않았다. 부모의 갑작스런 행동 변화로 로간은 심한 두려움에 비명을 지르듯 울었다. 그러나 아빠도 몸을 돌려 그냥 나가버렸다. 이제 로간은 공포에 질렸다. 하지만 크게 울면 울수록 엄마 아빠는 더 오랜 시간을 끌다가 방으로 들어오는 것 같았다. 영원만큼 긴 시간이 흐르도록 울었지만 부모는 여전히 안거나 다독여주지 않았다. 로간은 결국 지쳐서 기절하듯 잠에 떨어졌다. 그날 밤 로간은 안정감과 부모에 대한 완전한 신뢰를 영원히 잃어버렸다.

훨씬 쉽다. 그러나 많은 어머니들이 이 자연스럽고도 당연한 행위에 죄책감을 느끼고 흔히 숨긴다. 이렇게 어머니가 양육에 불안과 혼란 혹은 죄책감을 느끼면 변덕이 생기기 쉽다. 그러면 아기에게 귀 기울이고 자신의 믿음에 따라 아기의 욕구를 충족시켜주는 능력이 방해를 받는다. 아기에게 가장 좋은 방식을 두고 부부가 각자 다른 생각을 갖고 있을 경우, 둘 사이에서 갈등과 불일치가 생겨난다.

리처드 퍼버Richard Ferber 박사가 개발한 퍼버식 수면교육Ferberization

은 현재 변덕형 양육법에서 인기 있는 방식이다. 이것의 목적은 아기가 밤에 더 오랫동안 깨지 않고 자게 만드는 데 있다. 아기가 4개월 정도 되면, 아기의 울음에 반응하던 부모에게 밤에도 아기에게 스킨십을 제공해주지 말라고 가르친다. 말로 반응하되, 안아주거나 쓰다듬거나 다독이지 말라는 것이다. 그리고 이것조차 차츰 간격을 길게 두라고 한다. 아이가 울 때마다 5분씩 더 오래 기다렸다가 방으로 들어가는 식이다.[17]

이런 접근법을 쓰면 물론 더 오래도록 잠자는 아기들도 있다. 이런 아기들은 몇 분간 칭얼대다가 곧 조용해진다. 하지만 부모의 행동이 이처럼 급변하면 대부분의 네 달배기 아기들은 극도의 두려움에 도와달라고 크게 앙앙 울어댄다. 그래도 들어주지 않으면 결국은 쓰러져 잠든다. 그런데 이런 방식으로 도대체 무엇을 얻는 걸까? 밤에 도움을 청해도 갑자기 들어주지 않는 이유가 무엇인지, 왜 낮에는 다독여주다가 어두워지면 안 그러는지 아기는 이해하지 못한다. 어떤 아기들은 지칠 때까지 울게 만드는 이런 방식에 상처를 입기도 한다. 그리고 이런 상처는 취약한 존재라는 느낌과 버림받았다는 느낌, 무감각한 정서적 반응(예를 들어 체념이나 위축감 때문에 울음을 멈추는 것), 불안정한 관계를 불러온다.[18] 퍼버식 수면교육을 시도한 이후로 불안하게 부모에게 매달리기 시작하는 아기들을 나도 본 적이 있다. 이런 아기들은 낮 동안에도 더 많이 울고 젖을 빨면서도 편안히 잠들지 못했다. 아기의 감정에 공감하는 부모라면 퍼버식 수면교육이 도리어 해가 되지는 않는지 파악하고, 또한 자신은 이 방법을 어떻게 느끼고 있는지 살펴야 한다. 지금은 퍼버 박사 본인도 부모가 밤에 아기 울음을 완전히 무시하도록 만들려

고 한 것은 아니었다고 분명히 밝히고 있다.[19]

예일 대학교와 하버드 의대의 연구자들은, 과도한 스트레스를 받을 때 인간에게서 분비되는 코르티솔이라는 호르몬이 아직 발달 중인 아기의 두뇌에서 뉴런들을 손상시키고 심지어는 파괴하기까지 한다는 것을 발견했다. 게다가 이 신경독소가 생기면 평생 불안에 시달리거나 학습에 어려움을 겪거나 대인관계가 힘들어질 가능성이 커진다.[20] 어쨌든 밤에 자는 시간은 자연스럽게 늘어날 텐데, 몇 달 먼저 수면 시간을 늘리려고 온갖 위험성을 무릅써야만 할까? 그럴 가치가 과연 있을까? 이것은 12개월이 되면 스스로 걸을 텐데 그걸 기다리지 못하고 아홉 달 때부터 걷게 만들려고 애쓰는 것이나 마찬가지다.

스포크 박사는 권위주의형 양육의 위험성을 일깨워주기 시작하면서 양육법에 일대 혁명을 일으켰다. 그는 자녀를 더욱 따뜻하게 보살피는 쪽으로 부모들을 변화시키려 했다. 확실히 기존의 양육법은 한층 일관된, 반응을 중시하는 쪽으로 바뀌어야만 했다. 사랑하고 사랑받는다고 느끼는 것이 인간의 주된 욕구이기 때문이다. 그러나 너무도 많은 사람들이 사랑을 두려워한다. 생의 초기부터 의지할 수 있는 사랑의 관계도 신뢰하지 못하게 되어서다. 이런 단절을 피하려면 '사랑의 삼각관계'를 발전시켜야 한다. 사랑의 삼각관계는 사랑받는다고 느끼면 신뢰할 수 있고, 신뢰감이 생기면 사랑스러운 존재가 될 수 있다는 것이다.

방임형

허용적인 혹은 방임형 부모는 권위주의적인 부모의 반대편 끝에 위치한다. 방임형 부모는 비지시적이고 아이들의 요구와 욕망을 지나칠 정도로 잘 들어준다. 한결같이 이런 애정 어린 보살핌을 받으면 아기의 자존감과 사랑의 능력이 커진다. 그러나 18개월쯤 되면 걸음마장이 아기에게 분명한 지시를 내리고 제한을 설정해주며 자제력을 키우도록 도와주어야 한다. 그러나 좋은 의도로 잘 보살피는 부모도 영아와 걸음마장이의 발달에 필요한 것이 서로 다름을 이해하지 못한다.

부모가 걸음마장이와 더 큰 아이에게 계속해서 지나치게 관대할 경우 '버릇없는 아이' 증상들이 나타나기 시작한다. 걸음마장이에게 행위 방식을 분명히 가르치지 않으면 아이는 가족 전체를 쥐락펴락 한다. 그럼에도 방임형 부모는 흔히 안하무인으로 떼쓰는 행위도 무시해버리고, 점점 늘어만 가는 집요한 요구에 굴복하는 경향이 있다. 이런 부모는 아이에게 애원을 하거나 뇌물을 바치거나, 요청조차도 흔히 "괜찮지?"하는 질문 형식으로 전달한다. 예를 들면 "네 장난감들 주워 담아야겠지? 괜찮지?"하고 묻는 것이다. 이렇게 자란 아이는 어른들의 요청에 귀 기울이고 존중하는 법을 배우지 못한다. 지나치게 자기중심적이고 다른 사람들의 요구를 존중할 줄 모르며, 원하는 것은 언제나 얻으려 들고 자신의 실수도 타인의 잘못으로 돌린다. 자신에게만 몰두하는 이런 행위로 인해 또래들과도 많은 마찰을 일으키고 나중에 사회관계에서도 어려움을 겪는다.[21]

아이를 신체적으로나 정서적으로 안전하게 지키기 위해 나이에 맞는 제한을 설정해주지 않으면, 방임형 양육법은 극단적인 경우 태만으로 변질될 수 있다. 아이에게 실제보다 현명하게 결정하고 성숙하게 판단할 능력이 있다고 믿을 때 부모는 태만해지기 쉽다. 정신적으로 조숙하고 '말도 똑똑하게 하면' 부모는 흔히 아이가 정서적으로도 성숙할 거라고 믿기 때문이다. 그러나 사실 아이의 정서적 나이는 정신적 나이가 아닌 생물학적인 나이와 같다. 이런 상황은 아이에게 엄청난 불안도 불러일으킬 수 있다. 부모의 기대를 충족시켜주기에는 아이는 사실 너무 어리다. 또 양육법이 지나치게 허용적이면 아이는 흔히 학교나 다른 상황에서 권위적인 인물에게 도전하기 시작한다. 자신이 언제나 옳다고 믿기 때문이다. 그러나 어른 멘토를 존경할 줄 모르는 아이는 나중에 자제력이 부족하고 부정적인 경험들에서 배움을 얻지도 못하며, 목적도 없이 소외감에 빠지거나 마약에 손댈 경향이 더 높다.[22]

관계형

관계형 양육법은 내가 만들어낸 용어로, 평화로운 문화권의 양육법과 가장 비슷한 방식이다. 관계형 양육법에서는 부모가 아이의 느낌에 반응하고 합리적인 선택을 제시하고 아이를 제압하지 않으면서도 부모로서 통제력을 발휘한다. 이 양육법을 권위 있는authoritative 양육법으로 부르기도 하는데, 권위주의형과 혼동하지 말아야 한다.

관계형 양육법의 주요 목적은 친밀한 부모-자식 관계를 발전시키면서, 아이를 자신감 있고 스스로를 돌아볼 줄 알며 사회적으로 잘 적응하는 사람으로 성장하도록 돕는 데 있다. 넘치는 애정과 연민으로 아이를 다루지만, 분명한 한계선을 정해주고 자제력과 준수도 요구한다. 또 공감과 이타심을 키워주기 위해 아이가 다른 사람의 감정을 알아차리고 자기 행동이 타인에게 미치는 영향도 이해하도록 돕는다.[23] 그렇다고 언제나 수용하기만 해서 '즐거움을 주는 사람'이 되기를 지향하는 건 아니므로 자신과 타인의 욕구 사이에서 건강한 균형점을 찾도록 가르친다.

어렸을 때부터 따스하게 대접받아야 아이에게 연민의 마음도 자라난다. 아기는 태어나는 순간부터 부모와 관계를 맺으려 애쓴다. 완전히 무력하므로 소통에 아주 필사적이다. 아기의 신체 언어를 잘 관찰하면 아기가 무엇을 필요로 하는지 분명한 단서를 얻을 수 있다. 그리고 미묘한 의사표현에 반응해주면 신뢰 관계가 형성되기 시작한다. 그러면 아기는 편안하게 긴장을 푼다. 자신이 안전하며 부모에게 보살핌과 관심을 받고 있음을 알기 때문이다. 이처럼 만족하는 아기는 새로운 것들을 익히는 데 시간을 쓸 수 있다. 반면에 기본적인 생존 문제로 두려움을 느끼는 아기는 오로지 그것에만 초점을 맞춘다. 예를 들어 안전하다는 느낌을 받지 못하면, 누군가 들어주기를 바라면서 더 크게 더 오래도록 울어댄다. 이런 울음이 오히려 부모와 멀어지게 만드는 데도 말이다.

심리학자 메리 에인스워스는 미국의 어머니들 중 영유아의 요구에 민감하고 신속하게 반응하는 어머니는 아기와 가장 안정적인 애착관계를 형성한다는 사실을 발견했다. 이런 아기들은 덜 울고, 울어도 달래서 조용하게 만들기가 더 쉬웠다.[24] 국제적으로 유명한 가보 마테Gabor Maté 박사도 친밀한 부모-자식 관계를 옹호하면서 이렇게 주장했다. '아이들은 발달과정에서 부모와의 관계를 통해 독립적이고 스스로 동기를 부여할 줄 알며 자존감을 중요하게 생각하고 타인의 감정과 권리, 인간적 위엄에 신경을 쓰는 성숙한

인간으로 성장해간다.'[25]

더 자세히 설명하자면, 관계형 양육법에는 애착 양육법, 연결 양육법, 마음챙김 양육법의 세 가지 유형이 있다. 이 중 가장 잘 알려진 프로그램은 윌리엄과 마사 시어스William and Martha Sears가 미국을 본거지 삼아 펼치고 있는 애착 양육Attachment Parenting 운동이다. 시어스 부부의 국제적인 사명은 '아이를 안정적이고 명랑하며 공감할 줄 아는 사람으로 키울 수 있도록 모든 부모를 교

⊙ **타인을 향한 연민**

네팔에서 예상치 못한 상황에 부딪혔을 때 열 살짜리 에밀리는 부모인 우리와는 전혀 다르게 반응했다. 사람들과 차, 배회하는 동물들로 혼잡한 거리를 걸을 때였다. 커다란 돼지 한 마리가 오줌을 누기 시작해서 우리는 서둘러 지나가려 했다. 거리의 어른들은 전부 고래고래 소리를 지르며 돼지에게 욕설을 퍼부었다. 돼지 오줌이 신발과 바짓가랑이에 튀었기 때문이다. 그러나 에밀리는 그냥 오줌발을 피해 서서 다정한 목소리로 이렇게 말했다. "와우, 이제 기분이 훨씬 좋아졌을 거야. 그렇게 참았던 걸 시원하게 싼 것 같으니 말이야."

육하고 지원해서 가정과 세상을 더욱 튼튼하고 따스한 곳으로 만드는 것'이다.[26] 애착 양육법에는 '7가지 주요 원칙'이 있으며 다음과 같은 양육 행위의 중요성을 강조한다. 탄생과 유대의 경험, 반응적인 모유 수유, 가능한 많이 아기를 안거나 업어주기, 아기를 부모 가까이에 재워서 밤의 분리불안을 최소화하기, 아기의 울음이 욕구를 전달하기 위한 언어임을 믿기, 아기와의 거리를 장려하는 훈육자를 조심하기, 부모와 아기의 욕구 사이에서 균형을 잡기가 그것이다.[27]

놀랍게도 처음의 5가지 원칙들은 내가 전 세계에서 관찰한 애착 강화법과 비슷하다(3장 참조). 시어스 부부가 첨가한 6번째 원칙 '아기 훈육자들을 조심하라'는 앞서 이야기한 현재의 권위주의형

⊙ 애착 양육법의 7가지 원칙

• 탄생과 유대
• 모유 수유
• 아기를 안거나 업기
• 아기를 가까운 곳에 재우기
• 아기의 울음이 일종의 언어임을 믿기
• 아기 훈육자들을 조심하기
• 균형 잡기

양육 프로그램을 염두에 두고 한 말이다. 그런가 하면 7번째 원칙 '균형'은 아주 중요하다. 가족 내 다른 아이들은 물론이고 부모 자신과 아기의 욕구 사이에서 균형을 이루어야 함을 기억하게 해주어서다. 아기의 욕구에다 다른 아이들과 직업, 가정생활의 욕구까지 충족시키려 노력하다 보면, 헌신적인 부모는 자신과 자신의 관계를 돌보는 일을 잊어버린다. 이렇게 자신을 보살피지 않으면 곧 지치고 우울해지며 결혼생활도 스트레스로 다가온다. 그러므로 아기와 다른 식구들의 욕구 사이에서 균형을 맞추는 것은 중요하다.

양육은 일주일 내내 하루 24시간씩 매달려야 하는 고된 일의 하나다. 그래도 아기의 모든 욕구를 즉각 충족시켜주기는 사실상 불가능하다. 여기서 부모의 태도가 가장 중요함을 명심해야 한다. 아기가 도와달라고 울어 젖힐 때는 그 소리에 귀 기울이고 있음을 이렇게 알려준다. "미안해, 당장은 힘들지만 될 수 있는 대로 얼른 갈게." 그러면 아이에게 관심을 갖고 있음을 알려주면서, 다른 사람들과 자신의 욕구도 돌볼 수 있다.

시어스 부부의 '애착 양육법'에서는 아기가 밤에 안 깨고 더 길게 자도록 만드는 구체적인 방법들을 제시한다. 《울음 없는 수면 해결법The No-Cry Sleep Solution》에는 아기에게 적합한 조언이 나와 있다. 이 방법은 퍼버식 수면교육의 반가운 대안이 될 수 있다. 저자들은 자신의 애착 원칙을 적용해서 출산과 모유 수유, 신경질적인 아기를 다루는 법과 밤에 아기를 돌보는 법, 가족 영양, 의학적 정보, 새내기 아빠 되기에 도움을 주는 책들도 집필했다.

팜 레오Pam Leo가 지은 《소통 양육법Connection Parenting》도 관계형 양육법에 따른 훌륭한 프로그램이다. 레오는 수십 년간 보육자로 활동하며 부모와 전문가들을 대상으로 아이들의 요구에 관한 워크숍을 진행해왔다. 그녀의 기본 신념은 어린아이가 적어도 한 명의 어른과 지속적으로 따스한 관계를 맺어야만 신체적으로나 심리적·정서적·영적으로 건강하게 자랄 수 있다는 것이다.[28]

레오는 현대의 바쁜 삶으로 인해 아기는 보통 12주가 지난 무렵부터 깨어 있는 시간의 대부분을 부모와 떨어져 지낸다는 사실에 주목했다. 그리고 이런 아기는 초기의 욕구가 충족되지 못한 탓에 나중에 행위나 정서상 많은 문제를 보여준다고 주장했다. 또한 '아이가 부모에게 협조하는 정도는 부모에게 느끼는 유대감의 정도와 같다'고 덧붙였다.[29] 아이는 행위로 욕구를 표현하므로 부모는 아이가 잘못된 행동을 하면 그 원인을 분명히 이해한 후 행동을 통제하거나 변화시켜야 한다고 주의를 주었다. 그녀는 아이가 양육자와 강한 연결감을 느끼면 그를 기쁘게 하기 위해서 협조적으로 행동한다고 믿었다. 이 점에서는 마테 박사의 견해도 같다. '아이의 양육과 달램, 인도, 훈육이 성공적으로 이루어지려면 아이가 수용적이어야 한다. 아이가 어른에게 적극적으로 애착을 느끼고 접촉과 친밀함을 원해야만 어른의 보살핌을 잘 받아들일 수 있다.'[30]

그러므로 아이와의 관계가 스트레스를 안겨줄 때는 먼저 관계를 회복하는 것이 중요하다. 그런 다음에야 아이가 고분고분 따를 것이기 때문이다. 사실 모든 관계가 그렇다. 누군가에게 친밀감을 느끼면 더욱 긍정적인 태도로 협조하게 된다. 아이들도 다르지 않다.

레오는 이런 연결이 사랑과 관심을 받고 있다는 느낌을 주는 반면, 단절은 오해와 무시의 느낌을 불러일으켜 상처와 화를 남긴다고 했다. 언어로 의사를 표현할 수 없는 아기와 어린아이들은 행동으로 욕구를 드러내는데, 이것을 '실연행위acting-out behavior'라고 한다. 나의 멘토이자 심리학자로 몇 년간 많은 도움을 준 비비안 오움Vivian Olum 박사는 철석같이 이렇게 믿고 있다. '흔히 사랑이 가장 많이 필요한 사람이 어떤 순간에든 집에서 가장 사랑스럽지 않게 행동한다!'고 생각한 것이다. 욕구가 충족되면 아이들은 보통 기쁨에 넘치는 꼬마가 된다. 레오는 부모들이 이 점을 깨닫기를 바랐다. 이렇게 자라지 못한 사람들은 이런 전략에 의문을 품을 수도 있겠으나 그녀가 인용한 오프라 윈프리의 말처럼 '우리는 우리가 아는 것들로 최선을 다한다. 지금은 아는 것이 더 많아졌으므로 더욱 잘할 수 있다.'[31]

마음챙김 양육법은 내가 수십 년간 고객에게 효과적인 기법들을 계발하고 전 세계의 부모를 관찰하면서 섬세하게 다듬은 관계형 양육법과 내 아이들에게 주효했던 방법을 나름대로 혼합해서 만든 것이다. 걸음마장이와 어린아이를 위한 마음챙김 양육법에는 아이의 느낌을 인정해주는 것, 자제력을 길러주는 타임인Time-in이라는 독특한 훈육법도 포함된다. 이것에 대해서는 5장에서 더욱 자세히 설명할 것이다.

양 끝의 극단적인 양육법, 즉 지나치게 통제적이나 지나치게 허용적인 방식으로 아이를 대하면, 아이는 자기관리와 대인관계, 삶의 전반적인 만족감에 어려움을 겪을 수 있다. 최근에 서로 다른 양육법이 십대 청소년에게 미치는 장기적인 영향을 연구한 결과, 따스함은 적지만 책임의식이 강한 권위주의형 부모에게서 자란 아이들은 관계형 양육법을 실천하는 부모의 아이들에 비해 과도한 음주에 빠져들 위험이 2배 이상인 것으로 나타났다. 한편 따스함은 넘치지만 책임의식이 부족한 방임형 부모의 아이들은 과음할 위험성이 3배나 더 높았다. 여기서 따스함과 책임의식이 모두 높은 관계지향적 부모 밑에서 자란 아이들은 과도한 음주에 빠질 경향이 가장 적었다.[32]

관계형 양육법은 부모와 아이 사이에서 안정적인 애착이 형성되도록 돕는다. 생후 2년간 부모와 안정적인 애착관계를 경험한 아이에게는 평생 동안 독립심과 자기신뢰, 사회적 책임감, 스트레스를 극복하는 힘, 스스로를 차분하게 다독이는 능력, 자존감, 타인을 향한 강한 연민, 친밀감을 편안하게 받아들이는 태도 등 믿을 수 없는 혜택들이 주어진다.[33] 이 외에도 유년기에 상호 존중을 바탕으로 하는 긴밀한 유대관계를 경험하는 것이 행복에 필수적임을 보여주는 연구 결과들이 계속 보고되고 있다. 간단히 말해 부모가 아이에게 일방적으로 해주기보다는 아이와 함께하는 것이 훨씬 중요한 것이다.

체벌 대 훈육

권위주의형 양육법으로 여러 세대의 사람들이 부모에게 정서적으로 상처를 입고 단절되었다는 느낌을 받았다. 일반적으로 과거의 아이들은 자신의 감정이 이해나 존중을 못 받고 있다고 여겼다. 손바닥이나 회초리로 뺨이나 엉덩이를 맞고, 방에 홀로 갇혀 울고, 수치심과 비난과 무시와 비하를 당하는 식으로 벌을 받았다. 가끔은 그들의 행위와 상관없이 벌을 받기조차 했다. 몸과 마음에 상처를 안긴 체벌을 떠올리다 보면, 대부분의 사람들이 그런 벌로 인해 자기 내면에 비열함과 화, 부정직과 단절, 불신, 우울, 부모에 대한 두려움이 생겼음을 발견한다. 인간은 상처를 준 이에게 사랑과 신뢰를 느낄 수 없기 때문이다. 그러나 대부분의 사람들은 부모가 지식과 금전으로 할 수 있는 한 최선을 다했음을 안다. 이제 아이가 진정으로 원하는 것이 무엇인지를 알게 되었으니 아이를 전혀 다르게 대할 기회도 얻은 셈이다.

부모에게 고통스러운 벌을 받는 순간, 아이는 바람직하지 않은 행위를 멈춘다. 그러나 결국엔 더욱 분노해서 마지못해 부모를 즐겁게 해주거나 들키지 않을 교묘한 방법을 계발해낸다. 한편 아이와 강하게 연결되어 있는 현대의 부모는 아이와의 관계에 상처를 입히거나 아이의 기를 꺾지 않고도 부적절한 행위를 제어할 방법을 고민한다. 이런 경우 해답은 벌이 아닌 훈육에 있다. 그리고 벌과 훈육의 차이를 이해하는 것은 아주 중요하다!

체벌이 '아픔과 상실 혹은 고통을 불러오는' 것[34]인 반면, 훈육은 '지시하거나 교육하는 것, 자제력과 인격, 단정한 행위를 발달시켜주는 훈련'[35]을 의미한다.

아동 학대의 비극적인 역사는, 아이들은 비도덕적인 존재로 태어나므로 고통스러운 벌을 가하지 않으면 더욱 '버릇이 없어진다'

는 역사적으로 유명한 믿음에서 비롯되었다. 그러나 이런 믿음은 틀린 것으로 분명히 밝혀졌다. 신경과학과 발달심리학, 생물학, 인류학 분야의 연구 모두 아이를 망가뜨리는 원인이 학대와 무시, 보살핌의 결여에 있다는 명백한 증거를 제시하며 같은 결론을 내린다. 또 대규모의 연구 결과, 십대 청소년이나 어른이 됐을 때 나타나는 폭력적이거나 공격적인 행위는 아이에 대한 체벌과 직접적인 연관성이 있는 것으로 나타났다.[36] 오스트레일리아의 심리학자 로빈 그릴레Robin Grille도 세상을 더 평화롭게 만드는 데 도움이 될 양육법을 연구한 결과 이러한 점을 발견했다. '출생 초기 결정적인 몇 년 동안 기본적으로 공감을 얻으면, 인간의 두뇌와 가슴은 폭력적이거나 이기적인 삶을 선택할 수 없을뿐더러 그러지도 않을 것이다.'[37]

평화로운 문화권에서 그렇듯 다른 많은 나라에서도 수십 년간 강제적 복종을 위한 폭력을 포함, 모든 형태의 아동 폭력을 법으로 금지해왔다. 1958년 스웨덴이 가장 먼저 교내 체벌을 금지했고, 뒤이어 1979년에는 부모의 체벌이나 다른 모욕적인 대우를 금지하는 법안을 만들었다.[38] 또 유엔의 '아동인권위원회Committee on the Rights of the Child'는 1996년부터 모든 나라에 아동 체벌을 법으로 금지하라고 권장하고 있다. 그 결과 현재 알바니아와 오스트리아, 불가리아, 콩고, 코스타리카, 크로아티아, 키프로스, 덴마크, 핀란드, 독일, 그리스, 온두라스, 헝가리, 아이슬란드, 이스라엘, 케냐, 라트비아, 리히텐슈타인, 룩셈부르크, 네덜란드, 뉴질랜드, 노르웨이, 폴란드, 포르투갈, 몰도바공화국, 루마니아, 남수단, 스페인, 토고, 튀니지, 우크라이나, 우루과이, 베네수엘라 등 33개국이 학교나 가정,

탁아소 등 모든 환경에서의 아동 체벌을 법으로 전면 금지했다.

또 다음 49개국의 정부는 아동에 대한 모든 합법적 공격 행위를 종식시킬 법안을 만드는 데 전념하고 있다. 아프가니스탄과 알제리, 아르메니아, 아제르바이잔, 방글라데시, 벨리즈, 부탄, 볼리비아, 브라질, 부르키나파소, 카보베르데, 차드, 에콰도르, 엘살바도르, 에스토니아, 인도, 리투아니아, 몰디브, 모리셔스, 몽골, 몬테네그로, 모로코, 네팔, 니카라과, 니제르, 파키스탄, 팔라우, 파나마, 파푸아뉴기니, 페루, 필리핀, 사모아, 샌 마리노, 상투메, 프린시페, 세르비아, 슬로바키아, 슬로베니아, 남아프리카, 스리랑카, 타지키스탄, 마케도니아, 태국, 동티모르, 터키, 투르크메니스탄, 우간다, 짐바브웨, 잠비아가 바로 그런 나라들이다.[39]

이토록 많은 나라들이 아동에게 고통을 가하는 것을 기본 인권의 문제로 금지한 것은 바람직한 일이다. 덕분에 2013년 전 세계 어린이의 약 5.4퍼센트가 모든 형태의 체벌에 법적으로 보호를 받게 되었다. 이런 금지 법안을 만드는 것에 전념하고 있는 모든 나라가 완전한 금지에 성공하면, 전 세계 어린이의 약 45.9퍼센트가 고통스럽고 잔혹한 대우에서 안전하게 보호받을 것이다.[40] 권위주의형 양육과 지나친 방임형 양육 사이를 오락가락하지 않는 사회를 만들려면, 타임인 같은 방법으로 분명한 제한선을 정하고 복종을 요구하도록 아이가 걸음마장이일 때부터 부모를 교육시키는 것이 중요하다. 이 기법에 대해서는 다음 장에서 설명할 것이다.

미국은 31개 주와 워싱턴 DC에서 교내 체벌을 법으로 금지하고 있다. 그러나 아직 타박상이나 골절상을 입힌 경우가 아닌 한 부모의 아동 폭력을 제대로 금지하지 않은 주가 하나 있다.[41] 아이를 때리는 것이 어른에게 폭력을 가하는 것만큼 나쁜 행위라는 걸 인식하는 것에, 어쩌다 미국이 다른 수많은 나라에 비해 이처럼 뒤떨어진 걸까? 어른에 대한 폭력은 불법적인 공격으로 여기면서 어쩐일인지 무력한 아이를 때리는 행위는 그럴 수 있다고 생각하는 이들이 있다. 거의 모든 문화권에서 여성 폭력을 해롭고 불필요한 일로 여기는 것처럼, 언젠가는 아이를 때리는 행위도 전 세계적으로 똑같이 인식하게 되기를 바란다.

수십 년 전 나는 상처받는 아이가 보이면 중재하는 것이 내 의무라고 생각했다. 이후로는 화 같은 격한 감정에 짓눌려 있는 부모를 만나면 다가가 따스하게 말을 건넸다. "아이를 키우는 일이 얼마나 힘든지 알아요. 약간 도움을 받아보셔도 좋을 것 같습니다." 그러면 대개 분노에 찬 대답이 돌아왔다. "당신 일이나 신경 쓰세요!" 이럴 땐 다음과 같이 반응하는 게 가장 효과적이었다. "글쎄요, 제 앞에서 이렇게 하시니, 이건 제 일이기도 합니다. 누군가 제 앞에서 당신을 때리면 저는 그 사람을 말릴 거예요." 그러면 보통 괴로워하던 부모는 놀란 표정을 짓고 거의 언제나 때리기를 멈췄다. 이런 중재는 흔히 어린 시절 엉덩이를 철썩 맞았을 때의 느낌을 떠올리며 어른이 때릴 때 누군가 말려주었으면 좋았을 것이라는 생각까지 하게 만드는 것 같다. 바라건대 이런 중재로 인해 부모의 마음속에 누군가 그들을 때리는 것 못지않게 그들이 아이를 때리는 것도 안 좋은 일이라는 자각의 씨앗이 심어졌으면 좋겠다.

인내의 한계를 넘어서면 어떤 부모든 평정을 잃는다. 심장이 마구 쿵쾅거리고 혈압이 치솟을 때 부모들은 대개 언어로 먼저 폭력을 휘두른다. 그래도 아이가 잘못된 행동을 계속하면 이제는 그들의 부모와 똑같은 방식으로 아이를 대한다. 아이에게 해를 입히지 않겠다고 다짐했다면 이럴 때 다른 전술을 시도해볼 수 있다. 아이를 혼자 두어도 좋은 안전한 집이나 장소라면 어머니가 스스로 '타임아웃'을 선언하는 것이다. "엄마가 사실은 지금 휴식이 좀 필요해"라고 말하거나, 밖으로 나가 잠깐 휴식을 취하거나, 열까지 세면서 숨을 깊이 쉬는 것도 도움이 된다. 목욕탕에 들어가 문을 잠그고 한숨 돌리며 해결책을 생각해보는 것도 좋다. 아이가 어렸을 때부터 십대 청소년이 될 때까지 나도 이런 자발적인 '타임아웃'에 의지했다. 발리의 부모도 걸음마장이가 말을 안 들으면 귀신이나 사악한 영혼이 잡아갈 거라고 겁을 준단다. 말이나 행동으로 신체적으로나 정서적으로 상처를 주는 대신, 이런 '타임아웃' 방법을 쓰면 얼마나 좋을지 생각해보라. 이런 식의 자제력은 아이에게 화를 다스리는 훌륭한 본보기도 된다.

활력 버튼 누르기

양육이란 누구에게나 가장 복잡하고 혼란스러우며 어렵고 끊임없이 변화무쌍하다. 거의 모든 부모는 아이가 행복하게 잘 적응해서 성장하도록 이 과업을 최대한 잘하고 싶다. 그래도 아이가 잘못을 저지르면 종종 당황해서 나중에 후회할 행동을 하곤 한다. 부모로서 실수를 저지르지 않기란 불가능하다. 아이에게 상처를 주거나 멀어지게 만드는 행동을 했을 때, 부모가 가장 중요하게 기억할 것은 가능한 한 빨리 아이와 다시 연결되도록 해야 한다는 것이다.

매를 든 것이 후회될 때는 그저 죄책감에 젖기보다는 분명히 사과한다. 그러면 관계가 회복될 뿐만 아니라(믿어도 좋다. 너무 늦은 때란 없다) 부모를 포함해서 누구나 실수를 저지를 수 있음을 가르쳐 줄 수도 있다. 더불어 아이 자신의 관계가 단절되었을 때 '활력 버튼'을 누르는 법도 가르칠 수 있다.

때로는 부모의 양육 방식이 아이의 정서에 상처를 남길 수도 있다. 부모가 그렇게 한 것은 그것이 최선이라고 생각해서일 것이다. 혹은 그들 부모의 양육 방식을 똑같이 따라 해서 그랬을 수도 있다. 부모로 인해 느낀 단절감과 분노, 고통을 기억하고, 자신의 아이는 다르게 키우려 한 것은 칭찬할 만하지만 실수를 했다고 자신을 너무 호되게 질책하지 않는 것도 중요하다. 또 어느 시점부터는 자신의 부모에 대한 비난 역시 멈춰야 한다. 부모가 된 후에는 부모 역할이 실제로 얼마나 숨 막힐 정도로 복잡한 것인지 훨씬 잘 이해할 것이다. 이런 새로운 인식 덕분에 부모를 더욱 많이 인정하고 공감하게 된다. 또 오래 묵은 상처를 치유할 기회를 얻고 부모와 새로운 방식으로 연결된다. 이런 용서 덕분에 아이도 조부모와 훨씬 친밀한 관계를 형성한다.

세계의 거의 모든 나라에서 확대가족의 구성원들이 양육을 기꺼이 돕고 있다. 아이를 한 명 키우는 데 '마을 전체가 필요하다'는 힐러리 클린턴의 말[42]은 확실히 옳다. 하지만 무엇보다 필요한 것은 역시 가족이다. 여기서 가족이란 반드시 아버지와 어머니, 두 아이들로 이루어진 전통적인 형태의 가족일 필요는 없다. 그보다는 함께 시간을 보내며 아이들 개개인의 행복에 주의를 기울여주는 친밀하고 다정한 집단이면 된다. 이런 '가족'은 어린 시절을 거처 십대 청소년으로 성장하는 내내 아이들을 사랑하고 보살피는 일에 전념할 줄 알아야 한다. 이런 지지를 구축하는 것도 아이에게 줄 수 있는 큰 선물이다. 아이의 삶에서 짐을 함께 들어주고 기쁨을 나눌 다정한 조부모와 확대가족을 갖게 해주는 것만큼 반가운 선물은 없다.

생후 2년간 부모와 안정적인 애착관계를 경험한 아이에게는 평생 동안 독립심과 자기신뢰, 사회적 책임감, 스트레스를 극복하는 힘, 스스로를 차분하게 다독이는 능력, 자존감, 타인을 향한 강한 연민, 친밀감을 편안히 받아들이는 태도 등 믿을 수 없는 혜택들이 주어진다.

Chapter 5

걸음마장이와
어린아이를 위한
마음챙김 육아

삶에서 중요한 것은 환상적이거나 대단한 어떤 것이 아니라
서로를 어루만져주는 순간들이다.
– 잭 콘필드

평화로운 문화권에서는 모든 아기가 내면에 순수한 선goodness이라는 귀중한 것을 갖고 태어난다고 믿는다. 발리의 양육법은 내가 독자적으로 혼합해 만든 마음챙김 양육법의 좋은 예로, 모든 아이는 협조적인 존재가 되려는 욕망을 갖고 있으며, 부모가 '내면에 귀기울여' 온화한 본성의 소리를 듣고 자신이 되고픈 사람이 되도록 도와주면 아이는 훌륭한 선택을 할 수 있다는 생각이 들어 있다.

 마음챙김 양육법은 내가 어머니이자 심리학자로서 터득한 것, 즉 강한 자제력과 따뜻한 마음을 지닌 아이로 자라도록 돕는 방법과 평화로운 문화권에서 배운 교훈들을 포함한다. 마음챙김 양육법을 실천하려면 부모가 아이와 서로 연민의 마음으로 친밀한 관계를 유지하겠다는 기본 목표를 갖고, 아이들의 요구에 주의를 기울이고 반응해야 한다. 마음챙김 양육법으로 갓난아기를 보살피면 신뢰와 만족과 사랑을 지닌 아이로 자라는 데 도움이 되는 토대가

만들어진다. 생후 18개월 동안 부모와 아기 사이에 사랑의 유대가 형성되면, 나중에 걸음마장이와 유아가 돼서도 부모의 요구와 부적절한 행동에 대한 제약을 기꺼이 받아들인다. 이런 경우를 나는 숱하게 목격했다.

사랑하는 부모가 자기 때문에 화나는 것을 원치 않을 때 아이의 자제력과 양심은 발달하기 시작한다. 부모나 애착을 지닌 다른 양육자를 기쁘게 해주고픈 마음이 없으면 아이는 자신의 욕구를 부정할 이유를 찾지 못하고, 그러면 다른 누군가가 아이의 잘못된 행동을 통제하기 위해 계속 개입하게 된다.

부모와 아이 사이 친밀한 관계의 틀은 생후 18개월 사이에 분명히 형성된다. 이후 몇 년간 긍정적으로 길을 찾아가다보면 아이가 성장해도 친밀한 관계를 유지할 수 있다. 발리의 부모들에게서 확인한 마음챙김 양육법은 걸음마장이가 자신의 행위에 주의를 기울이도록 돕는 것이었다. 한 살 반부터 세 살 반까지 걸음마장이들은 다음과 같은 변화를 보여준다.

- 양심이 발달한다.
- 자제력이 커진다.
- 자기감정을 조절하는 법을 배운다.
- 사회적으로 적절한 행위를 익힌다.

많은 미국인들은 이 기간을 '끔찍한 두 살'과 '괴로운 세 살'이라고 부른다. 이 단계에는 확실히 새로운 양육 기술이 필요하다. 부모는 흔히 아이의 의지를 짓누르거나 관계에 손상을 가하지 않으면서 아이를 제한하고 적절히 행동하도록 가르칠 방법을 고민한다. 그래서인지 젖먹이 아기 때는 아주 잘 보살피다가 아기가 걸음마를 떼면서 갑자기 권위주의형 양육법으로 바꾸는 부모도 있다. 한편 호된 벌에 신체적으로 상처를 입고 부모의 호통에 두려움을 느꼈던 기억에, 지나치게 자유방임적인 양육법에 의존하는 부모도 있다. 두 극단 모두 최적의 결과는 얻지 못한다.

장담하는데, 마음챙김 양육법의 3가지 원칙을 따르면 몸과 영혼, 아이와의 관계에 어떤 손상도 입히지 않고 걸음마장이를 훌륭하게 사회화시킬 수 있다.

- 걸음마장이의 느낌들이 정당함을 인정해준다.
- 아기에게 바라는 행동을 분명히 표현한다.
- 비협조적인 행위에는 단호하면서도 공정하게 (벌이 아닌) 훈육을 한다.

이 3가지를 실천하면 아이가 걸음마장이일 때도 온 가족이 즐겁게 지낼 수 있다. 나는 35년이 넘도록 이 걸음마장이들을 위한 마음챙김 양육법을 수많은 부모에게 가르쳤다. 그리고 부모의 피드백을 통해 이 방법들이 어린아이들과 친밀하고 다정한 관계를 유지하는 데 정말로 유익할뿐더러 예의바르고 유쾌한 사람으로 키우는 데도 효과적임을 확신하게 되었다.

아이 감정을 있는 그대로 인정하기

아이가 약 18개월 쯤 됐을 때는 자신의 감정들을 이해하고 사회적으로 적절한 방식으로 표현하도록 돕는 것이 중요하다. 부모가 감정의 본질과 좋은 표현 방법을 설명해주면 아이의 감성지능 발달에 도움이 된다. 감성지능은 자신을 더욱 잘 인식하고 타인과 공감할 수 있게 한다. 걸음마장이들이 말하기 시작할 때 사물의 이름을 알려주듯, 기쁨과 슬픔, 화, 두려움이라는 4가지 기본 감정을 확인하도록 돕는 것이 중요하다.[1]

그러므로 아이에게 감정을 표현하지 못하게 하거나 어떤 감정은 나쁜 것이라고 가르치지 말아야 한다. 대신 자신의 감정이 말해주는 것에 귀 기울이도록 가르쳐야 한다. 아이의 모든 감정은 자신을 이해하는 중요한 정보가 되어준다. 감정은 아이의 정서적 위치 파악시스템(GPS)과 같으며, 아이로 하여금 자신에게 맞는 삶의 경험들로 인도해주는 반면 피해야 할 것들은 멀리하게 도와준다. 기쁨과 고통을 가져다주는 것은 무엇이며, 누구를 신뢰해야 하는지, 안전감을 주는 것은 무엇인지, 위험하므로 피해야 할 것은 무엇인지를 느낌이 알려주는 것이다. 평화로운 문화권의 부모는 아이가 울면 언제나 이해하고 달래주려 한다. 언젠가 발리에서 아이가 슬픔에 빠져 있을 때 주의를 다른 데로 돌리기 위해서 부모가 사탕을 주고, '아이의 기분을 북돋아'주기 위해 웃음을 이용하는 걸 보고 실망한 적이 있다. 발리인들은 우울에 '고착'되어 있으면 슬픔에서 벗어날 방법이 있어도 그것을 알아채고 이용하는 능력이 줄어든다고 믿는다. 그러나 이런 생각은 어른에게나 해당되는 것이다.

걸음마장이들은 어떤 느낌에 갇히는 경우가 극히 드물다. 느낌을 표현하는 법을 본능적으로 알기 때문이다. 기쁘면 미소를 짓거나 깔깔거리거나 웃고, 슬프면 울고, 화가 나면 완전히 풀릴 때까지 손으로 치거나 발로 차거나 비명을 질러대면서 흔히 말하는 '멘붕' 상태에 빠지거나 '땡깡'을 부리고, 두려우면 안전과 위안을 위해 신뢰하는 사람에게로 달려간다. 자기감정을 이해하고 표현하도록 용기를 북돋아주면, 걸음마장이들은 평생 그들을 인도해줄 귀중한 자산을 얻는다.

걸음마장이들이 가정에서 어떤 감정으로 인해 벌을 받거나 수치심을 경험하면, 세 살에서 다섯 살 사이의 어느 시점에 이런 마음을 숨기거나 행동으로 드러내기 시작한다. '실연행위'라고 부르는 이 행위의 목적은 자신이 얼마나 왜 화가 났는지를 알려주는 데 있다. 아이들이 감정을 숨기려 들면 그들을 괴롭히는 원인을 알아차리기가 더 어렵다. 게다가 감정들은 그냥 사라지지 않고 보통 짜증이나 혼란 같은 간접적인 방식으로 표현된다. 예를 들면 다음과 같다.

- 화를 냈다고 벌을 받으면 아이는 화가 나 집에서 기르는 강아지에게 비열한 짓을 하거나 공격적으로 변하거나 학교에서 친구들을 괴롭힌다.
- 운다고 창피를 주면 아이는 계속 훌쩍거리거나 움츠리고 엄지손가락을 빨거나 텔레비전만 본다.
- 두려움에 사로잡힌 아이는 밤에 잘 못 자거나 악몽으로 잠을 깬다. 이럴 때 달래주고 안심시키지 않으면 아이에게 분리불안이 생긴다. 그래서 즐겁게 다니던 유치원에 남겨지는 것도

갑자기 무서워한다.

말을 지나치게 잘 듣는 아이는 부모가 싫어하는 감정을 숨기는데 너무 능란해서 결국은 자신에게조차 그것들을 숨기는 법을 터득한다. 이로 인해서 나중에 많은 고통을 경험한다. 심리학자로서내가 관찰한 예로는 다음과 같은 것들이 있다.

- 어린 시절 지나치게 순종적이었던 탓에 내면의 감정파악시스템을 상실한 젊은 여성이 있었다. 그녀는 언제나 타인의 의견을 따랐다. 어떤 경험을 어떻게 느꼈는지를 물으면 혼란스러운 표정을 지으며 이렇게 대답했다.
  "저도 모르겠어요. 그것에 대해서 어떻게 느껴야 하죠?"
- 자꾸만 극단적으로 위험한 상황을 자초한다며 어느 부모가 사춘기 직전의 아이를 데려왔다. 그에 관해 묻자 아이는 자랑스럽다는 듯 이렇게 대답했다.
  "무엇에도 두려워하지 않는 법을 배웠어요!"

어릴 때 특정한 감정을 표현하면 안 된다고 배운 부모는 자녀의감정도 잘 지지해주지 못한다. 일반적으로 자녀들이 행복해보이면'착하다'고 하고, 화 또는 슬픔에 젖어 있으면 '나쁘다'고 말한다.두려움에 빠져 있을 때도 마찬가지다. 물론 다른 감정에 비해 지켜보기에 더 즐거운 것들이 있다. 하지만 감정이란 모두 중요하며'나쁜' 감정이란 없는 법이다. 행위라면 받아들일 수 없는 것이 있을 수도 있지만, 감정은 우리가 독자적인 개인으로서 세상을 경험하는 방식을 보여주는 내면의 지표일 뿐이다. 자기감정에 주의를 기울이면 자신을 이해하는 데 도움이 되듯, 아이의 감정에 귀를 기울이면 아이를 더욱 잘 알 수 있다. 일단 아이의 감정을 이해하면, 아이가 '내면에 귀를 기울여' 자기감정을 확인하고 용인될 수 있는 방법으로 감정을 표현하도록 도울 수 있다. 나아가 자신에게 맞는 선택을 하도록 감정을 안내자로 이용하는 법도 가르칠 수 있다. 우리의 감정은 안전하고 행복하며 자발적인 삶으로 인도하는 직선도로와 같다.

평화로운 문화권에서는 부모가 감정을 표현하는 법을 설명하고 직접 모범을 보이는 것이, 걸음마장이에게 문화적으로 용인되는 방식으로 감정을 다루는 법을 가르치는 최선의 길이라고 믿는다. 그래서 미국의 부모가 때때로 격한 감정에 휩싸여 있는 걸음마장이에게 '땡깡'을 부린다면서 벌을 주는 반면, 평화로운 문화권의 부모는 지지와 위안을 준다. 사실 '감정적 붕괴'는 격한 감정에 휩싸였을 때 스트레스에서 벗어나는 방법 중 하나다. 그리고 스트레스를 풀어버리는 것은 긴장에서 해방되는 아주 건강한 방식이다. 이것을 이해하면 도움이 될 것이, 요컨대 걸음마장이들이 이렇게 하는 이유는 부모를 조종하거나 고통을 주기 위해서가 아니라, 그들 자신이 좌절이나 분노에 휩싸여 있기 때문이다. 가끔 십대 청소년이나 어른도 걸음마장이들처럼 스트레스를 무해하게 풀어버리는 방법이 있으면 좋겠다는 생각이 든다. 일부가 흔히 그렇듯 중독을 부르는 해로운 방법을 선택하지 말고 말이다. 여기서 스트레스를 풀 때 자신은 물론 다른 누구에게도 상처를 주지 말라고 가르치는 것도 중요하다. 또 그처럼 격렬한 감정을 느끼는 것에 아이들 스스로 죄책감을 갖지 않도록 해야 한다.

우리 문화에서는 특정한 감정을 특정한 성에만 허용하는 것 같다. 소년은 슬픔이나 두려움, 울보 혹은 계집애 같은 녀석이라는 소리에 흔히 수치심을 느낀다. 그런 반면 소녀에게는 착하고 어린 여자애는 고함을 지르거나 화를 내면 안 된다고 가르친다. 그러나 기쁨과 슬픔, 화, 두려움이라는 기본 감정 중 어떤 것도 차단해버리면 안 된다. 그러면 나중에 의기소침이나 우울, 불안, 공격성, 위험 부담, 약물 남용, 스트레스성 질환 같은 정서적인 고통에 시달릴 수 있다. 아이의 감정을 쓸모없는 것으로 무시해버리면 아이는 혼란과 자기회의에 빠지고 자존감도 서서히 약화된다. 반면에 감정을 인정해주는 태도는 내면의 목소리를 신뢰하고 자신을 믿게 도와준다. 아이가 자기감정을 존중하고 표현하도록 도우려면 부모도 자신의 정서적 성장 과정을 돌아봐야 한다.

기쁨이나 슬픔, 화, 두려움을 느꼈을 때 당신의 부모는 어떤 반응을 보였던가? 감정을 표현한다고 창피를 당하거나 벌 받은 적이 있는가? 부모의 반응에 어떤 느낌이 들었나? 부모가 어떻게 반응해주기를 바랐나? 이런 질문에 답하다 보면, 자녀의 감정에 어떻게 반응해야 할지 쉽사리 이해될 것이다. 기쁨과 슬픔, 화, 두려움을 이해하고 건강하게 표현하도록 하면 아이에게 평생 도움이 된다. 더불어 아이는 감정을 공유할 수 있는 존재로서 부모를 받아들이고 더욱 신뢰하게 된다.

기쁨과 슬픔, 화, 두려움

• 지나치게 소란스럽거나 야단법석을 떨지 않을 경우, 거의 모든

마야는 아주 힘든 나날을 보내고 있다. 이제 막 걸을 수 있게 된 덕분에 지난해에는 구경만 하던 흥미로운 것들에 드디어 다가가 볼 수 있었다. 그런데 이 보물들을 탐색하려는 순간, 부모가 갑자기 그것들을 일일이 손이 닿지 않는 데로 옮겨버리고는 건드리지 말라고 엄하게 타일렀다. 마야는 실망감을 견디지 못하고 바닥에 주저앉아 크게 소리치며 카펫을 발로 찼다. 그러자 엄마가 마야의 곁에 가만히 앉아 말하기를, 마음대로 만지지 못하게 돼서 얼마나 실망스러울지 잘 알지만 다른 사람이나 무언가에 상처를 주지 않고 화를 풀어버리는 것이 좋다고 다독여주었다. 금지된 물건들은 여전히 만질 수 없었지만 이렇게 자기감정을 이해받은 덕분에 마야는 금세 스트레스에서 벗어나 평온해졌다. 마야는 엄마 무릎 위로 올라가 위안과 안심을 얻었다.

엄마는 마야에게 화를 낸다고 벌을 주는 대신, 회복될 때까지 안전하게 화를 표현하도록 도와주었다. 덕분에 마야는 엄마가 자기를 이해해주고 있다고 느꼈고 엄마와 더욱 가까워졌다.

부모는 아이의 기쁨이나 행복을 즐겁게 반겨준다. 아이의 기쁨을 지지해주되, 정신을 산란하게 만들면 밖이나 다른 방으로 보낸다. 하지만 아이가 계속 재미있게 놀도록 해주어야 한다. 웃고 노는 것은 스트레스를 푸는 좋은 방법이기 때문이다.

• 인간에게는 놀라운 내부기제가 있다. 슬플 때 이 기제는 자동적으로 슬픔을 몸에서 제거하게 도와준다. 바로 울음이다. 인간은 눈물을 흘리는 소수의 포유류 중 하나다. 슬픔의 눈물에는 다른 방식으로는 배출할 수 없는 유독성 화학물질이 들어 있다.[2] 이 독성 물질은 땀이나 소변으로 배출할 수 없고 게워낼 수도 없다. 소화하기 힘든 음식의 제거법을 위가 알고 있는

것처럼, 우리의 몸은 눈에서 솟아나는 눈물을 통해 슬픔을 제거하는 법을 알고 있다. 그러므로 아이의 울음을 무조건 그치게 만들려 애쓰기보다 아이에게 '눈물을 전부 쏟아내'라고 용기를 북돋아주는 것도 좋다. 토할 때의 끔찍한 느낌처럼 울 때는 기분이 좋지 않을 수도 있다. 하지만 눈물을 제대로 다 쏟아내면 커다란 안도감이 밀려든다.

• 화는 가장 파괴적인 감정의 하나이므로 부모가 모종의 정서적 코치를 해주는 것이 좋다. 내 경험에 비춰보면 화는 입이나 손, 발을 사용하는 다음의 방식으로 분출되는 것 같다.

: 어떤 사람은 입으로 화를 표출한다. 고함이나 비명을 지르고, 물어뜯거나 침을 뱉고 입을 앙다물거나 이를 간다. 이런 사람들은 큰 소리를 내더라도 말로 화를 표현하도록 돕는다. 대개 고함치는 식으로 화를 표출하는 편이 신체적으로 표출하는 것보다 덜 파괴적이기 때문이다.

: 손으로 화를 표현하는 사람도 있다. 이들은 손바닥으로 때리거나 주먹으로 치거나 두드리거나 세게 치거나 찢거나 던지는 등 신체적으로 화를 분출해버린다. 이런 아이는 아마 '말'로는 화를 표현할 줄 모를 것이다. 이럴 때는 부서지지 않거나 아이의 손에 상처를 입히지 않을 무언가를 두드리는 식으로 표출하도록 한다. 소파 쿠션이나 침대는 화를 후련하게 풀어내게 해준다. 베개는 보통 저항력이 충분하지 않다.

: 어떤 이는 화를 발로 표현한다. 쿵쿵거리며 걷거나 발로 차거나 달린다. 이런 아이에게는 텅 빈 달걀 곽을 주고 그 위에서

쿵쾅거리게 하거나 공을 차거나 동네를 달리게 한다.

화를 푸는 것은 아주 중요한 일이다. 그 과정에서 자신이나 다른 이에게 상처를 입히지 않는다는 전제에서 말이다. 핵심은 '화를 내는 것은 좋지만 비열하게 굴지는 말라'는 것이다. 나이 든 지혜로운 사람 중에는 화를 정신적으로 풀거나 내적으로 변형시키는 이도 있지만, 어린아이 같은 대부분의 사람들은 안전하고도 직접적인 방식으로 화를 표현하도록 도와주어야 한다. 어렸을 때 이런 방법을 배우면 성인이 되어서도 안전한 신뢰의 관계를 형성하는 데 도움이 된다. 그리고 화난 사람의 이야기를 들어주고 싶은 이는 없겠지만, 화난 아이의 감정에 귀를 기울이는 것은 중요하다. 아이가 무엇을 느끼고 있는지 알 방법은 이것뿐이기 때문이다.

오랜 동안 나는 좌절감에 빠진 부모들에게 억지로라도 아이를 내 사무실로 데려오라고 했다. 아이가 부모에게는 말을 안 했기 때문이다. 십대 청소년이 뿌루퉁한 얼굴로 앉아 노려보는 사이 부모는 그들의 절망감을 털어놓았다. 화가 나면 아이가 그냥 문을 쾅 닫고 방으로 들어가서는 왜 화가 났는지에 대해선 일언반구도 없다는 것이었다. 나는 이런 부모에게 어린 시절 아이의 화를 어떻게 다루었는지 물었다. 그러면 예외 없이 이렇게 대답했다. "글쎄요, 화를 삭일 때까지 그냥 방에 가 있게 했는데요." 아이가 더 커서 부모나 타인에게 편안하게 털어놓기를 바란다면, 걸음마장이였을 때부터 화를 다스리는 방법을 신중히 가르쳐야 한다. 왜 화가 났는지는 묻지 않고 방에 가 있으라고 하면, 나중에 이런 행위를 바꾸기란 훨씬 어렵다.

• 두려움에 사로잡힌 아이에게는 안전하게 보호받고 있으며, 두려움도 '치유'되리라는 사실을 알 수 있도록 위로와 안심, 용기를 북돋아주어야 한다. 당신도 어렸을 때는 무서운 것들이 있었지만 나이가 들면서 점차 두려움이 사라졌다는 이야기를 들려주는 것도 실제로 도움이 된다. 그런 두려움이 언제나 계속되지는 않으리라는 점을 알면 걸음마장이들은 커다란 안도감을 느낀다. 다음은 몇 가지 묘책이다.

: 어렸을 때 커다란 두려움을 안겨준 것들을 몇 가지 떠올려본다. 그러면 아이의 두려움을 묵살하지 않게 된다.

: 두려움에 빠진 아이를 안심시킬 때는 아이의 두려움을 과장해서 받아들이거나 무시하지 않는다. 또 아이가 무서워할 때마다 구해주지도 말아야 한다.

아이가 높은 곳을 두려워해서 사다리를 반만 올라가도 벌벌 떤다고 하자. 이럴 때 같이 공포에 사로잡힌 목소리로 그 높이에서 떨어져 머리가 박살난 사람이 있다고 이야기해주는 것은 도움이 안 된다. 또 사다리에서 떨어질까 봐 그렇게 무서워하는 것은 우스꽝스럽다며 아이의 두려움을 무시하는 것도 좋지 않다. 그렇게 반응하면 앞으로 어떤 두려움이 생겨도 부모에게 털어놓지 않을 것이다. 그렇다고 사다리에 올라가 아이를 데리고 내려오는 것 또한 좋지 않다. 미래에 그런 상황을 헤쳐 나가는 법을 터득하는 데 도움이 안 되기 때문이다. 가장 좋은 방법은 이런 식으로 말해주는 것이다. "무서워하고 있다는 거 알아. 내가 사다리를 단단히 붙들고 있을 테니 한 번에 한 계단식 천천히 밟고 내려와 봐. 옳지, 잘하고 있어. 한 계단 내디딜 때마다 땅이랑 더 가까워지는 거야."

아이의 두려움이 당연한 것임을 인정하고 안심시키며 문제를 해결하거나 두려운 상황에서 스스로 벗어나도록 천천히 도와주면, 아이는 다시 두려움에 빠졌을 때 부모에게 의지하고 도움을 요청해도 된다고 믿는다. 아이들은 감정을 분석하지 않는

> ⊙ **공감으로 아이의 두려움을 치유하는 법**
>
> 데본은 벌레를 무척이나 무서워했다. 그러자 아빠가 이렇게 말했다. "네가 벌레들을 정말로 무서워한다는 거 아빠도 알아. 그런데 우리가 몸집이 훨씬 크니까 벌레들도 우리를 무서워하지 않을까?" 그러고는 다음과 같은 이야기를 들려주었다. "아빠도 어렸을 때 벌레를 무서워했어. 그런데 어느 날 더 이상 무서워 보이지 않았단다. 너도 분명히 그렇게 될 거야."

다. 그저 느끼고 표현할 뿐이다. 그러므로 왜 그런 감정을 느끼고 왜 그런 식으로 행동하는지를 묻는 것은 대체로 전혀 도움이 안 된다. 더 바람직한 태도는 그저 아이에게서 관찰한 감정과 그런 감정의 원인(기다리고 나누는 걸 잘 못하거나 원하는 것을 얻지 못해서 등)을 인정해주는 것이다. "갖고 싶은 것을 다 못 가져서 힘들지? 나도 가끔 화가 나!"라고 말해주는 것이다. 이렇게 아이의 감정을 인정하고 '그런 감정들을 표현해내는' 것은 잘못이 아니라고 가르쳐주면, 인정과 이해를 받고 있다는 느낌을 아이에게 심어줄 수 있다.

어떤 문화권에서는 아이들의 솔직한 감정 표현을 부모가 기쁘게 받아들인다. 피지 섬에서 6개월간의 남태평양 여행을 마칠 즈음이었다. 당시 네 살이던 셰인이 이렇게 말하는 걸 엿들었다. "집에 가고 싶지 않아. 아이들을 사랑하는 여기에서 그냥 살고 싶어." 그러자 피지인 부인이 혼란스러운 표정으로 내게 물었다. "미국 사람들은 아이를 사랑하지 않아요?" 나는 물론 미국인도 아이를 사랑하지만 어린애 같은 행동은 좋아하지 않고, 아이들이 어른스럽게 행

동하는 걸 더 좋아하는 편이라고 설명해주었다.

그러자 부인은 놀란 표정을 지으며 어떻게 해야 더 유쾌하고 즐거울 수 있는지를 아이들이 상기시켜주기 때문에 피지에서는 어른들이 아이 돌보기를 좋아한다고 말했다. 심지어 아이들과 함께 식탁에 앉는 걸 영광으로 여길 정도로 그들은 아이들의 생기 넘치는 에너지를 좋아했다. 나이 많은 부부가 식당에서 외롭게 식사를 하면 그 식탁으로 아이들을 보내 함께 식사하도록 하는 것을 친절한 행위로 여겼다. 피지에서 돌아온 후 우리는 셰인에게 미국의 식당에서는 왜 자리에서 일어나 다른 식탁의 '외로운' 부부와 어울리면 안 되는지를 설명하기가 아주 어려웠다.

부모가 아이의 감정을 인정해주면 아이는 더 쉽게 자기감정을 알아차릴 수 있다. 또 자신을 더 잘 인식하고 스트레스 수치도 낮아지며 행동 문제도 적어지고 대인관계도 원활해지면서 타인과 더 잘 공감한다. 그러나 아이의 감정을 인정해주기 시작하면 아이도 부모에게 똑같은 전략을 사용할 수 있으므로 이것에 대비할 필요가 있다. 셰인이 다섯 살이던 어느 날 아침, 남편이 차를 몰고 나가는 바람에 나는 밴을 운전해야만 했다. 화가 난 내가 밴은 정말 운전하기 싫다고 툴툴거리자 셰인이 부드럽게 내 어깨를 어루만지며 말했다. "엄마, 괜찮아. 함께 쓰는 게 가끔은 정말로 힘들다는 거 나도 알아."

부모가 보여줄 수 있는 최선의 반응과 최악의 반응

마음챙김 육아에서는 아이를 대할 때 어린 시절에 부모에게서 들었던 거부 반응은 멈추고 더욱 수용적인 태도를 보이라고 권한다.

어른이 돼서도 타인이 자기감정에 어떻게 반응해주기를 바라는지 한번 생각해보라. 타인이 내 감정을 인정해주면 이해와 인정을 받고 있다는 느낌이 들지 않는가? 아이의 감정을 인정하고 받아들이면 아이 역시 안전함을 느끼고 자신이 관심과 이해를 받고 있다고 생각한다.[3]

감정	거부의 말	인정의 말
화	나한테 그렇게 말하지 마! 그런 표정 짓지 마! 너 정말 못됐구나! 그 얘기는 듣고 싶지 않아! 다시 웃는 얼굴이 될 때까지 네 방에 가 있어!	아이고, 정말로 화났구나! 힘든 하루였나보구나. 화난 건 잘못이 아니야. 하지만 다른 사람들에게 상처를 주면 안 돼. 화를 풀어야 할 것 같구나. 화풀이할 좋은 방법이 있어.
슬픔	울 필요 없어! 다 큰 애는 그렇게 안 울어! 당장 눈물 뚝 못해! 그렇게 예민하게 굴지 마! 정 그렇게 울고 싶으면 진짜로 울 일을 만들어주마!	정말로 슬퍼 보이는구나. 누구나 가끔은 울 필요가 있단다. 우는 건 슬픔을 퍼내는 좋은 방법이야. 눈물을 흘려보내는 건 좋은 일이야. 실컷 울고 나면 기분이 훨씬 좋아질 거야.
두려움	겁먹을 거 하나도 없어! 그렇게 무서운 거 아니라니까! 정말 바보처럼 굴래? 사내자식이 계집애처럼 왜 그래! 저건 진짜가 아니야! 어른스럽게 굴어!	가끔은 두려운 것들이 있지? 나도 어렸을 때 그런 걸 무서워했어. 겁을 줘서 확 쫓아버리게 도와줄게! 언젠가는 저것도 그렇게 무섭지 않을 거야.
모든 감정들 (행위에는 받아들일 수 없는 것이 있지만, 감정은 그렇지 않다)		
	그런 식으로 느끼면 안 돼. 정말 바보처럼 구는구나! 그건 용납 못해!	사는 게 가끔은 힘들지! 나도 가끔은 그렇게 느껴. 기다리거나 나누거나 원하는 걸 못 갖는 게 힘들지? 내가 뭐 도와줄 방법이 있을까? 음, 꼭 안아줘야겠구나.

타임아웃보다는 타임인

아이가 감정을 표현하도록 돕는 것은 중요하다. 그리고 아이 자신이나 타인에게 상처를 주는 식으로 감정을 발산하지 않는 한, 울거나 화를 낸다는 이유만으로 어떤 형태로든 아이를 훈육시켜서는 안 된다. 아이의 행동이 제멋대로거나 공격적이거나 부탁한 것을 대놓고 거부하는 등 순응할 줄 모를 때만 훈육시켜야 한다. 체벌은 아픔과 상실, 고통을 유발하는 반면, 훈육은 아이를 교육시켜 자제력과 인성, 단정한 행위를 키우도록 돕는 것임을 명심한다.

대부분의 부모는 아이나 아이와의 관계를 손상시키지 않으면서 자제력을 키우도록, 용납할 수 없는 행위를 분명히 제한하거나 훈육하는 방법을 가장 심각하게 고민한다. 이때 가장 중요한 것은 어떤 형태로든 아이에게 고통을 주는 체벌은 피해야 한다는 점이다. 엉덩이를 철썩 때리거나(평화로운 문화권이라면 아이를 때리는 것은 생각도 못 할 일이다), 아이의 행위와는 상관없는 방법을 사용하거나, 타임아웃으로 아이에게 거부당했다는 느낌을 주지 말아야 한다는 말이다.

그러나 아이의 행위와는 전혀 상관없는데도 많은 부모가 기쁨을 주는 행위나 물건, 특권을 금지하는 방법에 의존한다. "형을 때렸으니까 오늘은 레고 갖고 못 놀아!"라고 말하는 것이 그런 예다. 이런 유형의 징벌에서 부과하는 벌칙은 비논리적이고 불공정하므로 아이의 행동을 변화시키지 못한다. 오히려 보통은 심한 저항과 분노만 불러일으킨다. 내 마음을 차분히 가라앉히는 데 도움이 되는 물건이나 행위를 누군가 빼앗아갔을 때 감정 조절이 얼마나 어려울지 생각해보라. 마음챙김 양육법의 목적은 고통을 불러일으키는 것이 아니라 우리가 기대하는 행동을 아이에게 교육하고 행동을 변화시켜 부모에게 인정받을 능력이 있음을 가르쳐주는 것이다.

안정적으로 애착을 형성한 걸음마장이는 부모의 인정을 갈망하기 때문에 보통은 어떤 행위가 부모를 기쁘게 만드는지 배우고 싶어 한다. 그래서 자제력을 키우기 시작하면 걸음마장이에게는 지속적인 점검이 필요 없다. 《피노키오》에 나오는 착

⊙ 어떤 감정이든 인정해주는 것이 좋다

어느 화창한 봄, 당시 세 살이던 셰인을 데리고 공원에 소풍을 가기로 했다. 우리는 동네 베이글 가게에 가서 좋아하는 걸 몇 가지 샀다. 셰인을 다시 차에 태우고 좌석 벨트를 채우자 셰인이 먹을 걸 달라고 소리 지르며 떼를 썼다. "당장 줘!"

실망감에 소풍이고 뭐고 망쳤다는 느낌이 들어 하마터면 집으로 다시 차를 돌릴 뻔했다. 그런데 그때 아이의 감정을 인정하라고 내가 했던 조언이 생각나 셰인에게 이렇게 타일렀다. "기다리기 힘들지? 엄마도 기다리기 힘들 때가 있어. 배고플 때는 특히 더 그래." 그러자 셰인이 눈물 너머로 나를 바라보았다. 내가 이해를 해준다는 사실에 적잖이 안심하는 것 같았다. 아이는 즉시 울음을 그쳤고, 우리는 이후 평화롭게 공원으로 가서 정말로 즐거운 시간을 보냈다.

한 귀뚜라미 지미니 같은 내면의 양심이 등장해서, 유치원이나 할머니네 집처럼 부모와 멀리 떨어져 있는 곳에서도 어떻게 행동해야 하는지를 일깨워주기 때문이다. 자신을 점검할 줄 아는 이런 능력은 발달 면에서 대단한 도약이며 부모의 양육을 훨씬 쉽고 즐겁게 만들어준다.

첫 아기를 낳았을 때는 엄마가 돼서 기뻤지만, 아기를 보살피던 몇 달간 흔히 말하는 '미운 두 살'이 너무 두려웠다. 그러나 어린 시절에 고통스러웠던 기억들이 있어서 내 아이에게는 신체적으로 해를 가하고 싶지 않았다. 대신 70년대 부모들이 체벌의 대안으로

널리 받아들였던 '타임아웃'에 의존할 생각이었다. 그런데 정말로 운 좋게도 훨씬 훌륭한 훈육법을 알게 되었다. 몇 년 후 발리를 방문했을 때 나는 이것이 '내면의 소리에 귀 기울여' 적절하게 행동하도록 돕는 발리의 양육법과 비슷하다는 사실을 깨달았다.

14개월이 되자 아들 셰인이 자기 의지를 내세우기 시작했다. 옷을 입힐 때는 특히 언제나 그랬다. 셰인의 팔을 소매에 집어넣으려 하면 다시 팔을 빼내려 하는 통에 둘이 씨름을 벌이곤 했다. 그러던 어느 날 나는 결국 머리끝까지 화가 나서 셰인을 침대 위에 꼼짝 못하게 앉혀놓고 단호한 목소리로 말했다. "엄마 손에 옷 입을 준비가 될 때까지 여기 그대로 앉아 있어!" 그러고는 다시 일어서서 도대체 내게 무슨 짓을 한 걸까 생각했다. 기꺼이 협조할 수 있을 때가 되면 알려달라고 하다니, 아이는 아직 내 말의 의미도 제대로 이해 못할 텐데. 거기다 집을 나설 수 있는 시간에 대한 결정권까지 아이에게 떠넘기고 말았다. 빨리 나가야 했던 터라 나는 어떻게 하면 제한을 설정해놓고도 스스로 따르지 못하는 우유부단한 부모가 되지 않고 이 당황스러운 상황을 뚫고 나갈지를 불안하게 고민했다. 그런데 정말 놀랍게도 몇 분도 안 지나 셰인의 작은 목소리가 들려왔다. "준비됐어." 아이가 알지도 이해도 못할 거라고 생각했던 말이었다. 셰인은 얌전히 앉아서 옷을 다 챙겨 입힐 때까지 협조해주었다. 덕분에 우리는 기록적인 시간에 집을 나설 수 있었다.

여전히 충격에 얼떨떨했지만 무언가 훌륭한 것을 발견해낼 가능성이 내게 있음을 깨달았다! 발리로 첫 여행을 떠난 후 나는 이런 유형의 훈육법을 '타임인'이라 부르기로 했다. 모든 아이들에게는 협조하려는 갈망이 있다. 그러므로 자신이 되고픈 사람의 '목소리에 마음으로 귀 기울이도록' 도와주면, 아이들 스스로 올바른 선택을 할 수 있다. 이런 발리인의 믿음을 증명해준 것이 바로 이 '타임인'이었다. 나는 '자신의 행동을 바꿀 준비가 될 때까지 내면의 소리에 귀 기울이'라는 이 기법을 실험해보았다. 내 아이들이 반항적인 행동을 보일 때도 이 기법을 활용했다. 이후 35년간 수많은 부모들에게 이 기법을 성공적으로 적용하는 법을 전수했다. 이 방법이 실행하기에 아주 쉽고, 걸음마장이들에게는 신속하게 행동을 개선하고 자제력을 키우도록 한다는 것을 알아차리고 나처럼 대부분의 부모도 충격을 받았다.

나는 타임인이 타임아웃 기법보다 훨씬 효과적임을 깨달았다. 타인인은 자기 행동을 바꿀 수 있고 바꿔야 한다는 점을 아이 스스로 깨닫게 하기 때문이다. 요컨대 타임인은 행위 변화의 초점을 아이의 내면에 두는 반면, 타임아웃에서는 벌을 얼마나 오래도록 줄지를 결정하는 누군가가 외부의 통제를 가하면서 아이에게는 개선의 요구조차 하지 않을 수 있다. 이런 행위 개선이 자제력을 길러주는 데도 말이다.

타임인에서는 요구받은 행위를 할 '준비'에 필요한 시간을 아이가 결정한다. 이 시간이 얼마나 걸릴지를 결정할 책임이 아이에게 있어 부모를 향한 저항이나 분노는 상대적으로 적다. 아이에게 통제권을 지나치게 허용하는 것이 아니냐고 묻는 부모도 있는데 글쎄, 아이의 행위를 변화시킬 수 있는 사람은 아이 자신뿐이다. 아이가 행위를 변화시킬 때까지 아이의 모든 일을 완벽하게 통제할 힘은 부모에게 있지만.

또 다른 중요한 차이점으로 타임인에서는 아이를 다른 방으로 보내지 않는다. 부모는 언제나 아이와 함께한다. 아이를 다정하게 안아주는 대신 그저 기다리고, 꾸중하는 대신 요구한 대로 할 준비가 됐는지를 차분히 물어본다. 아이의 행동을 부모가 좋아하지 않는다는 것을 아이가 알아주길 바라며, 아이가 적절하게 행동할 것이라고 믿는다. 반면에 타임아웃에서는 아이를 다른 방으로 보내거나 가둬서 비명을 지르게 만든다. 그래서 부모에게 거부당했다는 느낌이나 고립감 때문에 아이는 많은 상처를 받는다. 더 어린아이가 있거나 다른 유기 문제가 있을 때는 특히 더하다. 한편 아주 극단적인 경우로 아이가 방에 들어가서는 다시 나와도 좋다고 할 때까지 그냥 놀기만 할 수도 있다. 어떤 경우든 아이는 자신의 행동을 바꿔야 한다는 점을 자각하지 못하고 그냥 벌만 받고 말 것이다. 양심을 갖고 사회적으로 적절한 방식으로 행동하는 법을 마음으로 터득해야 하는데 말이다.

1장에서 이야기한 '풍선'의 예를 떠올려보자. 발리인 어머니는 아들이 내면의 소리에 귀 기울여 스스로 어떻게 행동해야 하는지를 깨닫도록 도와주었다. 아이가 잘못된 행동을 저지를 때도 발리인들은 아이에게 친절을 잃지 않는 것 같다. 그래서인지 아이들도 부모의 훈육에 큰 저항감을 드러내지 않는다.

타임인은 아이가 '내면의 소리에 귀 기울'여 자제력을 키우도록 도와준다. 걸음마장이가 원인과 결과를 이해하기 시작하는 14개월에서 18개월 사이에 시작할 수 있다. 바나나를 바닥에 내던지지 말라고 말할 때 아이의 눈에서 인식의 빛이 반짝이는 게 보이거나, 반대로 아이가 일부러 부모의 눈을 똑바로 쳐다보고 씩 웃으면서 다시 같은 짓을 저지른다면 타임인을 사용할 때가 되었다고 판단해도 좋다. 아이에게 감정을 표현하도록 허용하고 돕는 것은 중요하지만 노골적인 반항 행위까지 허용해서는 안 된다. 부모가 무언가를 해달라고 부탁할 때는 꼭 협조하도록 가르쳐야 한다. 장난스럽게 긍정적인 반응을 이끌어내는 것도 도움이 될 수 있다. "엄마가 이 접시들을 전부 주방으로 가져갈 때까지도 너는 그 바나나 다 못 주울 걸" 하는 식으로 걸음마장이의 도전의식을 일깨우는 것이다. 혹은 "네가 그 바나나 다 주우면, 그때 책 읽어줄게"처럼 '다하면 그때 무엇을 해주겠다'는 미끼를 던지는 것도 좋다. 그래도 아이는 여전히 요구한 행동을 거부할지 모른다. 이렇게 고의적인 협력 거부를 다스릴 때도 타임인은 아주 유용한 도구다.

언제, 어떻게 사용하면 좋을까?

그러지 말라고 타일렀는데도 바나나를 바닥에 내던지고 협조를 거부할 때는 아이에게 원하는 것을 분명하게 일러준다. "그 바나나 바닥에서 주워."

그래도 아이가 주울 생각을 안 하면, 바나나를 주울 '준비'가 될 때까지 그 자리 —특정 의자나 베개, 계단의 맨 아랫참처럼 이전에 미리 지정해둔 '준비좌석'— 에 앉아 있으라고 단호하게 말한 뒤 준비가 될 때까지 차분히 기다린다. 그러다 "이제 바나나 주울 준비 됐니?"하고 묻고, 아직 준비가 덜 됐다고 말하면 정말로 준비가 될 때까지 자리에 앉아 있으라고 말한다. 아이가 화난 얼굴로 울면서도 준비가 됐다고 말하거나 그런 신호를 보내면, 즉시 일어나 바나나를 주운 뒤 무엇이든 원하는 일을 허락한다.

가끔은 아이가 부모를 시험하는 경우도 있다. 준비가 됐다고 하고는 바나나를 줍지 않는 것이다. 그러면 평정심을 잃지 말고 이렇게 반응한다. "아이고, 네가 실수했구나. 준비가 됐다고 생각했는데 아직 충분히 준비가 안 됐어. 정말로 준비될 때까지 다시 자리로 가서 앉아 있으렴." 그러나 급하게 집을 나서야 할 때 이런 방법을 처음으로 시도해서는 안 된다. 아이에게 '준비'할 시간을 충분히 허용할 수 있을 때만 사용해야 한다. 그러나 일관되게 이 방법을 쓰면 보통 몇 주 지나지 않아 훨씬 빨리 '준비'하기 때문에 '준비좌석'에 앉힐 필요성은 크게 줄어든다.

자리에 가만히 앉아 있기를 거부하는 특별한 경우에는 준비가 될 때까지 아이를 붙잡아둔다. 부모와 얼굴을 마주보지 않게 아이를 무릎 위에 앉히고 손으로 치거나(필요하다면 팔을 아래로 늘어뜨리게 한다) 발로 차거나 머리로 박치기를 하면 안 된다고 분명히 말해준다. 그리고 아이를 다정하게 안아서 아이의 잘못된 행위가 강화되지 않도록 한다. 훈육할 때 가장 중요한 점은 부모를 포함해서 누구도 상처를 입지 않는 것이다. 성장한 아이에게 처음으로 이런 훈육법을 적용하면, 아이가 행위를 바꿀 수 있고 바꿔야 한다는 것을 분명하게 이해하고 받아들이기까지 시간이 더 오래 걸릴 수도 있다. 몇 년간 외적인 통제를 받거나 지나치게 허용적인 방식을 경험하며 자랐기 때문이다.

출산이 힘들었거나 양자, 입양아, 의붓자식이어서 안정적인 애착관계를 형성하지 못한 아이는 어떻게 해야 할까? 아이가 스스로 행위를 점검하는 긍정적인 변화가 나타날 때까지 시간이 더 걸리겠지만, 타임인은 여전히 추천할 만한 훈육법이다. 생후 1년간 친밀한 관계를 경험하지 못해서 상처 입은 아이들은 남을 신뢰하는 데 엄청난 어려움을 겪는다. 그러므로 더욱 많은 친절과 인내, 일관성이 있어야 새로운 관계에 마음을 연다. 또 신뢰를 키우는 데는 안정감이 아주 중요하므로 징벌을 가하는 양육법은 사용하지 말아야 한다. 그런 양육법은 어른을 신뢰할 수 있는 아이의 능력을 더욱 깊이 손상시킬 수 있기 때문이다.

모든 아이들의 내면 깊은 곳에는 선함이 자리 잡고 있으며 공정하고 친절한 사람은 이 핵심에 가닿을 수 있다(유전적 부분에 원인이 있는 반사회적인 인격장애도 가족 관계나 환경적인 요인으로 촉발된다고

> ### ⊙ 자제력을 키워주는 타임인 기법
>
> 몇 년 전 애완견에게 공격적으로 행동하는 아들 때문에 걱정인 부부가 사무실을 찾아왔다. 아들 케빈은 네 살이었는데 상당히 공격적이고 반항적이었다. 케빈의 부모는 지나치게 허용적이어서 아이의 행동을 제대로 통제하지 못했다.
>
> 나는 타임인 기법을 설명하고 케빈에게 정말로 자제력을 가르쳐주어야 한다고 조언했다. 또 타임인을 써서 케빈이 적절하게 행동할 준비가 될 때까지 가만히 앉아 있도록 단호하고 확실하게 반응해주라고 당부했다. 그러나 부부는 썩 내키지 않는 것 같았으며 타임인의 효과도 믿지 않았다. 나는 딱 2주만 지속적으로 시도해보라고 설득했다.
>
> 열흘 후 케빈의 어머니에게서 전화가 왔다. 그녀는 방금 거실을 지나왔는데 케빈이 '준비좌석'에 앉아 있는 걸 봤다고 신나서 설명했다. 왜 거기 앉아 있냐고 물었더니 아이가 이렇게 말했단다. "강아지를 때릴 뻔했어요. 그래서 그런 짓을 멈출 준비가 될 때까지 여기에 앉아 있는 거예요."

믿는다). 아이가 어릴수록 신뢰 관계를 키워가기가 쉽다. 그리고 이런 신뢰가 구축되어야 애착을 모르는 아이도 협조하고 싶어진다. 그러므로 먼저 신뢰가 구축되도록 아이의 감정을 인정해주어야 아이는 이해받고 있다는 느낌을 갖는다. 그런 다음에 기대하는 것과 협조 방법을 분명히 알려주고 이 기대에 부응하도록 만든다.

타임인 기법은 아이가 위험한 행동을 하거나 노골적으로 반항적일 때

만 사용해야 한다. 애착 문제가 있는 아이들도 보통 타임인을 공정하고 비위협적인 것으로 경험할 것이다. 반면에 타임아웃은 거부감이나 버려졌다는 느낌을 다시 불러올 수 있다. 위안을 주는 물건이나 활동에 대한 금지와 체벌이, 어른들은 내게 관심도 없으니 신뢰할 수 없다는 믿음을 강화시키기 때문이다.

선의를 지닌 일부 부모에게 잘못 조언하는 경우가 있는데, 애착을 강화시키는 방법으로 애착이 없는 아이를 억지로 끌어안고 눈을 맞춰보라는 것이 그런 예다. 하지만 이런 처방이 누군가와 사랑에 빠지도록 도와줄 것 같지는 않다. 통제하기 힘든 아이나 타임인 상황에서도 가만히 앉아 있지 않는 아이에게는 신체적으로 끌어안는 것이 필요할 수도 있다. 그러나 아이를 통제할 수 있거나 부모가 기대하는 행동을 아이가 시작할 '준비'가 될 때까지만 이 방법을 사용해야 한다. 관계 구축의 방법으로 안기를 시도해서는 안 된다.

알다시피 부모나 아이 어느 쪽에도 분노나 비명을 불러일으키지 않아야 부모는 선뜻 훈육법을 사용할 수 있다. 타임인의 가장 큰 이점은 아이들이 순순히 말을 듣지 않을 때 부모가 신속하게 사용할 수 있다는 것이다. 부모가 화가 치밀 때까지 연거푸 요청하고 경고를 반복할 필요가 없는 것이다. 부모가 스스로 화를 통제하지 못하면 어떤 징벌이나 훈육법을 사용하든 아이에게 해를 끼칠 수 있다. 그래서 나는 부모가 당황스러운 상황에서 벗어나 휴식을 취하고 마음을 차분히 가라앉힌 다음, 아이에게 바람직할 행동을 가르칠 최선의 방법을 재고할 수 있을 때만 타임아웃 기법을 권장한다.

모든 아이들이 협조적이며 긍정적인 사랑의 관계를 맺길 원한다는 기대는 가족 안에서 더욱 건강한 관계를 만들어낸다. 발리에서는 아이나 어른이 가족 중 누군가에게 고통스러운 일을 저지르면 특별한 중재 절차를 연다. 이 정화의식은 상처를 준 가족 구성원에게 고통을 표현해서 관계를 치유하는 방법이다. 이 의식은 동네의 사원에서 사제가 주관하며 대가족의 모든 구성원이 참석한다. 나도 이런 사적인 가족행사를 참관한 적이 있다. 사제가 가족에게 축복을 내리면 이들은 제단에 공물을 바쳤다. 그 후 취학 연령의 아이가 앞으로 불려나왔다. 아이가 쓰러지지 않도록 할아버지가 부축하고, 아버지와 어머니, 삼촌, 할머니는 돌아가며 각자의 화와 슬픔을 아이에게 표현했다. 소년이 무슨 잘못을 저질렀는지 나는 전혀 몰랐지만 가족들의 그런 믿기지 않는 카타르시스를 보니 놀라웠다. 이런 의식 덕분에 소년은 반성하고 마음을 열었으며 긍정적인 자세로 다시 식구들과 연결되었다. 고통스러운 감정을 드러내고 개인의 책임을 인정하는 능력, 그리고 용서에 대한 기대는 풀기 힘든 가족 문제를 해결하는 데 아주 유익한 도구인 것 같았다.

행동의 책임을 인정하고 자제력을 키우는 것은 아이가 배워야 할 중요한 가르침이며 전반적인 행복감에 막대한 영향을 미친다. 최근 뉴질랜드에서 천 명의 사람들을 대상으로 태어나서부터 서른

두 살이 될 때까지 관찰하는 장기 연구를 실시했다. 그 결과 성공적인 삶을 영위하는 데는 자제력이 크나큰 영향을 미치는 것으로 나타났다. 이 연구에서 자제력을 정의하기를, 자기수양의 기술들을 이용하고 자신의 행동이 갖는 잠재적 결과를 고려하며 믿을 수 있는 존재가 되는 것으로 정의했다. 연구의 피실험자들은 성장하면서 각자의 자제력에 따라 좋은 일자리를 얻기도 하고 감옥에 가기도 했다. 연구자들은 '취학 이전부터 자제력에 문제가 있던 아이는 청소년이 돼서 문제를 일으킬 가능성이 3배는 더 높음'을 발견했다. 또 '범죄를 저지르거나 가난하거나 경제적 문제를 일으키기 더 쉽고 편부나 편모가 될 가능성도 더 컸다.'[4]

책임지리라 기대하고 타임인을 일관되게 사용하면, 걸음마장이들이 아주 일찍부터 강한 양심과 자제력을 키우도록 도울 수 있다. 그러면 몇 년 동안 부모가 지속적으로 아이를 감시하지 않아도 된다. 협조적인 아이는 양육을 훨씬 즐거운 일로 만들어준다. 뿐만 아니라 미래에 학교나 직장, 관계에서의 성공과 남은 평생의 전반적인 행복감에서도 이런 자기수양은 아이 자신에게도 큰 축복을 안겨준다.

'나쁜' 감정이란 없다. 감정은 우리가 독자적인 개인으로서 세상을 경험하는 방식을 보여주는 내면의 지표일 뿐이다. 감정은 안전하고 행복하며 자발적인 삶으로 인도하는 직선 도로와 같다. 자기감정에 주의를 기울이면 자신을 이해하는 데 도움이 되듯, 아이의 감정에 귀를 기울이면 아이를 더욱 잘 알 수 있다. 일단 아이의 감정을 이해하면 아이가 자기감정을 확인하고 표현하도록 도울 수 있고, 나아가 자신에게 알맞은 선택을 하도록 감정을 안내자로 이용하는 법도 가르칠 수 있다.

Chapter 6

두뇌 발달을
좌우하는 육아 방식

환경적 조건만 적절히 갖춰지면 근본적으로 타고난
'연민의 씨앗'이 싹을 틔우고 자라날 수 있다.
-달라이 라마

지난 10년간 초기 두뇌 발달에 관한 지식은 믿기지 않을 만큼 폭
발적으로 증가했다. 아주 어린 시절의 일들이 이후의 인성과 관계,
삶의 전반적인 성공에 미치는 영향에 대해 심리학자들이 오래전부
터 추정해오던 것들이 이제 입증되고 있다. 티베트인은 자궁 안에
서 발달 중인 아기에게 부모가 직접적으로 영향을 미친다는 점을
수천 년 전부터 알고 있었다. 그래서 임신한 부부에게 아직 태어나
지 않은 아기의 몸과 정서가 건강하게 발달하도록 돕는 방법을 임
신 기간 동안 주별로 제시했다. 반면에 서양의 두뇌 연구가들은 임
신과 출산, 생후 몇 년간의 환경적 요인이 자기 다독임과 창조적인
문제 해결, 자존감, 자제력, 신뢰, 연민, 공감 같은 능력에 평생토록
엄청난 영향을 미친다는 점을 이제 막 발견하고 있다.

고대의 지혜와 현대 과학의 결합

세상의 모든 인간 아기는 생물학적으로나 정서적으로 똑같은 욕구를 갖고 태어난다. 그리고 양육 방식은 이들이 몸담은 문화에 더욱 잘 적응하게 도와준다. 걸음마장이와 어린아이들에게는 분명히 그렇다. 그러나 어떤 문화권에서 태어나건 아이의 기본적인 신체적·정서적 욕구는 보편적으로 똑같다. 그러면 최선의 출발을 통해 가장 높은 잠재력에 이르도록 돕는 방법은 무엇일까? 인류학과 심리학, 신경과학 등 여러 분야에서 정확히 어떤 양육이 가장 긍정적인 발달을 촉진시키는지 파악하기 위해 많은 시도를 하고 있다. 인류학자 메레디스 스몰Meredith Small은 '민족소아학ethnopediatrics'이라는 용어로 진화와 다문화, 생물학적인 면에서 아이에게 가장 바람직한 양육 요인들을 설명했다.[1]

양육 같은 복잡한 문제에 모든 답을 갖고 있는 문화는 없다. 그러나 우리는 세계의 거의 모든 문화에서 정보를 모으고 쉽게 공유할 수 있는 테크놀로지 시대에 살고 있다. 아기의 몸과 두뇌를 건강히 발달시키는 데 가장 좋은 양육법을 발견할 능력이 지금은 가능한 것이다. 개발도상국의 작은 시골 마을에 사는 사람들과 생활양식이 달라도, 그들의 양육법이 아기의 욕구를 더 잘 충족시켜준다면 그 양육법을 시도해보아야 하지 않을까? 전 세계에서 가장 훌륭한 양육의 지혜들을 최첨단 두뇌 연구 결과와 결합하는 것은 미래의 세대가 더욱 건강하고 행복하며 평화로운 사람으로 성장하도록 돕는 아주 귀중한 작업이 될 것이다.

태아의 두뇌에서 진행되는 일

하트매스 연구소Institute of HeartMath의 칠드레 박사Doc Childre 박사와 동료들은 심장세포 중 40에서 60퍼센트가 두뇌 (신경)세포이며 이 세포들은 두뇌에서 정서를 관장하는 부분(대뇌변연계)과 연결된다는 것을 발견했다.[2] 심장은 발달 중인 태아에게서 가장 먼저 기능을 시작하는 기관이다. 그러므로 임신 중 거의 대부분의 기간 동안 이곳에 정서적인 정보들이 저장되는 것으로 추정한다. 어머니의 삶에 대한 인식과 만족감, 행복, 슬픔, 스트레스, 두려움 등을 통해 태아는 자궁 밖의 환경 정보를 얻고, 자신이 정말로 안전하며 부모가 자신을 원하고 있는지를 파악한다.

나는 심리학자로서, 태어나자마자 따뜻한 가정에 입양됐는데도 거부당한 느낌과 사랑받는 것에 대한 깊은 불안과 걱정을 자주 경험하는 사람들을 보아왔다. 임신 중에 정서적인 정보가 기록된다는 사실은 왜 이런 일이 일어나는지를 이해하게 해준다. 아기를 지키지 못할 수도 있다는 어머니의 뼈아픈 인식을 자궁 속 태아도 직면하고 있었다는 얘기다.

우리의 강렬한 감정들을 생각해보면, 사랑과 깊은 정서적 고통 모두 머리보다는 가슴에서 분명히 느껴진다는 점을 알게 된다. 사랑을 느끼면 '가슴이 열리는' 것 같은 경험을 하고, 배신감이 들면 공통적으로 '가슴이 아프'거나 '가슴이 찢어지는' 듯한 느낌이 든다. 깊게 상처받으면 '가슴이 닫히'는 게 느껴진다. 또 정서적으로 중요한 결정을 내릴 때는 '가슴이 시키는 대로 따르라'는 말을 끊임없이 떠올린다. 심지어 사랑을 표현하기 위해 심장 모양의 상징물을 이용하기도 하지 않나. 심장이 전신에 혈액을 공급하는 기관 이상의 존재라는 점을 갈수록 많은 사람들이 받아들이고 있다. 조화롭게 작용하도록 몸과 두뇌에 신호를 보내 정서적인 삶을 인도하는 데 중심 역할을 하는 존재로 심장을 이해한다.

수태 중에 아이가 물려받는 유전자가 심신의 발달을 통제하므로 모든 임산부가 할 일은 아홉 달 동안 잘 먹으면서 아기의 출산을 기다리는 것뿐이라고 내내 믿어왔다. 그러나 현재 연구자들은 임산부가 아기의 미래 모습에 막대한 영향을 미친다는 점을 입증하고 있다. 임산부가 창조해내는 자궁의 환경이 발달 중인 태아에게 커다란 영향을 미치기 때문이다. 이는 흥미로운 소식이지만 한편으론 아직 태어나지 않은 아기를 가장 잘 돌보려면 무엇을 하고 무엇을 하지 말아야 할지 잘 모르는 임산부들에게는 엄청난 불안을 불러올 수도 있다. 실제로 어떤 사람들은 임산부의 역할이 얼마나 막중한지를 알고 나면 임산부가 지나친 두려움과 죄책감을 갖게 될 수도 있다고 생각한다. 과거에는 어머니가 태아에게 영향을 미칠 수 있음을 몰랐다 해도 누구도 비난할 수 없었다. 하지만 지금은 이런 지식을 나누어야 한다. 아직 태어나지 않은 아기의 발달에 영향을 미칠 수 있는 것들에 대해서 부모는 최대한 많은 정보를 아는 게 좋다. 어떤 어머니도 '완벽한' 임신을 위해 삶의 모든 것을 통제할 수는 없겠지만 말이다.

태아기와 출산 전후기를 중점적으로 연구하는 정신의학 분야의 주도적 인물인 캐나다의 토머스 버니Thomas Verny 박사는 저서《조기양육Pre-Parenting》에서 이렇게 말했다. '아기가 수태 순간부터 자궁에서 겪는 경험은 두뇌를 형성하고 고차원적인 사고력과 정서적 기질, 인격의 기틀을 형성한다.'[3] 또 정신의학 교수인 베르니 데블린Bernie Devlin은 '아이의 잠재적 지성의 51퍼센트는 환경적 요인이 통제한다'고 했다.[4] 임산부의 음주나 흡연으로 태아에게 공급되는 혈류가 감소하는 것 같은 부정적인 요인도 물론 여기에 포함된다.

자궁 밖에서 일어나는 일은 물론이고 어머니가 이 외부 환경을 인식하고 대하는 태도에도 태아는 영향을 받는다. 스트레스 호르몬이 태반을 지나가기 때문에 임신 중 어머니의 정서 상태는 태아의 두뇌에 직접 영향을 미친다. 그러나 스트레스를 부르는 일이 있어도, 가족과 친구들의 보살핌과 지지를 받고 스트레스 완화법을 실천하면 태아가 자라는 내부 환경을 더욱 개선할 수 있다. 2011년 '어머니의 스트레스, 자궁 속 태아에게 전해지다'라는 제목의 BBC 뉴스 기사에서도 임신 기간 내내 일상의 일반적이고 사소한 스트레스와 다른 고도의 지속적인 스트레스는 태아에게 장기적으로 안 좋은 영향을 미친다'고 했다.[5]

국제적으로 인정받는 세포생물학자 브루스 립튼Bruce Lipton 박사는《믿음의 생물학》에서 발달 중인 아기의 실제 유전자는 자궁에서 경험한 환경에 대한 반응으로 선택된다고 했다. 자궁 안에 있을 때 아기의 두뇌는 생존을 관장하는 원시 후뇌에서부터 보다 고차원적인 기능을 하는 대뇌피질까지 발달한다.

임신 기간 동안 스트레스가 극심할 경우, 호르몬들의 작용에 따라 태아의 혈액은 팔과 다리, 후뇌를 튼튼하게 만들어주는 반면, 지성과 문제해결, 창조성을 관장하는 전뇌의 발달은 억제한다. 출생 후 아기의 생존 가능성을 증가시키기 위해서다. 이런 작용은 수긍할 만하다. 특히 위험한 환경에서 태어날 경우, 고차원적인 추론

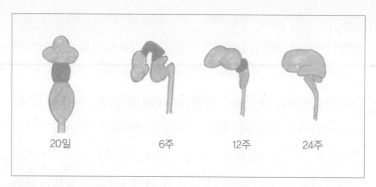

임신 중 태아의 뇌 발달 과정

능력보다는 도피-싸움의 보호 기술이 생존에 더욱 중요한 역할을 할 것이기 때문이다. 한편 임신 기간에 임산부가 비교적 평온하고 안정적이면 아기는 큰 전뇌에 상대적으로 작은 후뇌를 갖게 될 수 있다.[6]

립튼 박사는 워크숍에서 종종 태아의 초음파 사진을 담은 인상적인 비디오를 보여준다. 이 비디오는 이탈리아의 의식적인 양육 단체인 '국립양육교육협회Associazione Nazionale per l'Educazione Prenatale' 가 제작한 것이다. 비디오 속의 태아는 부모가 시끄럽게 논쟁하기 전까지는 평화롭게 자궁 속에 떠 있다. 그러나 싸움이 시작되는 순간 깜짝 놀라고 고함 소리가 커질수록 몸을 활처럼 구부린다. 그러다 유리 깨지는 소리에 아기는 말 그대로 몇 인치 높이까지 펄쩍 뛰어오른다. 이 비디오를 본 사람이라면 누구도 어머니의 몸속을 관통하는 아드레날린과 외부 환경이 자궁의 태아에게 직접 영향을 미친다는 점을 의심하지 못할 것이다.

출생 후 두뇌는 이렇게 발달한다

아기가 그처럼 무력하게 태어나는 이유에 궁금증을 느껴본 적이 있는지? 다른 포유류 새끼들은 태어난 후 얼마 안 돼 혼자 먹이를 먹는데 왜 인간의 아기는 9개월이나 더 지나야 그럴 수 있는 걸까? 두뇌의 크기로 인해 인간이 9개월 일찍 태어나기 때문인 것 같다. 원시의 조상은 직립을 시작하면서 골반대가 점점 작아져 두 다리로도 균형을 잡고 더욱 쉽게 걸을 수 있게 되었다. 덕분에 두 손도 더욱 자유로워져서 여러 가지 새로운 일들을 하게 되었다. 이렇게 초기의 인간들이 창조적으로 손을 사용하기 시작하면서 두뇌도 커졌다. 이로 인해 아기는 훨씬 일찍 태어나야만 산도를 통과할 수 있었다.

오늘날 인간 아기들은 임신기간을 반밖에 안 채우고 태어나는 것 같다. 이로 인해 대부분의 두뇌 발달이 출생 후에 이루어진다. 신생아는 완전히 무력한 상태로 태어나지만, 출생 직전 즈음 원시적인 후뇌는 도와달라고 울음을 터뜨릴 수 있을 정도로 충분히 발달해 있다. 엄마에게서 1미터만 떨어져도 신생아는 공포에 젖어 비명을 질러댄다. 완전히 무방비 상태인지라 자신이 유일하게 아는 친숙하고 안전한 휴식처를 보고 느끼고 냄새 맡아야 안정감을 느끼기 때문이다. 그러므로 아기가 고통스럽게 울 때 어머니나 다른 양육자가 응답하는 것은 아주 중요하다. 이런 응답이 아기의 공포감을 덜고 임신 기간의 발달을 완성하는 다음 9개월간 보호받을 수 있으리라는 신뢰감을 키워주기 때문이다. 또 젖먹이나 걸음마장이가 울 때 가능한 한 빨리 반응해주면 스트레스 호르몬이 줄

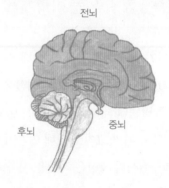

전뇌

후뇌　　　　중뇌

⊙ 두뇌 발달

전뇌
- 피질: 추론, 논리, 인식, 의식, 감정 조절
- 사회화, 연민, 공감
- 대뇌: 사고, 말, 판단, 운동 활동, 감각 인식, 기억력의 작동

중뇌
- 변연계: 감정과 장기 기억
- 뇌하수체: 호르몬 조절

후뇌
- 소뇌: 운동 활동, 균형, 협조
- 뇌간: 생존

어들면서 두뇌에서 정서와 사교의 고차원 기능을 담당하는 부위의 발달이 촉진된다.

피질은 전뇌의 신경조직 바깥층이다. 아기의 전두엽 피질은 생후 약 6개월에서 9개월 사이에 가장 많이 성장한다. 그러므로 이 시기에는 애착이 있고 기꺼이 반응해주는 양육자가 많은 관심과 보살핌을 베푸는 것이 특히 중요하다. 스탠리 그린스펀Stanley Greenspan 박사는 헌신적인 양육자와 아기의 상호작용에 따라 인간의 기본적인 두뇌구조가 어떻게 발달하는지를 연구한 것으로 유명하다. 그는 '삶의 초기에 한결같이 보살펴주는 동일한 양육자와 관계를 맺는 것이 정서적·지적 능력의 주춧돌'이라고 주장했다.[7] UCLA 의과대학 정신의학과의 앨런 쇼어Alan Shore 박사도 이런 주

194

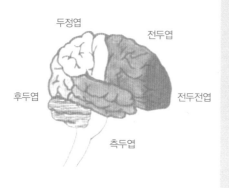

두정엽

전두엽

후두엽

전두전엽

측두엽

장에 동의한다. 그는 안정적이고 반응에 적극적이며 다감한 관계가 감정을 조절하는 아이의 능력을 크게 향상시킨다는 점을 발견했다.[8] 그런데 불행하게도 미국에서 현재 6개월에서 3개월 사이의 아기들 대부분은 전뇌가 발달하는 이 결정적인 시기에 낮 동안 사랑하는 부모와 많은 시간을 보내지 못하고 있다.

전전두 피질이 그토록 중요한 이유는 무엇일까? 이 부위는 '문명화된 뇌civilized brain'라고도 부르는데, 지성과 창조성의 증가, 감정 조절, 독서, 사회적 신호에 대한 반응, 문제 해결, 장기적 결과를 판단하는 능력을 관장하며 연민과 공감, 사랑할 수 있는 힘과도 연관이 있다. 내가 관찰한 바에 따르면 평화로운 문화권의 아기들은 대부분 이마가 불룩 튀어나와 있다. 몇몇 사람들의 믿음처럼 전전두엽이 훨씬 발달해서 그런 것일까?

수 게르하르트Sue Gerhardt는 주목할 저서《사랑이 중요한 이유Why Love Matters》에서 전전두엽이 분노의 감정을 행동으로 표출하지 않게 한다고 설명했다. 또 두려움을 차분히 가라앉히는 반면, 자제력과 의지력, 타인이 느끼는 것을 '경험함으로써' 타인과 공감하는 능력은 증가시킨다.[9] 후뇌가 관장하는 싸움-도피의 방어기제에 의존해서 약자를 괴롭히는 사람이 아니라, 갈등을 해결할 수 있는 친절한 사람으로 키우려면 이런 중요한 자질들을 필수적으로 심어주어야 한다. 또 폭력은 덜한 반면 연민은 많은, 궁극적으로 평화로운 세상을 창조하는 데도 공감이 아주 중요하다.

생후 몇 년간 두뇌의 성장 속도로 인해 아기의 두뇌는 어른보다 손상에 더욱 취약하다. 아기의 두뇌는 아직 발달 중이고 뉴런들도 여전히 신속하게 연결되고(시냅스) 있다. 그래서 방치된 아기의 두뇌는 보살핌을 잘 받은 아기의 두뇌와 구조적으로 달라진다. 스트레스가 부신 호르몬인 코르티솔 수치를 증가시키기 때문이다. 코르티솔은 신경독성이 있어서 두뇌 세포를 해치고 심지어는 죽이기도 한다. 그러므로 아기의 스트레스를 낮추는 것은 건강한 두뇌 발달에 필수적이다. 아기의 스트레스를 가장 신속히 낮추는 방법은 안거나 움직여주거나 흔들거나 노래를 부르거나 부드럽게 쓰다듬거나 마사지를 해주는 것이다. 모든 형태의 부드러운 접촉은 아기를 특별히 평온하게 만든다. 발리인은 생후 3개월 동안 아기를 결코 품에서 떼어놓지 않는다. 그리고 티베트인은 건강한 두뇌 발달에 접촉이 매우 중요하다고 믿는다. 그래서 아기가 울 때는 두려움 없이 안아 올려 가능한 한 많은 관심을 쏟아붓는다. 이런 행위가 정서적으로 건강하고 다정한 아이로 자라게 해주기 때문이다.

쥐를 대상으로 한 최근의 연구는 접촉이 두뇌 발달에 왜 그토록 필수적인지를 잘 보여준다. 알렉스 코브Alex Korb 박사는 《사이콜로지 투데이》에 게재된 논문에서 많은 시간 핥아주는 어미에게 보살핌을 받은 쥐들은 그러지 못한 새끼들에 비해 두려움을 덜 드러내고 스트레스 호르몬 수치도 낮으며, 스트레스를 불러오는 상황에서 회복력도 더 뛰어나다고 보고했다. 어미 쥐에는 새끼를 많이 핥아주는 쥐와 적게 핥아주는 쥐, 이렇게 두 유형이 있었다. 그런데 어미가 핥아주면 새끼에게서는 사랑의 호르몬인 옥시토신이 분비돼 연결감이 높아지고 스트레스는 줄어든다. 그리고 '많이 핥아주는' 어미에게서 자라난 암컷은 나중에 어미가 되었을 때 역시 새끼를 많이 핥아준다. 반면에 '적게 핥아주는' 어미에게서 자라난 경우에는 불안감이 훨씬 크고 새끼를 '적게 핥아주는' 어미가 된다. 이 불안 수치가 유전적인 것인지를 파악하기 위해 '적게 핥아주는' 어미의 새끼를 '많이 핥아주는 어미'에게 안겨주었다. 그러자 이 다정한 어미에게 입양된 새끼들은 '적게 핥아주는' 어미 밑에 남은 형제보다 불안도 줄고 스트레스도 낮아졌다. 이런 결과는 새끼에게서 나타나는 불안의 경우 환경 요인이 유전자보다 더욱 결정적인 역할을 한다는 점을 알려준다. 새끼 쥐들이 받은 보살핌의 양이 스트레스 수치와 삶의 전체적인 행복도를 결정짓는 것 같다.[10]

국립아동보건인간계발연구소의 소장이던 발달신경심리학자 제임스 W. 프레스콧James W. Prescott 박사는 어미의 초기 보살핌이 평생 동안 영장류의 두뇌 발달에 미치는 영향을 연구했다. 갓 태어난 원숭이들을 대상으로 한 실험에서 그는 친밀한 접촉과 애정을 통한 감각의 자극이 정상적인 두뇌 발달에 구조적으로나 기능적으로 필수적임을 발견했다. 프레스콧 박사는 연구를 통해 어미와 새끼 사이에 성공적인 애착관계가 형성되지 못하면, 두뇌 이상과 생화학적 결함이 일어나 결국은 불안과 우울, 소외감, 화, 분노, 폭력이 발생한다고 다시금 결론지었다.[11]

인간을 대상으로 한 연구에서 하버드 의과대학의 신경생리학자 메리 칼슨Mary Carlson은 생후 수개월에서 세 살에 이르는 루마니아 고아들의 불안을 연구했다. 방법은 이들의 침 속에 들어 있는 코르티솔 수치를 측정하는 것이었다. 그 결과 접촉과 관심의 부족, 낮동안의 질 낮은 보살핌이 코르티솔 수치를 증가시키고, 이렇게 증가한 코르티솔이 아이들의 성장을 방해하고 행동에도 부정적인 영향을 미친다는 점을 발견했다. 스트레스가 높을수록 아이들에게서 안 좋은 결과가 나타난 것이다.[12]

역사적으로 미국에서는 아기를 너무 많이 안아주거나 관심을 과도하게 쏟으면 버릇이 나빠지거나 의존적이 된다는 식의 부정적인 믿음을 고수해왔다. 그러나 현재의 두뇌 연구와 포괄적인 양육을 하는 문화권의 아기들을 관찰한 결과는 이런 생각이 완전히 틀렸음을 입증해준다. 아기가 어떤 유전자를 물려받았건 공격적인 아이로 성장할지 아니면 연민심이 있는 아이로 성장할지를 결정짓는 것은 부모의 양육과 환경적인 요인들인 것 같다. 현재 정신건강에 문제가 있는 미국의 어린이들에게 처방되는 약물은 엄청나며 유년기에 정서적 고통을 경험하는 비율도 높다. 이것은 여러 세대의 아이들이 자식에게 충분한 관심을 기울이지 않는 부모들 밑에서 자란 결과일 수도 있다.

관심과 접촉, 최적의 두뇌 발달을 위한 보살핌이 있을 때 아이들이 무럭무럭 자라난다는 사실을 이제는 알게 되었다. 그러므로 평화로운 문화권의 양육법을 초기 두뇌 연구에서 발견한 것과 결합하면 우리의 아기들을 위한 양육법도 변화시킬 수 있을 것이다. 특히 생후 1년간 아기에게 많은 관심과 애정을 쏟으면, 평생 정서적으로나 정신적으로 훨씬 건강한 삶을 살게 해주는 쪽으로 두뇌 구조의 발달이 촉진된다.

연민과 공감 능력 키워주기

아이들 사이에서 집단 따돌림의 발생 빈도가 증가하고 있다. 뿐만 아니라 십대 청소년이 아주 어린아이들까지 포함해서 서로를 죽이는 끔찍한 학내 총기발사 사건도 많이 일어난다. 이런 상황에서 연민과 공감 능력을 키워주는 것이 정확히 무엇인지를 탐구하는 일은 아주 중요하다. 연민은 타인에 대한 보살핌과 친절, 관심을 의미하는 반면, 공감은 무언가를 상대의 시각에서 느낄 줄 아는 능력이다.

아기들은 다른 내재적인 능력과 더불어 공감의 씨앗도 갖고 태어난다. 뿐만 아니라 부모나 다른 양육자와 친밀하고 깊은 관계를 맺고픈 직접적인 욕구도 있다. 어머니나 아버지 혹은 자신의 모든 욕구를 이해하고 충족시켜줄 것이라는 믿음이 들 만큼 충분히 공감하는 다른 양육자와 관계를 발달시키는 것에 기본적인 생존이 달려 있기 때문이다. 배가 고프면 먹여주고, 공기가 차면 트림을 시키고, 추우면 따뜻하게 해주고, 기저귀가 젖으면 갈아주고, 슬픔이나 두려움을 느끼면 다독이고, 지루해하면 관심을 가져주고, 외로워하면 안거나 어루만지고 안심시켜줄 사람이 있어야 하는 것이다. 공감 능력이 있는 양육자가 지속적으로 아기의 괴로움을 덜어주려고 애쓰면 아기의 스트레스는 줄어든다. 아기 스스로 이해와 위안을 받고 있음을 알고 안정감을 느끼기 때문이다. 양육자의 이런 노력은 또 아기가 섬세하고 다정하게 보살피는 타인을 믿고 정신적으로 연결되도록 해준다. 이런 연결은 관계를 바람직한 것으로 믿는 아이의 능력에 필요한 토대가 되며, 사랑받을 만한 가치가 있는 존재라는 느낌을 갖게 하고, 신뢰와 공감, 타인을 향한 사랑을 경험할 수 있는 능력을 키워나가게 도와준다.

친밀한 대인관계가 형성될 때 인간은 잘살 수 있다. 인간이 단독으로 생존할 수 있었던 적은 결코 없었으며, 언제나 협력적인 집단의 보호가 필요했다. 역사적으로도 사람들이 함께 힘을 합해서 먹을 것을 채취하고 집을 짓고 아이들을 보살피고 포식자로부터 서로를 보호해야 할 때 씨족사회가 형성되었다. 미국의 부모는 흔히 자녀를 독립적인 사람으로 키우고 싶다고 말한다. 그러나 자식에게 줄 수 있는 최고의 선물은 서로에게 기댈 수 있는 능력이다. 발리인 아이들이 운 좋게도 확대가족이 모여 사는 주택단지에서 엄청난 관심과 사랑을 받으며 커가는 모습을 떠올리면 나는 그리움까지 일어난다. 그곳에서는 적어도 네 명의 다정한 어른들이 언제나 각 가정의 아이들을 지켜보고 같이 놀고 귀여워해준다. 사회적 기술을 키우고 협력해서 살아가는 법을 터득하게 도와주면, 아이들은 가족과 배우자, 궁극적으로는 자녀들과도 평생 더욱 친밀한 관계를 맺으며 산다.

　신경과학 전문 저널리스트 마이아 살라비츠^{Maia Szalavitz}와 정신과의사 브루스 페리 박사는 최근에 출간한 공저 《사랑을 위해 태어나다^{Born For Love}》에서 이렇게 주장했다. '신뢰와 이타주의, 협력, 사랑, (그리고) 자선처럼 사회를 돌아가게 하는 모든 것의 바탕에는 사실상 공감이 있다. 반면에 범죄와 폭력, 전쟁, 인종차별, 아동학대, 불평등 같은 사회문제들 대부분의 주된 원인은 공감의 실패다.'[13] 부모들이 아이의 공감 능력을 키워주기 위해 의식적으로 노력을 기울이면 사회는 변화할 것이다. 티베트와 부탄, 발리의 문화가 평화로운 이유는 부모가 아이에게 이런 자질을 키워주기 위해서 노력을 기울였기 때문이라고 나는 확신한다. 부탄의 소아과의사인 미미 라무 박사에게 연민의 마음을 지닌 아이로 키우기 위해 부모가 가장 우선적으로 할 일이 무엇인지를 묻자 그녀는 '뻔한 걸 묻는다는 듯' 당혹스러운 표정을 지으며 이렇게 대답했다. "글쎄요, 연민의 마음을 갖고 아이들을 대하면 되죠."[14]

최적의 두뇌 발달을 위한 육아법

지난 세대는 아이가 입을 떼는 약 세 살 전까지는 아이에게 일어나는 일이 사실 중요하지 않다는 믿음을 공통적으로 갖고 있었다. 아이가 기억을 못할 것이기 때문이다. 그러나 지금은 자궁에서부터 시작되는 초기의 경험이 본질적으로 아이의 두뇌를 형성하고, 세 살 전에 일어나는 일들이 사회·정서적 발달에 가장 중요한 영향을 미친다는 점을 안다.

이런 지식은 흥미로운 동시에 끔찍할 수도 있다. 서양인들은 어린 시절의 양육이 아이가 어른으로 성장하는 데 그처럼 막대한 영향을 미친다는 점을 전혀 몰랐다. 그러나 나의 발리인 친구들은 아이가 정말로 어떤 사람이 되든, 최대한 그런 사람이 되도록 돕는 것이 부모의 일이므로 아이의 장래 모습을 통제하거나 조종하거나 바꾸려 하지 말아야 한다고 믿는다.

정원을 열심히 가꾸는 사람으로서 나는 이것이 무슨 의미인지를 이해한다. 나는 어린 벚나무가 있을 때 나무에서 자두가 열리게 하려고 애쓰지 않는다. 하지만 잘 부양하고 보살펴주면 나무는 아주 건강하게 자란다. 나뭇가지도 튼튼해지고 잎사귀들도 푸르고 무성해지며 달콤하고 맛있는 열매들도 열린다.

자신의 잠재력을 최고로 발휘하는 아름다운 사람으로 아이를 키울 때도 마찬가지다. 부모가 주의 깊게 관심을 기울이고 용기를 북돋아주면 아이의 두뇌에서는 서로 다른 부위들이 연결된다. 신경정신병학자 다니엘 시겔Daniel Siegel 박사는 저서 《내 아이를 위한 브레인 코칭The Whole Brain Child》에서 부모가 시간을 내서 어린 자녀들과 어울리면 아이의 두뇌에서 서로 다른 부분들이 통합되고, 이로 인해 아이의 '결정 능력이 향상되고, 자신의 몸과 감정을 잘 통제하고, 자기 인식도 더욱 폭넓어지고, 관계도 탄탄해지고 학교생활도 잘하게 된다'고 설명했다.[15]

아이의 두뇌에서 특정 부위들이 발달하는 시기를 알면, 이 단계에 갓난아기나 걸음마장이에게 무엇이 필요한지도 인식할 수 있다. 하지만 생후 18개월간 부모가 가장 중요하게 기억할 점은 친밀하고 안정적인 애착관계를 형성하고, 아이를 돌보는 데서 기쁨을 느끼며, 아이를 안고 쓰다듬고 함께 놀고, 아이에게 귀 기울이고 반응하며 밤이든 낮이든 가능한 가까이에 아이를 두어야 한다는 것이다. 밤에 깨어 있는 걸 좋아할 사람은 아무도 없겠지만, 부모가 아이와 함께 있기를 좋아하고 아기의 달콤한 미소와 부드럽게 꼴깍대는 소리를 소중히 여긴다면 전혀 걱정할 것이 없다. 부모와 아기 모두에게 관계가 즐거우면, 아기의 전전두엽이 최적의 상태로 발달할 것이기 때문이다.

6개월에서 12개월 사이에는 낯선 이에 대한 불안과 분리불안이 개별적으로 나타난다. 이는 안정적인 애착관계를 맺고 있으며 사회생활을 잘하게 해주는 뇌가 정상적으로 발달하고 있다는 건강한 신호다. 친밀한 애착관계인 부모가 보이지 않으면 아기는 소중한 부모가 여전히 존재한다는 점을 이해하지 못한다. 반복적인 분리로 인해 깊이 사랑하는 애착대상과 장기간 떨어져 지내면, 아기의 두뇌 발달에 안 좋은 영향이 미친다. 가장 의지하는 애착대상을 잃을지도 모른다는 두려움이 일면서 해로운 영향을 미치는 코르티솔 수치가 증가하기 때문이다.

몇몇 나라처럼 미국에서도 부모가 맞벌이를 하느라 12주밖에 안 된 아기를 낮 시간의 대부분 동안 부모와 떼어놓는다. 부모가 집 밖에서 일하기 때문에 미국에서는 5세 미만 아이의 61퍼센트가 탁아소 프로그램에 참여한다. 탁아소가 아이에게 정말로 도움이 되는지 아니면 해가 되는지의 문제는 수십 년 동안 논쟁거리가 되어왔다. 그러나 이제는 스트레스 호르몬이 두뇌 발달에 해로운 영향을 미친다는 점을 알고, 간단한 타액 검사로도 코르티솔 수치를 쉽게 파악할 수 있게 되었으므로 이 논쟁은 잘 마무리될 것이다.

1999년 미국의 연구자 안드레아 데틀링[Andrea Dettling]과 동료들은 부모와 떨어져 하루 종일 단체로 보살핌을 받는 걸음마장이들의 코르티솔 수치를 연구했다. 이 아기들의 행동은 스트레스를 받은 것처럼 보이지 않았지만, 코르티솔 수치는 하루 종일 아주 높은 수준으로 올라갔다. 사교적 기술이 약한 아기들이 특히 더했다.[16] 그러나 1년 후, 반응을 잘해주는 유모와 집에서 보살핌을 받은 아기들은 코르티솔 수치가 정상으로 나타났다.[17]

미네소타 대학교에서 탁아 스트레스를 연구하는 유명한 연구자 메간 구나[Megan Gunnar] 박사는 아주 간단히 코르티솔 수치를 측정하는 방법을 창안했다. 굵은 정백당을 묻힌 면 두루마리를 아기에게 빨게 한 후 침을 분석해서 측정하는 방법이다. 그 결과 집에서 보살핌을 받는 아기들은 코르티솔 수치가 아침에만 높았다가 하루에 걸쳐 서서히 줄어든다는 점을 발견했다. 그러나 탁아소에서 하루를 보내는 걸음마장이나 취학 전 아동의 70~80퍼센트는 종일 계속해서 수치가 증가했다. 요컨대 질 낮은 보살핌과 긴 시간, 다수의 돌보는 사람, 서로 다른 환경 같은 요인에다 탁아소에 맡겨지는 나이가 어릴수록 코르티솔 수치는 올라갔다. 또 수줍음과 두려움이 많고 마음을 잘 가라앉히지 못하는 아이들이 가장 크게 고통받았다. 그러나 좋은 소식도 있다. 생후 4개월에서 6개월간 잘 보살펴주는 엄마와 안정적이고 친밀한 애착관계를 형성하면, 나중에 탁아소에 가도 코르티솔 수치가 안정적인 상태를 유지하는 경향이 있었다. 한편 집 밖의 탁아 환경에 맡겨지는 나이가 어릴수록 아이의 발달에 해로운 영향이 미칠 위험성은 높아졌다.[18]

고든 뉴펠드Gorden Neufeld와 가보 마테Gabor Maté 박사 같은 연구자들은 베스트셀러 《아이의 손을 놓지 마라Hold on to Your Kids》에서 애착대상과의 분리나 상실을 일찍 경험한 탓에 미국의 십대들이 부모보다 또래에게 더 집착하고 영향을 많이 받는다고 했다. 저자들은 어린이들이 관계를 맺고 보살펴주는 양육자의 손에 자라지 못하는 것은 인류 역사상 지금이 처음이라는 점도 일깨워주었다. 사실 요즘 아이들은 확대가족이나 씨족, 이웃에 애착을 못 느끼며, 온전한 핵가족을 갖고 있지 못한 경우도 많다. 이처럼 어른들과 한결같은 관계를 유지하며 보내는 시간이 부족한 탓에 아이들은 아주 어렸을 때부터 또래에서 멘토를 찾는다. 그리고 이런 변화는 왕따와 폭력, 자살을 증가시키는 요인으로 작용하고 있다.[19]

작가이자 교육자, 뉴욕 시 행정관으로 30년 넘게 갈등 해결과 학생들의 회복력을 연구해온 린다 란티에리Linda Lantieri는 지난 수십 년간 아이들의 사회성과 정서 발달이 심각하게 퇴보했다고 보고했다. 아이들이 슬픔과 외로움을 더욱 많이 느끼고 공격성과 반항을 더 많이 드러내며 충동적인 행위도 더 많아진 것 같다고 했다. 란티에리와 대니얼 골만의 저서 《엄마표 집중력Building Emotional Intelligence》은 오늘날 아이들이 과거에는 없던 스트레스 요인과 직면하고 있음을 일깨워준다. 이들이 예로 든 것은 전국 아동 여론조사였다. 9~13세 사이의 아동 875명을 대상으로 스트레스를 주는 요인과 스트레스를 이겨내게 해주는 요소를 물은 결과, 놀랍게도 75퍼센트의 아이들이 힘든 시기에 부모가 더 많은 시간을 함께 있어주면 좋겠다고 답했다.[20]

빈약한 애착이 불러온 결과

2장에서 설명한 것처럼 어머니-유아 사이의 애착 유형은 주로 3가지다. 안정적인 애착과 불안정한 애착, 무애착이 그것이다. 일반적으로는 대상이 어머니를 가리키지만, 이런 애착은 유아가 처음으로 주된 애착을 갖는 모든 양육자에게 적용된다. 생후 2년간 자기를 보살피는 어른에게 안정적이고 근본적인 애착을 느끼지 못하면, 아기의 전전두엽 피질은 건강하게 발달하지 못한다. 해롤드 츄가니Harold Chugani 박사가 동료들과 관찰한 결과에 따르면, 거의 하루 종일 혼자 있으면서 어떤 양육자에게도 애착을 느끼지 못한 루마니아의 고아들에게서는 전전두엽 부위에서 사실상 어떤 두뇌 활동도 나타나지 않았다.[21] 생후 몇 년간 이 부위가 정상적으로 발달하지 못하면 나중에 잃어버린 능력을 회복할 가능성이 거의 없다. 사람들과 관계를 맺고 전전두엽의 고차원적인 활동에 참여하기가 어려워지는 것이다.

초기의 애착 문제는 두뇌의 사회·정서적 발달에도 지장을 초래해 장기적으로는 다음과 같은 결과를 불러온다.

- 불안정한 애착: 문제 해결과 감정 조절, 건강한 관계 형성에 문제를 겪고 자신이나 타인을 믿지 못한다.
- 무애착: 보살펴주는 사람에게 다가가다가 곧 회피하는 행동을 하는 등 모순적인 반응을 보이며, 낯선 사람에게 지나치게 친숙하게 굴고 위로에 저항한다. 평생의 집요한 인격장애는 대인관계의 어려움이나 비정상적인 정서적 반응, 화, 충동조절장애, 사교적·직업적 기능의 심각한 장애 등으로 분명하게

애착의 유형	어머니의 행동	아기의 행동
안정적 애착	아기의 요구에 신속하게 반응하고 보살핀다	덜 울고 쉽게 편안해진다
불안정한 애착	예측이 힘들다: 아기의 신호를 읽지 않는다 정확히 정해진 시간에 아이를 돌본다 부정적인 태도로 반응한다	많이 운다 때를 쓴다 불안해한다 달래기 힘들다
무애착	아기의 신체적·정서적 요구를 무시한다	신체접촉을 피한다 위로에 저항한다 반응하지 않는다

나타난다.

부모 역할은 가장 힘들고 고단한 일이다. 애착을 못 느끼면 아이를 방치하거나 학대할 수도 있다. 생후 몇 달에서 몇 년 동안 이런 일이 벌어지면, 아이는 상처를 입고 공감 능력이 결여돼 폭력적으로 변할 수 있다. 집단 따돌림이 생겨나는 것도 이 때문이다!

연구 결과, 방치도 학대만큼이나 범죄 행위를 유발할 가능성이 크다고 한다. 타인의 권리를 존중하는 마음이 결여돼 있기 때문이다. 물론 학대를 당하고 자란 모든 아이가 폭력적인 범죄자가 되는 건 아니다. 하지만 범죄 행위에 관여하거나 자녀를 학대하는 부모가 될 위험성은 훨씬 크다.

미국에서는 1년에 1천 명도 넘는 아이들이 학대와 방치로 목숨을 잃으며, 수만 명의 아이들이 폭력적인 범죄자로 성장하고 있다. 최근 미국 아동학대방지협회에서 실시한 연구 결과, 아동 방치와 학대로 인한 직간접적인 손실 비용이 1년에 1천억 달러도 넘는 것으로 나타났다. 학교에서 중퇴한 후 범법 행위로 돈을 버는 모든 아이들은 평생 사회에 평균 250만 달러 이상의 비용을 부과한다. '범죄와 싸우고 아이들에게 투자하라'는 미국 전역의 법률 집행자들과 지방 검사, 폭력을 이겨낸 사람들이 모여서 아이들이 방치와 학대로부터 조기에 보호받도록 돕는 단체다. 이들의 2009년 보고서에는 방치와 학대 위험성이 높은 아이들을 성공적으로 도운 프로그램들이 설명되어 있다. 또 납세자들은 1달러 투자에 3~5달러까지 절약할 수 있었다는 내용도 들어 있다.[22] 이런 내용은 상처 입은 어른을 회복시키는 것보다 아이를 건강히 키우는 편이 훨씬 쉬울 뿐만 아니라 비용도 덜 든다는 점을 확인시켜준다.

어린 시절의 스트레스가 심신에 미치는 영향

방치나 학대로 어린 시절에 스트레스를 받으면 아이의 몸과 마음에 흔적이 남는다. 우리는 보통 이런 아이들을 회복력 있는 생존자라고 생각하지만, 어린 시절의 경험이 심신 건강에 장기적으로 막대한 영향을 미쳤으리라는 점은 알아차리지 못한다.

로빈 카르-모세Robin Karr-Morse는 최근 저서 《두려움이 낳는 병 Scared Sick》에서 트라우마와 질병 사이의 중요한 연관성과 이것을 발견하는 법을 설명했다.[23] 국립약물남용연구소The National Institute on Drug Abuse의 주장에 따르면, 비만과 알코올 중독, 약물 중독에 걸린 사람들은 모두 두뇌의 도파민 수치가 정상보다 낮다고 한다. 그런데 도파민은 쾌감에 영향을 미치는 호르몬이기 때문에, 이런 사람들은 도파민 수치를 일시적으로 증가시켜주는 물질에 중독되는 경향이 있다. 1980년대 캘리포니아 주 샌디에이고의 카이저 퍼머너트 병원에서 빈센트 펠리티Vincent Felitti 박사는 가족의료 영역에서 단순히 병증을 치료하기보다 예방에 더 초점을 맞추기 시작했다. 그 결과 만성 비만 환자를 위한 클리닉에서 환자들이 신체적·정서적 학대나 성적 학대에 취약하다는 느낌으로부터의 보호 혹은 쾌감과 음식을 연관 짓고 있음을 발견했다. 몸무게가 줄기 시작하자 환자들은 갈수록 불안해했다. 이를 계기로 어린 시절의 트라우마와 이후에 나타나는 질병 사이의 연관성을 탐구하기 시작했다.

펠리티는 로버트 안다Rober Anda 박사와 공동으로 '유아기 학대경험 연구'를 실시했다. 이들이 작성한 설문지는 정서적·신체적·성적 학대는 물론이고, 다음과 같은 일들이 일어난 집안에서 성장한 경험에 초점을 맞춘다. (1)알코올 중독과 마약 남용 (2)가족 중 누군가의 만성적 우울이나 정신병 혹은 자살 (3)어머니의 가정 폭력 (4)가족 구성원 누군가의 투옥 (5)부모의 별거나 이혼 혹은 다른 사유로 어린 시절에 부모를 잃은 경우.

펠리티와 안다 박사는 연구를 통해 '어린 시절의 트라우마가 건강과 행동에 부정적인 결과를 초래할 수 있다'고 결론지었다. 어린 시절에 안 좋은 경험을 많이 할수록 나중에 과식이나 위험한 섹스, 음주와 흡연, 약물 복용 같은 중독 행위를 일삼거나 위험을 감수할 가능성이 높았다. 이런 행위가 모두 도파민을 분비시켜 자기 위안처럼 여겨지기 때문이다. 또 어린 시절의 안 좋은 경험과 자살 시

도의 위험성 사이에도 강력한 상관관계가 있음이 밝혀졌다.[25]

안다 박사는 태아기와 유아기, 걸음마기에 받는 스트레스나 트라우마가 장기적으로 건강을 안 좋게 만드는 가장 중요한 요인이라고 믿었다. 또 카르-모세는 무력하기 그지없는 어린 시절에 공포를 경험하면, 코르티솔이 위험 수준으로 치솟으면서 기가 질려 '얼어붙는' 반응이 나타난다고 설명했다. 물론 극도의 스트레스를 불러오는 일이라 해도 한 번쯤이라면 아무 해도 안 입고 회복된다. 그러나 트라우마를 남기는 사건을 여러 번 경험하면 코르티솔이 만성 질환을 부르는 수치로까지 쌓여 염증성 질환이나 면역기능장애 같은 것들이 나타난다.

과거에는 거의 모든 질환의 원인이 유전적인 데 있다고 믿었다. 그러나 지금은 이런 믿음에도 의문을 제기하기 시작했다. 겸상적혈구병Sickle-Cell이나 낭성 섬유증Cystic Fibrosis 같은 경우는 유전병이 분명하다. 그러나 '유아기 학대 경험 연구'의 연구자들은 유전적인 요인과 생리, 어린 시절에 경험한 분노나 수치심, 두려움 같은 부정적이고 지속적인 감정의 상호작용도 많은 질병을 촉발한다고 지적한다.

미국에서 심각하게 증가하는 집단 따돌림에 의한 정서적 학대도 이후 건강과 경제, 직업, 관계에서 겪는 어려움은 물론이고 중범죄와도 연관이 있다. 듀크 대 의학 대학원의 부교수인 윌리엄 코플랜드 William Copeland가 실시한 연구 결과, 집단 따돌림의 표적이던 아이는 나중에 어른이 돼서 비만이나 천식 같은 건강 문제로 고통받을 위험이 훨씬 높고, 암과 당뇨, 흡연 가능성도 여섯 배는 많은 것으로 나타났다.[27] 이로 인해 현재는 많은 사람들이 집단 따돌림을 공중보건에서 중요하게 다루어야 할 문제로 여기고 있다.

트라우마를 남기는 어린 시절의 경험은 신체적으로나 정서적으로 손상을 일으킨다. 스트레스 호르몬이 유독한 수준으로 분비되기 때문이다. 몸의 '불쾌'나 불편은 확실히 건강을 해치고, 이로 인한 질병은 어린 시절에 받은 스트레스 수치와 물려받은 감수성에 달려 있다. 좋은 소식이라면 이 반대도 사실이라는 것이다. 어린 시절에 친밀하고 안정적인 관계를 맺고 트라우마에서 상대적으로 자유로웠을 경우, 몸과 마음은 평생 건강한 상태를 유지한다. 예를 들어 발리의 아이들은 어린 시절에 받은 보살핌 덕분에 두뇌에서 도파민을 자연스럽게 만들어내는 능력이 더 뛰어나다. 역사상 발리인이 중독성 물질을 사용한 적이 없는 것도 아마 이 때문일

⊙ 어린 시절의 트라우마가 영향을 준 질병[26]

- 불안과 우울
- 알코올과 니코틴, 약물 중독
- 알츠하이머
- 병적 비만과 신경성 무식욕증
- 제2유형 당뇨
- 고혈압
- 과민성 대장 증후군
- 궤양성 대장염과 크론병
- 섬유근육통
- 골관절염
- 만성 피로와 만성 통증 증후군
- 골다공증
- 쿠싱증후군
- 심혈관계 질환
- 유방암과 흑색종을 포함한 일부 암에 대한 민감성

것이다. 심지어 발리의 모국어에는 중독을 가리키는 말도 없다고
한다.

애착을 박탈당한 아이를 치유하는 법

스트레스에 훨씬 취약한 생후 몇 년간 유아가 받는 보살핌의 정도
는 두뇌의 기본 구조에 영향을 미친다. 과거에는 생후 1년 동안 유
아가 양육자에게 안정적인 애착을 느끼지 못하면 평생 신뢰관계를
형성하지 못한다고 믿었다. 그러나 신경가소성neural plasticity이라는
과정의 발견으로 초기 두뇌 연구에는 큰 희망이 생겼다. 신경가소
성이란, 두뇌가 평생 동안 모든 새로운 경험에 계속 적응할 수 있
는 능력을 말한다.

현재 호의적인 애착관계를 형성하고 사회·정서적으로 건강하게
발달할 수 있는 기회의 창은 생후 적어도 2년간은 열려 있다고 믿
는다. 충분한 사랑의 관계 없이 여러 달을 보내버린 아기에게 특히
좋은 소식이다. 그러나 두뇌의 치유가 평생 계속될 수 있다 해도
초기의 박탈이 너무 심하면 두뇌는 최고의 잠재력을 발휘할 수 없
을 것이다.

심리학자로서 나는 초기에 보살핌을 제대로 못 받은 아이는 대
개 무표정에 냉담하고 조심스러우며 폐쇄적인 눈을 갖고 있음을
발견했다. 자기 영혼과의 소통이 희미하거나 심지어는 아예 잃어
버린 것처럼 말이다. 아기의 눈에서 이런 표정이 보이면 나는 아이
가 다시 자기감정과 연결되고, 타인과 관계를 맺을 수 있는 능력과

욕망을 회복할 수 있도록 신속히 치료해야 한다는 생각이 들었다.

몇 년 전 어느 소아과의사가 걱정에 휩싸인 부부를 내게 보냈다. 이 부부는 넉 달 전 중국에서 아기를 입양했다. 그런데 입양딸 줄리아와 다정한 관계를 맺으려 필사적으로 노력해도 아이는 계속 차갑고 서먹서먹하다는 것이었다.

줄리아는 생후 3일밖에 안 됐을 때 고아원 문 앞에 버려졌다가 일주일 후 위탁가정으로 보내졌다. 그런데 8개월 후 갑자기 그 집에서 줄리아를 고아원으로 되돌려 보냈다. 그리고 열 달이 되는 때 드디어 양부모를 만나 미국으로 왔다. 이 작은 아기가 채 한 살도 못 돼 친모와 위탁모, 고아원에서 보살피던 사람, 친가와 조국, 심지어는 모국어까지 모두 잃어버리는 비극을 겪어낸 것이다.

양부모는 줄리아가 심하게 내향적이고 스트레스에 취약하며 짜증을 잘 내고 울음이 터지면 오래도록 그치지 않고 잠도 잘 못 잔다고 했다. 나는 부모가 안을 때 줄리아가 등을 굽히고 고개를 돌려버린다는 것을 알아차렸다. 그들은 줄리아가 4개월일 때 찍은 사진과 10개월차 입양일에 찍은 사진(위 사진), 14개월 된 현재의 사진(아래 사진)을 보여주었다. 이 모든 사진에서 줄리아는 극도로 조심스럽고 폐쇄적이며 무표정한 눈빛을 하고 있었다. 이 작은 영혼을 달래서 한 번 더 신뢰를 심어주기에는 시간이 많지 않다는 생각이 들었다.

첫 세션부터 나는 줄리아의 입양부모에게

애착을 키우는 전지구적 방법(3장에서 설명한)을 알려주고, 이 방법을 가능한 많이 즉각적으로 실천하는 게 중요하다고 강조했다.

- 모유 수유는 확실히 선택사항이 아니었지만 줄리아가 컵을 사용해도 젖병을 들려주고 부드럽게 안은 채 줄리아와 교감해보라고 권했다. 트라우마가 있는 아기는 억지로 눈을 맞추면 안 되지만, 아기와 눈이 마주칠 때마다 "아, 여기 있었네", "이렇게 보니 정말 기분 좋은데" 하는 식으로 차분하게 알은 체를 하라고 했다. 엄마가 전해준 이야기에 따르면, 줄리아는 젖병으로 먹는 걸 편안하게 받아들였으며 아주 오랫 동안 그렇게 먹고 싶어 했다고 했다.
- 엄마는 아기를 앞쪽으로 안는 포대기를 구했다. 그리고 좀 무거웠지만, 집 안에서 하루 종일 줄리아를 안고 다녔다. 또 어디를 가든 아기를 데리고 다녔다.
- 나는 줄리아가 신생아 때 경험하지 못한 '살갗을 맞대는 유대'를 보상하기 위해 양부모에게 누워 있을 때 혹은 흔들의자나 욕조처럼 줄리아가 친밀한 접촉을 편안히 받아들일 만한 곳에서는 언제든 맨살이 닿게 안으라고 했다. 하지만 불안하게 만들거나 안정과 신뢰를 방해하는 방식은 조심하도록 당부했다.
- 아빠는 처음에 아기와 함께 자는 것을 선뜻 내켜하지 않았다. 그러나 엄마는 낮잠 시간에 줄리아의 옆에 가까이 눕기 시작했다. 그러던 어느 날 아빠는 아내가 딸과 바싹 붙어 평화롭게 자고 있는 걸 보았다. 그 순간 저항감이 녹아버리면서, 잠자리에 들기도 거부하고 푹 자지도 못하던 줄리아에게 무언가 중

요한 변화가 일어나고 있음을 깨달았다(흔히 양부모는 입양아를 잠들어 있는 동안 데려온다. 그래서 깨어났을 때 아이는 완전히 낯선 장소에서 모르는 사람들 속에 있게 된다. 입양아들이 잠들기를 몹시 두려워하는 것은 그 때문이다). 그래서 부모는 절충안을 생각해냈다. 달래서 잠이 들면 요람에 눕혔다가 아이가 깨면 가서 상태를 살펴보았다. 줄리아가 두려움에 떨고 있거나 다시 잠들 것 같지 않으면 부부의 침대로 데려와 남은 밤을 함께 보냈다.

얼마 후 아이가 부부와 함께 있고 싶어 하거나 그게 필요한 것 같을 때마다 줄리아를 침대로 데려오기 시작했다. 그러자 곧 아이는 그들과 함께 있는 것을 훨씬 편안히 받아들였다. 돌아보면 침대를 공유한 것이 줄리아가 이들에게 애착을 느끼기 시작한 중요한 전환점이 된 듯하다.

- 줄리아가 받아들이는 한 요람을 흔들어 달래거나 안거나 부드럽게 쓰다듬거나 미소를 짓거나 어린애처럼 유아어로 대화하라고 했다(줄리아는 현재의 부모가 쓰는 말을 한 번도 들어본 적이 없었으므로).
- 줄리아의 울음에 귀 기울이고 반응해주는 것이 아주 중요함을 열심히 강조했다. 이미 너무 많은 상실로 고통받은 아이였으므로 양부모에 대한 신뢰를 바란다면 줄리아에게 이해받고 있다는 느낌과 위안을 주어야 했다. 그러나 양부모는 아이가 밤에 울어도 반응해주지 말라는 조언을 소아과의사와 식구들에게 들었다. 덕분에 이 상처투성이 작은 아기는 유아용 침대

에서 가끔 혼자 한 시간 반 동안이나 계속 울어 젖혔다. 나는 양부모에게 혼자 공포에 질려서 도와달라고 크게 울어대는데 아무도 위로해주지 않으면 어떤 느낌이 들지 상상해보라고 했다. 그들은 이런 태도가 새로운 관계에서 신뢰를 구축하는 데 전혀 도움이 안 되리라는 것을 즉각 이해했다.

- 줄리아를 위로할 때 일관되게 쓸 수 있는 방법의 하나는 노래를 불러주는 것이었다. 중국음악이 특히 위로가 됐다.

- 아빠는 줄리아와 놀아주는 걸 아주 잘했다. 줄리아가 마음의 문을 열수록 그는 더욱 즐겁게 씨름이나 간지럼 놀이를 했다. 그러나 잠에서 깼을 때 부모 중 한 명이 없음을 알아차리면, 줄리아는 다시 두려움과 고립감에 슬픔을 가누지 못하고 계속 울어댔다. 나는 놀이를 통해 줄리아에게 이 새로운 집의 일과를 이해시키고 미지의 것에 대한 두려움도 줄여주라고 조언했다. 그들은 장난감 집과 작은 사람 인형, 자동차를 갖고 줄리아에게 부모 중 누가 출근하고 누가 집에서 자기를 보살피는지, 일하러 나갔던 부모가 어떻게 저녁 시간에 맞춰 집으로 돌아오는지를 반복적으로 보여주었다. 이 놀이를 지켜보던 아이는 나중에는 스스로 이 놀이를 하며 놀기 시작했다. 이런 이해 덕분에 줄리아의 분리불안은 줄어들었다. 나는 또 집을 나설 때마다 꼭 줄리아를 깨워서 작별인사를 하고 다시 돌아오겠다고 안심시킬 것을 당부했다.

- 양부모는 줄리아를 언제나 둘 중 한 사람의 옆에 가까이 두려고 노력했다. 그리고 줄리아가 애착을 잘 느낄 때까지 엄마나 아빠가 늘 함께 있도록 작업 일정도 조정했다.

이런 양육법을 실천하고 몇 주 지나지 않아 줄리아는 기꺼이 이들에게 위안을 받기 시작했다. 이 새로운 모습에 그들은 큰 용기를 얻었다. 모든 관계가 그렇듯 줄리아가 마음을 열기 시작하자 그들은 줄리아와 훨씬 잘 교감하게 되었다. 서로 함께하는 시간을 즐기기 시작하면서 이들의 관계는 더욱 친밀해졌다.

줄리아가 마음을 열도록 돕는 와중에 양부모는 자신들에게도 고통스러운 애착과 방치의 문제가 있음을 깨달았다. 마음챙김 양육을 하다 보면, 부모가 자식의 감정에 공감하기 시작하면서 부모 자신이 겪었던 어린 시절의 상처들이 표면화된다. 자식에게 진정으로 마음을 여는 데는 어린 시절에 자신이 어떻게 상처받았는지를 인식하는 것이 중요하다. 그렇지 않으면 무의식적으로 자식에게 똑같은 식으로 상처 주기 쉽다. 줄리아의 양부모는 기꺼이 개인 상담과 커플상담을 받았다. 두려움으로 인해서 배우자와 자식에게 무조건적인 사랑을 주지 못하게 만드는 어린 시절의 문제들을 치유하기 위해서였다.

회복력이 놀랄 만큼 뛰어난 세 사람과 작업하는 동안 나는 자신을 치유하고 서로에게 온전히 마음을 열려는 결의를 목격할 수 있었다. 이것은 내게도 영광스러운 경험이었다. 14개월도 안 돼 줄리아의 영혼은 회복되었다. 아이의 반짝이는 두 눈이 이것을 분명히 입증해주었다. 치유를 통해 양부모를 신뢰하기 시작하면서 줄리아의 가슴은 다시 열리고, 보살핌과 사랑 덕분에 즐겁게 애착하는 걸음마장이로 피어났다.

줄리아가 네 살 반이 되었을 때 이들은 중국으로 여행을 가서 아들 레오나르도를 입양했다. 이들은 줄리아의 상실감을 치유하는

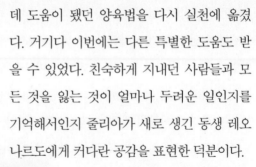

데 도움이 됐던 양육법을 다시 실천에 옮겼다. 거기다 이번에는 다른 특별한 도움도 받을 수 있었다. 친숙하게 지내던 사람들과 모든 것을 잃는 것이 얼마나 두려운 일인지를 기억해서인지 줄리아가 새로 생긴 동생 레오나르도에게 커다란 공감을 표현한 덕분이다.

덕분에 온 가족이 줄리아의 치유에 도움이 됐던 모든 애착 형성 기술을 실천하기 시작하면서, 레오나르도는 이해받지 못한다는 상처로 고통을 겪지 않아도 되었다. 줄리아는 레오나르도를 부드럽게 안고 젖병으로 우유를 먹이면서 머리를 쓰다듬고, 말로 살살 달래고, 손을

28개월이 된 줄리아의 모습과 가족사진

잡은 채로 옆에서 잠들고, 그의 요구에 귀 기울이고, 다정하게 반응하고, 노래를 불러주며 같이 놀아주었다. 덕분에 둘은 서로에게 친밀한 애착을 느끼는 남매가 되었다.

이것은 한 아이를 치유하면 다른 아이의 비슷한 문제까지 예방할 수 있음을 보여주는 좋은 예다. 한 세대를 치유하면 똑같은 상처들이 미래의 세대에게 전해지는 것을 막을 수 있는 것처럼 말이다. 치유와 사랑을 위해 헌신하고 열심히 실천함으로써 더없이 행복한 가정을 일궈낸 이 네 사람을 나는 언제나 소중히 기억할 것이다. 그리고 자신들의 이야기를 나누도록 허락해준 것도 영원히 감사한다.

전문가들은 보살핌의 힘이 초기의 두뇌 발달에 어떤 영향을 미치고 두뇌가 평생 어떻게 변화와 적응, 치유를 하는지 지금도 밝혀내는 중이다. 모든 인간은 태어나면서부터 무조건적인 사랑을 갈망한다. 사랑은 우리의 생득권인 동시에 최고의 두뇌 발달을 위한 기본 요건이며 건강하고 행복한 삶으로 우리를 인도한다. 충분한 사랑을 경험하지 못하면 정서적으로 손상을 입는다. 사랑이 결핍되면, 화와 슬픔을 더 많이 느끼기도 하고 더욱 내성적으로 혹은 공격적으로 변하기도 한다. 또 건강이 더욱 나빠져서 죽음에 이르기도 한다. 인간의 가슴과 두뇌는 죽기 전에도 사랑하고 사랑받을 준비가 되어 있다. 사랑으로 아기를 반기면 아기는 생의 시작부터 안정감과 신뢰를 느낀다. 태어나는 순간부터 부모가 최대한 많이 사랑하고 부드럽게 보살피면 아기는 더욱 자신 있고 친절하며 다정한 사람으로 성장한다.

동생을 정성껏 돌봐주는 줄리아

완전한 가족이 된 레오나르도

Chapter 7

현대 가정이
직면한
스트레스

지금의 세계는 빵보다
사랑과 이해에 더 굶주려 있다.
- 마더 테레사

미국에서 여성은 여전히 경제적·직업적 목표와 영유아들의 요구 사이에서 균형을 잡으려 투쟁하고 있다. 여성운동 덕분에 여성의 삶이 혁명적으로 변화한 지 40년이나 지났는데도 말이다. 물론 우리 세대의 여성에게 많은 기회가 열린 것은 사실이다. 그러나 우리의 어머니들을 옭아맸던 주부-아내의 역할에서 해방되는 것에 너무 급급한 나머지 육아의 중요성을 과소평가했다. 일자리를 놓고 남성과 경쟁하기 시작하면서 남성과 더욱 동등해지기 위해 최선을 다했다. 그 바람에 어머니에게 보살핌을 받고 싶어 하는 아기의 요구와 어머니로서 아기를 보살피고 싶은 욕구를 무시하고 말았다.

같은 처지의 유럽 여성과 달리 우리는 직장에서나 가정에서나 최선을 다하려 애썼다. 아기와 가족, 일터에서의 요구 사이에서 균형을 잡을 수 있도록 도와달라고 정부와 고용주에게 요구할 겨를도 없이 말이다. 그러나 유럽의 어머니들은 출산전후 유급휴가와 작업 환경의 유연성, 혜택이 주어지는 시간제 직업, 걸음마장이와 더 큰 아기들을 위한 정부 지원의 보육을 요구해서 얻어냈다.[1] 덕분에 이들은 아기를 양육하다 몇 년 후에도 일을 재개할 수 있다. 임금 수준이 높은 일자리가 여전히 이들을 기다리고 있기 때문이다. 그러나 미국의 어머니들은 아기가 '질 좋은' 탁아소에 있는 한, 하루 여덟에서 열 시간씩 떨어져 있어도 괜찮을 거라고 믿을 수밖에 없다. 일하는 여성으로서 미국의 여성들은 높은 스트레스도 불사하고 혹사당하는 '슈퍼맘'이 되어 자신의 욕구는 무시해야만 한다. 이렇게 최선을 다해서 자식과 가정, 남편을 보살피면서, 한편으로는 직장에서 남성과 동등하게 경쟁할 수 있음을 입증해야 한다. 물론 엄청난 진보가 이루어지긴 했으나 그 대가로 여성의 몸과 마음은 엄청난 스트레스에 시달리게 되었다. 이것은 아기도 마찬가지여서 한 예로, 집단보호시설에서 자라난 아이들은 흔히 부모보다는 또래에게 더 많이 애착을 느끼고, 미국은 세계에서 이혼율이 가장 높은 나라 중 하나가 되었다.

현재의 연구들은 어린 자녀가 있을 경우 일하는 어머니의 스트레스 수치가 일하는 아버지보다 몇 배는 더 높아서 주의 깊게 아이를 보살피기가 힘들다고 지적한다. 퍼듀 대학 '인간발달과 가족연구소Department of Human Development and Family Studies'의 리아 히벨Leah C. Hibel은 자녀가 네 살 미만일 경우 일하는 어머니에게서 코르티솔 수치가 고도로 상승하는 현상을 연구하고 이런 우려를 표했다. '현재의 연구 결과들은 마치 곡예를 하듯 일과 살림을 병행하는 어머니들, 특히 어린 자녀를 둔 어머니들의 정신적·신체적·심리적 짐을 덜 수 있도록 가정친화적인 정책 마련이 중요하다는 점을 강조

해준다.'[2]

세계 각국의 출산 지원 정책

세계의 거의 모든 나라들은 기본적인 보호 조치로 산모들을 보살핀다. 힘든 임신기와 산후에 산모에게 유급휴가를 주는 것이다. 출산휴가 정책에 대한 자료가 공개된 188개국 가운데 181개 나라가 실제로 신생아를 둔 어머니에게 어떤 형태로든 유급휴가를 주고 있다. 그러나 미국과 파푸아뉴기니, 수리남, 남태평양의 몇몇 섬나라들은 유급휴가를 주지 않는다[3] (리베리아도 최근에 유급휴가 프로그램을 시행하기 시작했다. 이로써 아프리카 대륙의 모든 나라가 산모에게 이런 지원을 제공하게 되었다).[4] 그러나 미국인 대부분은 몇몇 소수의 국가들처럼 미국이 어떤 출산 유급휴가도 주지 않고 있음을 모른다! 여성인권에 관해 최저 수준인 사우디아라비아에서도 '법률상 고용주는 여성들에게 출산 예정일 전에는 4주, 출산 후에는 6주간의 출산 유급휴가를 주어야 한다'고 명시하고 있는데 말이다.[5] 또 98개국이 최소 14주의 출산 유급휴가를 준다. 베냉과 카메룬, 콩고, 코트디부아르, 가봉, 기니, 말리, 모리타니아, 니제르, 세네갈, 세이셸, 통가처럼 극도의 가난과 직면한 개발도상국들도 14주의 휴가 동안 산모가 받던 월급을 100퍼센트 지급한다.[6] 미국의 산모들에게는 단 하루도 없는데 말이다!

덴마크와 핀란드, 아이슬란드, 노르웨이, 스웨덴 같은 북유럽 국가들은 오래전부터 가정에 엄청난 지원을 아끼지 않고 있다. 이 국가들은 성 평등을 유지하고 여성의 승진을 지지하며 아버지의 양육 참여를 장려하고 아기가 순조롭게 삶을 시작하도록 만들겠다는 목적을 지니고 있다.[7]

덴마크의 경우 임신한 여성은 추가로 유급병가를 얻을 수 있다. 필요할 경우 출산 전에 장기휴가를 얻을 수 있으며, 출산 후에는 최장 1년까지 유급휴가를 받을 수 있다. 아버지가 없는 가정에는 정부에서 특별 '부양금father money'을 주고, 산모가 일터로 돌아간 후에는 모든 부모에게 무료로 혹은 정부 지원금으로 고급 보육시설을 이용하게 해준다.

핀란드에서는 부모에게 10개월의 출산 유급휴가를 주는데, 넉 달은 산모가, 남은 여섯 달은 부부가 나누어 쓸 수 있다. 출산휴가 중 처음 8주 동안에는 산모에게 월급의 90퍼센트를 지급한다. 그리고 남은 8개월 동안에는 집에서 아이를 돌보는 부모가 어느 쪽이든 월급의 70퍼센트를 준다. 또 모유를 수유하는 산모는 최장 3년까지 유급휴가를 쓴 후 다니던 직장에 복직할 수 있다. 이로써 핀란드의 산모는 아기가 젖을 뗀 후 일을 계속할 용기를 얻는다. 이 유급휴가 비용은 고용주와 정부가 나눠서 부담한다.[8]

노르웨이의 출산 유급휴가는 기간과 대상이 계속 확대되고 있다. 현재는 남편에게 육아휴가까지 주는데, 약 70퍼센트의 아버지들이 이것을 이용한다. 사실 스웨덴에서는 1995년부터 남편에게 유급 육아휴직을 주었는데, 현 세대에 들어서야 비로소 아버지들이 이것을 더욱 잘 활용하게 되었다. 스웨덴 아버지들의 약 85퍼센트는 그들만을 위해 예약된 두 달간의 유급휴가 사용을 당연한 것으로 여긴다.[9]

물론 북유럽 국가의 시민들은 가정과 직장에서의 이런 넉넉한 정책을 위해 세금을 많이 낸다. 그러나 그만큼 무수한 혜택들을 누린다. 이런 프로그램들 덕분에 출산율도 더 높고, 여성의 75퍼센트가 출산 후에도 일을 그만두지 않고 직장에 남는다. 핀란드의 학생은 유럽에서 가장 높은 학업성취도를 자랑하고, 덴마크의 시민은 세계에서 가장 행복한 것으로 보고된다.[10] 또 아버지가 어린 자녀들을 보살피는 일에 동참하면서 이혼율이 낮아지는 동반 효과도 나타나고 있다. 아마도 어머니들이 '슈퍼맘'처럼 모든 일을 해야 한다는 기대가 바뀌고, 어린 자녀들을 보살피는 일이 주는 기쁨과 스트레스를 아버지도 이해하고 나누게 되면서 결혼생활이 더욱 조화로워졌기 때문일 것이다. 북유럽 국가의 부모는 가정을 더 행복하게 꾸려나갈 뿐만 아니라, 홈리스가 되거나 자식을 굶기면 어쩌나 하는 걱정도 하지 않는다. 높은 임금과 유급 육아휴직, 업무 일정의 유연성, 유급병가, 정부의 의료 지원을 모든 시민의 기본권으로 여기기 때문이다. 이들 국가는 유아 빈곤율이 3~4퍼센트로 세계에서 가장 낮은 반면, 미국은 22퍼센트나 된다.[11]

중부유럽 국가들도 세계 최고의 몇 가지 육아휴직 정책들을 시행하고 있다. 프랑스는 임신 말기의 몇 주 동안 일하는 시간을 줄일 수 있도록 임산부에게 수당을 지급하고, 출산 후 넉 달간 월급의 100퍼센트를 지급한다. 또 2년 동안은 직장으로 돌아갈 수 있도록 보증하고, 출산휴가 동안 인상되는 월급도 받게 해준다.[12] 또 프랑스의 걸음마장이들은 용변교육을 마치면 다섯 살이 될 때까지 90퍼센트가 정부에서 지원하는 유치원을 무상으로 다닐 수 있다. 이런 고급 탁아시설에서 일하는 교사들에게는 높은 임금을 지급하며, 이런 선생님이 되려면 최소 2년간의 전문대 교육을 받고 유아교육에 대한 전문 교육을 추가로 2년 더 받아야 한다. 걸음마장이들이 이런 유치원에 머무는 시간은 보통 한나절이다. 이들이 유아원에 다닐 수 있을 만큼 컸을 때 다시 직장에 복귀하는 여성의 75퍼센트가 정규 시간제 근무를 할 수 있다.[13] 네덜란드에서 여성의 시간제 근무는 아주 흔한 일이며, 아버지들 사이에서도 인기다. 요즘 세대는 아버지들의 65퍼센트가 일을 줄이더라도 아이들과 보내는 시간을 늘리는 데 더욱 관심을 갖는다. '시간제 근무는 이제 직업적 야망이 적은 여성의 전유물이 아니다. 남녀를 불문하고 네덜란드의 경쟁적인 노동시장에서 재능을 유지하고 일자리를 끌어들이는 강력한 무기가 되었다.'[14]

독일은 2008년부터 육아휴직정책만 시행하고 있다. 2008년 독일의 여성 총리와 노동부 장관이 투쟁을 통해 변화를 이끌어냈다. 덕분에 현재 독일에서는 아이가 세 살이 될 때까지 14주 동안 집에서 아이를 돌보는 부모도 월급의 100퍼센트를 지급받는 유급휴가를 받는다. 또 14개월간은 월급의 65퍼센트를 받고, 남은 1년 반 동안은 무급휴가를 쓴다.[15] 어머니든 아버지든 원하는 대로 이 휴가를 나눠 쓸 수 있지만, 아버지가 최소 두 달은 휴가를 받아야 한다. 안 그러면 이 기간은 소실되고 만다.[16] 이런 혁신적인 방법은 아버지들이 일차적인 양육자로서 양육에 더욱 많이 참여하도록 권장하기 위한 것인데 상당한 성공을 거두고 있다.

그러면 영국이나 오스트레일리아, 캐나다 같은 다른 영어권 나라들은 어떨까? 미국과 비슷하게 이 나라들은 보수당이나 자유당이 정권을 장악하고 있다. 1999년 영국정부는 유럽 전체 국가에서 빈곤선 이하의 어린이 인구가 영국이 최고라는 충격적인 사실에 아동빈곤을 종식시키기 위한 20년 사업을 시작했다. 그 하나로 1년간의 유급 육아휴직 정책을 제도화했는데, 이 중 아버지가 쓸 수 있는 기간은 6개월이다. 부모에게는 처음 6주간 월급의 90퍼센트를 지급하고, 남은 기간에는 전국 중간소득의 25퍼센트를 지급한다. 조지 워싱턴 대학의 정치학과 부교수 킴벌리 모간Kimberly Morgan은 이렇게 말했다. "이런 육아휴직 정책이 어머니의 고용 문제와 어린 아기들을 탁아소에 보내는 것에 대한 불안을 달래준다고 생각합니다. 아이가 태어난 후 1년간 부모 중 한 사람이 집에 머물 수 있다면 아기를 이런 시설에 보낼 필요가 없을 테니까요. 또 아기가 한두 살이 되면 탁아소에 대해서도 걱정을 덜 하게 됩니다."[17] 영국정부는 또 3~4세 아이들을 일주일에 최장 15시간까지 보살피는 슈어 스타트 프로그램Sure Start Program을 시행했다. 정부 관료들은 이렇게 무상으로 고급의 보육 프로그램을 실시하면 아이들에게도 더욱 좋은 환경을 제공해줄 수 있을 뿐만 아니라 경제도 개선되리라고 믿었다. 전일제든 시간제든 어머니들이 훨씬 수월하게 직장으로 복귀할 수 있을 것이기 때문이다.

'유연성 요구권'이라는 혁신적인 프로그램은 고용주와 노동자 모두에게 지지를 받았다. 이 프로그램으로 6세 미만의 아이를 둔 부모는 시간제 근무와 유연한 일정, 재택근무, 직무분담 등을 통해 가족의 요구에 부응할 수 있게 되었다. 이런 유연성은 물론 의무적인 것은 아니다. 그러나 고용주가 수용 가능한 작업 일정의 대안을 받아들이지 않을 경우, 고용인은 항소를 할 수 있다. 북유럽 국가들의 의무화된 가정/노동 정책과 미국의 부족한 보호정책 사이의 이런 창조적인 절충안은 성공적인 것으로 입증되었다. 영국에서는 유연성 요청의 90퍼센트를 어머니들이 하는데, 이 중 80퍼센트가 받아들여진다. 처음에 이 프로그램을 격렬하게 반대한 사업체들도 이제는 이것을 지지한다. 이런 유연성이 소중한 직원들을 계속 보유하게 해준다는 것을 고용주들이 깨달았기 때문이다.[18]

오스트레일리아는 18년 동안 12개월의 무급 육아휴직정책을 시행했다. 그러다 길고 힘겨운 투쟁을 통해 2011년에 유급휴가정책을 통과시켰다. 덕분에 이제 오스트레일리아 국민은 최소 16달러의 시급을 받으며 18주의 유급 육아휴직을 쓸 수 있게 되었다. 또영국의 '유연성 요구권'과 비슷한 정책도 채택했다.[19]

그렇다면 이웃인 캐나다는 신생아를 어떻게 지원해주고 있을까? 캐나다는 근 40년 동안 출산휴가 프로그램으로 새로 가정을 꾸린 사람들을 지원해오고 있다. 모든 캐나다인은 1년의 육아휴직을 쓸 수 있으며, 이 기간이 끝나도 직장으로의 복귀가 보장돼 있다. 캐나다 거의 모든 지역에서 1년 중 첫 15주간은 어머니들이 휴가를 받는다. 이때 주당 최고 501달러까지 월급의 55퍼센트를 받는다. 나머지 기간에는 주당 최고 485달러까지 월급의 55퍼센트를 받는데, 이 기간에는 아버지와 어머니가 휴가를 나눠 쓸 수 있다. 진보적인 퀘벡 주는 훨씬 관대한 정책을 실시하고 있다. 25주 동안 주당 최고 835달러까지 한쪽 부모가 받던 월급의 70퍼센트를 지급하고, 이후 25주 동안에는 최고 656달러까지 55퍼센트를 주는 것이다(이 기간 중 32주는 아버지와 어머니가 휴가를 나눠 쓸 수 있다).[20] 이 1년의 양육휴가 덕분에 캐나다의 부모들은 일차적인 양육자로서 아기를 돌보다가 다시 직장에 복귀할 수 있다.

여기서 중요하게 주목할 사실이 있다. 이런 지원정책에도 불구하고 캐나다의 경제가 어떤 식으로도 어려워지지 않았다는 점이다. 미국의 경제 지도자들은 이런 정책이 미국에서 시행되면 경제가 힘들어질 것이라고 단언했지만 말이다. 영유아에게 필요로 하는 보살핌을 베풀면 미국은 청소년 문제나 범죄자 수용 문제 해결에 들어가는 세금을 상당 금액 아낄 수 있을 것이다. 참고로 미국인의 수감률은 세계에서 가장 높고, 캐나다보다는 현재 아홉 배나 더 높다.[21]

전 미국 대사이자 버몬트 주지사인 마들렌 쿠닌Madeleine Kunin은 현대의 미국 여성을 이끌고 있는 인물인데 최근의 저서《페미니스트의 새로운 의제The New Feminist Agenda》에서 절실한 변화들을 추구했다. 그녀는 미국의 현재 상황을 이렇게 요약했다. '가족에 투자하지 않을 경우, 미국은 선진국 중 가장 높은 유아사망률(미국보다 낮은 국가들이 47개국이나 된다)과 가장 높은 수감률을 기록하고 대학 졸업자 비율도 선진국 36개국 중 12위를 차지하는 등 여러 기준으로 볼 때 계속해서 다른 국가에게 뒤처질 것이다. 정치나 경제, 문화적인 이유로 가정에 투자하지 않으면 미국은 세계 경제에서도 2류로 격하되기 쉽다.'[22]

선진국들의 가정/노동 정책들 [23, 24]

국가	유급휴가기간	부모들이 받는 혜택
덴마크	1년	임신 기간 중 받는 병가에는 월급의 100퍼센트를 받음 아버지에게는 2주의 휴가 아버지가 없는 가정에는 별도 지원 무료로 혹은 높은 지원금으로 보육
핀란드	10개월 모유 수유의 경우 3년	처음 8주간은 어머니가 받던 월급의 90퍼센트를 지급 8개월간은 집에서 아이를 보는 부모 월급의 70퍼센트를 지급 어머니는 4개월, 아버지는 6개월로 휴가 기간을 나눠 쓸 수 있음 휴가 후 복직 보장
노르웨이	3년	10.5개월간 월급의 100퍼센트를 지급하거나 13개월간 80퍼센트를 지급 아버지는 12주의 유급휴가를 쓸 수 있음 출산휴가를 연장할 경우에는 무급 육아휴직을 연장할 경우에는 무급 (유급 육아휴직은 아버지들의 70퍼센트가 사용한다)
스웨덴	16개월	처음 13개월간은 월급의 77.6퍼센트를 지급 다음 3개월간은 일정 비율 아버지들은 2개월을 쓸 수 있다 (아버지들의 85퍼센트가 유급휴가를 쓴다)
프랑스	2년	4개월간은 월급의 100퍼센트를 지급 (셋째 아이를 낳으면 6개월로 늘어남) 3~5세 아동은 무료로 유아원 이용
독일	3년	처음 14주간은 월급의 100퍼센트를 지급(출산 전 6주를 포함) 14개월까지 월급의 65퍼센트를 지급 아이의 세 번째 생일까지 무급 휴가 양 부모가 휴가 기간을 나눠 쓸 수 있음 아버지가 쓸 수 있는 기간은 2개월
영국	1년	6주간 월급의 90퍼센트 지급 남은 기간에는 중간 소득의 25퍼센트 지급 6개월은 아버지가 쓸 수 있음 3~4세 아동은 주당 15시간의 보살핌을 받음 피고용자의 유연성 요구 권리

오스트레일리아	1년	16주간 주당 최소 622달러 지급 양부모가 나눠 쓸 수 있는 1년의 무급 휴가 피고용자의 유연성 요구 권리
일본	1년	14주 동안 60퍼센트 지급 아기의 첫 번째 생일이 될 때까지 직장 복귀 보장 정부 지원의 어머니 지지 그룹 부모가 나눈 경우, 양쪽 부모에게 총 1년까지 연장
미국	무급휴가 12주	장애급여를 주는 주: 캘리포니아: 6주 동안 55퍼센트 하와이: 58퍼센트 (지급 기간은 명시되어 있지 않음) 뉴저지: 6주 동안 66퍼센트 뉴욕: 26주 동안 50퍼센트 뉴욕 시: 50퍼센트

갈 길이 한참이나 먼 미국

부모가 영유아를 잘 보살피도록 정부가 지원해주면 가정과 경제 모두에 유익하다는 것이 세계적으로 입증되었다. 유급병가나 근무 시간의 유연성, 산후 유급 육아휴직 같은 가정친화적인 정책은 어린이들의 건강을 증진시키고, 피고용자의 이동을 줄여 성과와 성실성을 증강시킨다. 그러나 미국은 전 세계 선진 산업국 중에서 정부가 산모에게 어떤 식으로도 유급의 출산휴가를 주지 않고 12주간의 무급휴가만 허락하는 유일한 나라다. 물론 미국에도 직원에게 유급으로 출산휴가를 주는 개인 사업체들이 있으나 대부분의 나라와 달리 정부가 총 비용을 분담하지 않고 고용주가 자진해서 충당하고 있다.

다행히 미국에서도 새로운 움직임이 일고 있다. 젊은 직원들이 고용주들에게 가정친화적인 정책을 요구하고 있는 것이다. '밀레니얼 Y세대'인 현재의 부모(1982~2000년 사이에 출생한, 새로운 세기의 첫 번째 청소년과 어린이 세대)는 근무 요일과 시간에 유연성이 없으면 직장을 그만두겠다고 말한다. 이전의 X세대에서는 피고용자 중 1/3만 자발적으로 그런 요구를 하고, 베이비부머 세대에는 그런 사람들이 훨씬 적었다.[25] 실제로 'Y세대'의 부모 중 50퍼센트가 가족에게 너무 힘들 것이라는 이유로 일자리를 거절하고 있다.

21세기의 미국 가정은 과거와는 아주 다르다. 직장에서 여성이 47퍼센트를 차지하고, 40퍼센트의 어머니들이 배우자 없이 혼자서 아이를 키우거나 일차적인 생계부양자 역할을 하고 있으며, 맞벌이부부 가정이 75퍼센트나 된다.[26] 그러므로 아이가 아프거나 학교에서 발표회를 갖거나 운동경기를 할 때, 혹은 단순히 부모의 위로가 필요할 때 주중에도 대부분의 아이들이 부모와 함께할 수 있도록 유연성을 허락하는 노동정책이 수립돼야 한다. 현대의 부모는 아이들과 더 많은 시간을 함께 보낼 수 있는 노동문화를 만들고 싶어 한다. 또 자녀들이 잘 자라도록 지원하는 것이 가장 중요한 관심사다.

2011년 '국립과학재단National Science Foundation'은 '직업 – 삶 주도권 Career-Life Balance Initiative'을 만들었다. 이를 통해 근무와 관련된 유연성을 더 많이 부여하고, 신생아나 새로운 입양아를 보살피거나 가정의 다른 의무들을 수행하는 데 시간이 필요한 직원들을 위해 이전에 받은 기금의 상환을 1년 더 연장했다. 그리고 2014년 미국정부는 '일하는 가족을 위한 백악관 회담'을 처음으로 열었다. 이 자리에서 가족과 일에 대한 문제를 논의하고 변화를 통해 가족의 요구를 더욱 잘 충족시켜주도록 격려했다. 가정친화적인 정책이 모두에게 이득이 된다는 것도 다시금 확인했다. 직원의 행복감과 생산성이 높아지면 판매 수익의 증가와 성장으로 고용주에게도 이득인 것이다. 또 유급의 출산휴가를 받은 여성이 낳은 아이들은 더욱 생산적인 사회 구성원으로 성장해서 나중에 임금도 더 많이 받는 것으로 밝혀졌다.[27]

많은 미국인들이 유급병가나 육아휴직은 고사하고 확대가족과 긴밀한 유대관계도 맺지 못하고 있다. 이로 인해 아이를 보살피고 기를 때 조부모나 고모, 삼촌, 사촌들의 직접적인 도움도 못 받고 있다. 대신 아버지 없이 아이를 기르는 편모 가정이나 맞벌이에 의존하는 가정들이 흔하다. 이런 가정은 12주밖에 안 된 아기를 비용이 적게 드는 탁아시설에 하루 10시간씩 맡길 수밖에 없다. 무급 휴가기간을 쓸 수 있는 중간 소득의 어머니들도 직장으로 돌아가면 3개월밖에 안 된 아기와 하루 종일 떨어져 있게 돼 극도로 스트레스를 받는다. 이처럼 아기 때문에 걱정하는 어머니는 직장에서 최선을 다하기 힘들다.

미국소아과학회는 아기가 6개월이 될 때까지 다른 형태의 음식이나 액체를 주지 말고 오로지 모유만 먹일 것을 권장한다. 그러나 미국의 어머니들이 아기와 집에 있을 수 있는 시간은 3개월뿐이다. 이로 인해 아기에게 필요한 젖을 먹이기 위해 직장에서 휴식 시간마다 유축기를 이용하는 헌신적인 어머니들이 생겨났다. 그러나 아무리 열심히 노력해도 이런 지속적인 요구를 따라잡기는 지극히 어렵다. 결국 근무 시간이 끝날 무렵이 되면, 극도의 피로와 스트레스에 찌든 어머니들은 참을성이 바닥 나 아이에게 더욱 모질게 반응하기 쉽다. 이것은 어머니에게도 불운한 일이다. 아기가 자궁 안에 있을 때부터 어머니가 스트레스를 덜 받고 생후 몇 년간은 더 잘 보살펴야 아기의 몸과 마음, 정신이 최고로 발달한다는 것을 이제는 어머니들도 잘 안다. 이로 인해 어머니들은 다른 모든 걱정과 더불어 더욱 큰 압박감에 시달릴 수밖에 없다.

어떤 포유류든 어미가 새끼와 떨어져 있는 것은 부자연스러운 일이다. 여전히 크게 의존적일 수밖에 없는 시기에 아기가 어머니와 연결되어 있음을 느끼려는 것처럼, 어머니 역시 아기와 함께 있고픈 욕구가 본능적으로 강하다. 그러나 아기를 보살피려는 어머니의 사랑과 욕구가 지극히 자연스러운 것이므로 어머니들에게 힘을 북돋워주어야 한다는 점을 미국은 여전히 이해하지 못하는 것 같다.

한 예로, 최근에 어느 젊은 어머니가 상담을 받으러 왔다. 그녀는 직장에 복귀하기 위해 6주밖에 안 된 딸을 탁아소에 맡기면서 심각한 공황 발작을 겪고 있었다. 그녀를 치료하던 의사는 그러나 그녀가 느끼는 극도의 불안을 무시하고 웃으면서 이렇게 말했다. "어머님, 걱정 마세요. 이겨내실 겁니다." 그러고는 항우울제와 항불안제를 처방했다. 이것을 보고 젊은 엄마는 아기와 떨어지기를 괴로워하는 자신의 상태를 의사가 정신병으로 간주하고 있음을 깨달았다! 나는 그녀의 감정이 지극히 정상이며 아기에게 건강한 애착을 갖고 있음을 의미한다고 말해주었다. 그 순간 그녀는 눈물을 쏟아내면서도 크게 안도하는 표정이 되었다. 어떤 사회든 어머니의 사랑과 애착, 아기에 대한 보살핌이 갖는 중요성을 존중하고 용기를 주려면 기본적으로 먼저 유급 출산휴가 정책부터 시행해야 한다.

최근의 여론 조사 결과, 생존에 필요한 돈을 충분히 벌고 의료 혜택도 유지할 수 있을 경우, 막 부모가 된 이들의 대다수가 시간제 일자리나 유연한 근무 시간을 선택하고 싶어 하는 것으로 나타났다.[28] 실제로 지금은 부담적정보험법Affordable Care Act 덕분에 누구라도 단지 의료서비스를 받기 위해 직장을 계속 다닐 필요는 없게 되었다. 부모도 육아와 직장 생활 중에서 하나를 선택할 필요가 없어야 한다. 이제는 부모가 두 가지 모두를 할 수 있도록 지원하려는 사회적 변화를 지지해야 한다. 미국 노동부 장관 톰 페레즈Tom Perez가 부모들에게 했던 아름다운 말처럼 "식탁에 음식을 차리는 것도 중요하다. 그러나 우리는 부모가 식탁에 앉기도 바란다."[29]

솔선수범하는 몇몇 주들

미국 의회가 국가적인 가정친화적 정책을 인정하고 지지하리라는 믿음이 생길 때까지 이런 정책과 관련된 문제는 당파를 초월해서 주와 지방정부 모두에게 호소해야 한다. 그래야 이런 정책들의 성공 가능성이 높아진다. 캘리포니아와 하와이, 뉴저지, 뉴욕, 워싱턴 같은 몇몇 주들이 산모와 아기들을 지원해주는 소득보상보험disability insurance을 이용한 유급 육아휴직 정책을 만드는 데 앞장서고 있다. 또 2014년 9월, 노동부는 콜롬비아와 매사추세츠, 몬태나, 로드아일랜드 등지에서 유급 육아휴직과 병가 프로그램의 실현 가능성을 연구하는 기금으로 50만 달러를 지급했다.

캘리포니아 주는 주립소득보상보험을 이용해서 창조적으로 산모를 지원하는데 금액은 전부 피고용주들이 부담한다. 캘리포니아 임신장애휴가는 출산예정일 4주 전부터 질식분만vaginal birth 이후 6주까지, 제왕절개 후에는 8주까지 유급휴가를 주는 정책이다. 산모에게는 소득의 55퍼센트(2014년 기준으로는 주당 최대 1075달러까지)를 지급한다. 임신으로 '일할 수 없게' 된 여성에게는 심한 입덧에서 회복될 시간과 의사가 명령한 대로 침대에 누워 요양할 시간, 분만과 관련된 다른 의학적 상태에 필요한 시간을 포함해서 총 4달간의 장애휴가를 준다. 임신장애휴가가 끝나면 직장으로의 복귀가 보장되어 있다. 혹여 같은 자리를 얻지 못할 경우에는 급여와 직장의 위치, 직무 내용, 승진의 기회 면에서 전과 비슷한 일자리를 구할 수 있다. 캘리포니아 주는 가족권리법Family Rights Act에 따라 아기나 나이가 더 많은 입양아와 유대감을 형성할 수 있도록 12주의 무급휴가를 추가로 허용하고 있다.[30]

뉴저지 주는 유급 육아휴직을 법으로 채택하고 있는데, 역시 피고용자의 기금을 이용한 일시적인 소득보상보험 프로그램으로 출산 전후의 문제들을 포함한 가족 질환으로 인해 못 받게 된 임금을 지원한다. 이 법에 따르면 신생아나 새로 입양한 아이, 아픈 부모나 배우자, 아이를 보살피기 위해 6주간의 유급휴가를 얻을 수 있다. 이때 50명 미만의 소규모 사업체에서 일하는 경우가 아닌 한, 소득의 2/3(주당 최대 524 달러까지)를 받을 수 있으며 복직도 보장받는다. 이런 혜택은 갓난아기를 돌볼 때, 두 번째로는 나이 많은 식구를 보살필 때 가장 흔히 이용한다.[31]

하와이 주의 고용주들은 임신이나 출산, 이와 관련된 사정이 있을 경우 합당한 기간 휴직을 허락해야 한다. 이때 기간은 산모의 담당의사가 결정하며 의사가 일할 수 없다고 확인해준 기간에 따라 뉴욕 주의 산모는 26주까지 장애휴가를 받을 수 있다.

워싱턴 주는 2007년에 유급 육아휴직 법안을 통과시켰지만, 재정적으로 아직 이런 혜택을 줄 능력이 못 된다. 결국 워싱턴 주는 소득보상보험을 실시하지 못하고 있다. 경제적 문제로 충분한 재정을 확보하지 못해 시행을 미루고 있는 것이다.

약 20년 전 내가 사는 오리건 주의 입법자들을 만난 적이 있다. 미국의 부모에게는 유급 육아휴직이 주어지지 않으므로 새로 부모가 된 사람들에게 주에서 저리로 대출해주면 좋겠다는 생각에서였다. 6세 미만의 아이를 보살피기 위해 하루 종일 혹은 시간제로 집에 있는 부모들에게 학자금을 대출해주듯 돈을 빌려주는 것이다. 또 집에서 아이를 돌볼 유모를 고용하는 부모에게도 빌려줄 수 있을 것이다. 그리고 이 대출금은 아이가 학교에 입학하고 나면 갚기 시작한다. 당시에는 영유아들을 보살펴줄 부모 특히 어머니가 필요하다고 주장하기만 해도 '안티페미니스트'로 인식되었다. 그러나 지금은 영유아기에 부모와 함께하는 시간이 중요하다는 것을 부모들이 더 잘 인식하고 있으므로 저리의 대출 가능성을 다시 고려해야 할 것이다. 최근에 열린 '일하는 가정에 관한 백악관 회의'는 확실히 연방정부가 지원하는 유급 육아휴직제의 도입에 중요한 첫걸음이 되었다. 그 사이에 주나 연방정부가 제공하는 저리 대출을 옹호하는 편이 훨씬 쉽고 실현하기도 순조로울 것이다.

새내기 부부와 아기에게 필요한 지원

다음의 가슴 아픈 이야기는 아기가 건강한 삶을 시작하도록 새내기 부모에게 유급 출산휴가를 주고, 미국인들에게 더 높은 최저임금과 가정친화적인 지원을 해주어야 하는 이유를 보여준다. 이 고통스러운 사례는 뜻하지 않게 임신을 깨닫고 힘들게 출산했지만 가족에게도 지원받지 못한 젊은 여성을 인터뷰한 내용이다.

평화로운 문화권에서 권장하는 것처럼 경제적으로 안정되고 정서적으로도 준비가 됐을 때 계획을 세워 임신하는 것이 최선이고, 아기를 위해서도 최적의 출발이 될 테지만 상황이 언제나 이렇게 돌아가는 것은 아니다. 실제로 현재 미국에서 이뤄지는 임신 중 거의 절반은 계획에 없던 것이다. 아직 결혼도 안 했지만 회복력이 있던 터라 이 부부는 딸과 서로에 대한 사랑을 포기하지 않고 여러 가지 힘든 장애물을 헤쳐 나갔다. 갈등으로 인해 부부 관계에서 많은 스트레스를 겪고 처음에는 산모가 아기에게 애착도 잘 못 느꼈지만 이들은 견뎌냈다. 그러나 아무리 열심히 일해도 앞으로 나아가기는 힘들었다. 이 헌신적인 어머니는 딸의 요구와 경제적인 의무들을 어떻게 충족시켜야 할지 걱정이 끊이질 않았다. 이들의 딸은 8주가 되자 어머니와 떨어져 질 낮은 탁아소에 보내졌다. 이것은 12주의 무급휴가를 받거나 고급 탁아소 비용을 지불할 능력이 부모에게 없을 경우, 양육을 지원해주는 더 나은 안전망이 반드시 필요한 이유를 분명히 보여준다.

산모가 무력해지거나 경제적으로 스트레스를 받을 경우 흔히 산후 우울증이 일어난다. 이런 우울증은 아기의 두뇌 발달에도 좋지 않다. 다른 나라였다면 대부분 이 젊은 부부에게 정부가 지원을 해주었을 것이고, 덕분에 부부는 아기가 정서적으로 더 풍요로운 삶을 시작하도록 도와줄 수 있었을 것이다.

레슬리 이야기

스물네 살이 되면서 삶에서 모험을 감행할 준비가 됐다. 나는 대륙을 횡단해서 열여덟의 제임스와 동거를 했다. 그런데 불과 두 달 만에 임신 사실을 깨달았다. 이 모든 변화는 너무 빨리 진행돼서 충격이 이만저만이 아니었다. 내가 예상했던 모험과는 확실히 판이하게 달랐으니까. 제임스와 나는 아기를 낳기로 결심했다. 그런데 그는 군대에 있었고 우리는 아직 결혼식도 올리지 않은 상태였다. 게다가 작은 아파트에서 그의 어머니, 계부와 함께 살고, 나는 건강보험도 안 붓고 있었다. 당연히 임신 초기에 편안하지만은 않았다. 다행히 내 소득과 제임스의 월급을 합하면 지원 대상이 된다는 걸 알고, 오리건 주정부로부터 보험금을 받았다. 고맙게도 이 돈으로 산전 진료비용을 부담했다. 그런데 아기가 머리를 위로 두고 있어서 제왕절개수술을 받아야 한다고 했다. 자연분만을 원했지만, 아기를 정상 위치로 돌리는 중에 자칫 응급수술 상황이 발생할 수도 있다는 위협에 의사가 계획한 대로 제왕절개수술을 받았다. 정신적으로 힘든 일이었다.

산파의 소견을 들어보지 않았다는 점이 지금도 후회가 된다. 산파라면 아기의 위치를 정상으로 되돌리거나 그 상태 그대로 분만하는 법을 알고 있었을지 모르는데 말이다. 게다가 수술로 인해 난소 안의 혈전과 유선염 같은 심각한 합병증을 앓게 됐다. 이 모든 일이 한꺼번에 일어났다. 생애 처음으로 돌봐야 할 자식이 생겼는데 무급의 휴가밖에 받을 수 없고, 돈도 없었다.

내가 뭘 하고 있는 건지 뭘 해야 하는 건지 도통 아무 생각이 안 났다. 너무 힘들고 기운이 없었다. 해산의 고통도 경험해보지 못했다.

그랬더라면 최소한 호르몬이 분비돼서 애착을 갖는 데는 도움이 됐을 텐데 말이다. 마치 어머니가 되는 준비에 필요한 출산의 경험을 속임수 때문에 날려버린 것 같았다. 그리고 클레어도 산도를 통과하지 못했다. 산도를 통과했더라면 그 자극 덕분에 내 몸 밖에서의 삶을 준비할 수 있었을 텐데. 그들은 그냥 배를 가르고 클레어를 꺼내서 내 가슴 위에 안겨주었다. 그 탓에 우린 둘 다 충격에 휩싸였다. 내 몸은 딸을 안을 준비가, 클레어는 태어나 젖을 물 준비가 안 된 것 같았다. 그로 인해 젖 먹이는 일이 처음부터 내내 둘 모두에게 고역이었다. 클레어가 태어난 후 나는 잠을 전혀 못 잤다. 너무 고통스러워서 돌아다니기도 힘들었고, 진통제를 먹으면 언제나 구토를 했다. 열심히 발버둥 쳐도 물속으로 가라앉는 것 같은 기분이 들었다. 고맙게도 클레오는 건강했다. 하지만 몇 달 동안 나는 클레어에게 애착을 느끼지 못했다. 어머니로서 긍정적인 경험은 전혀 얻지 못하는 것 같았다. 모든 것을 내가 엉망으로 만들어버린 것 같았다. 도대체 어떻게 해야 아기에게 좋은 삶을 살게 해줄지 알 수 없었다. 정말이지 너무 힘들었다!

제임스는 최저 임금을 받으면서도 밤새 일을 했다. 거기다 그의 가족과 함께 살았지만 먹고살기는 여전히 힘들었다. 그는 직장에서 돌아오면 자고 싶어 했지만, 나는 거의 밤을 새다시피 하면서 아이를 보느라 기진맥진해 있었다. 수술과 합병증으로 인한 고통도 여전했다. 제임스의 식구들이 클레어 보는 일을 도와주기는 했지만, 친정 식구라곤 없어서 힘들었다. 이렇게 둘 다 스트레스가 심했던 탓에 제임스와 나는 싸우기도 많이 싸웠다.

클레어가 6주가 되면서 나는 경제적인 이유로 다시 일해야 했다.

아직 통증이 심하고 충분히 치유되지 않았지만 어쩔 수 없었다. 육아휴가법에 따라 산후 12주까지는 전에 다니던 종일제 직장에 복직할 수 있었다. 그런데 8주 만에 복직을 하겠다는데도 상사는 일주일에 30시간 일하는 자리밖에 줄 수 없다고 했다. 이전의 40시간 근무 자리는 더 이상 비어 있지 않다면서 말이다. 주당 10시간에 대한 임금을 충당할 실업보험금을 받기 위해 싸워야 했다. 그래야 청구서들에 지불할 수 있을 테니까. 상사는 내 고충에는 관심도 없었고 처음에는 서류에 사인도 안 해주려고 했다. "휴가를 받기로 결정한 것은 당신입니다." 이런 말만 하면서. 나 자신을 언제나 강한 사람으로 여기고 있었는데, 산 넘어 산이라고 연달아 난타를 당하는 것 같았다. 벗어날 길도 가망도 없는 절망 속으로 떨어지는 것 같았다. 그러다 클레어가 3개월에 접어들어 눈을 맞추고 옹알이와 웃음을 보여주면서 드디어 클레어와 연결되어 있다는 느낌이 들기 시작했다.

세금을 환급받자마자 우리는 짐을 꾸려서 친정과 가까운 중서부로 이사를 했다. 고향으로 돌아가 엄마와 함께 지내면 모든 것이 해결될 것 같았기 때문이다. 그러나 제임스와 아기를 데리고 갑자기 엄마의 삶에 등장해보니 엄마는 아주 바쁘게 살고 있었다. 그래서 우리 셋을 받아줄 수 없었다. 일자리를 얻어 우리만의 보금자리를 마련할 때까지 몇 달 간만 겨우 우리에게 집을 개방했다.

생후 1년 반 동안 클레어는 다른 가정탁아 환경들을 많이 경험했다. 8주가 됐을 때부터 하루에 9시간씩 일주일에 3일간 가정탁아 시설에 가기 시작했다. 그러나 대부분은 일주일에 적어도 40시간을 탁아시설에서 보냈다. 그런데 이 탁아소 환경에는 위험한 요소들이 숱하게 많았다. 결국 이런 대부분의 탁아소들에서 클레어를 빼와야만 했다. 비용이 낮다는 것은 이들이 감당할 수 있는 보살핌이 언제나 충분하지 못하다는 의미였다. 어느 여자는 집에서 클레어와 여덟 아이들을 함께 돌봤는데 클레어에게 충분히 관심을 쏟지 않는 것 같았다. 아이를 데리러 탁아소에 가보면 클레어는 계단 위에 있거나 화장실 근처에서 노는 등 불안한 상황에 놓여 있곤 했다. 한 번은 얼굴에 심하게 멍이 든 채 집에 왔는데 아기를 봐주는 사람은 무슨 일이 있었는지도 몰랐다.

클레어가 18개월이 됐을 때 제임스는 정말 좋은 일자리를 구했다. 덕분에 우리만의 보금자리를 구할 수 있었다. 나는 드디어 집에서 클레어를 돌보며 몇몇 대학 강좌도 듣게 되었다. 제임스와 나는 둘 중 한 명이 클레어를 돌볼 수 있게 우리의 일정표를 짜 맞췄다. 그리고 내 친구에게 일주일에 두 번 반나절 동안만 다른 두 아이와 함께 클레어도 봐달라고 부탁했다. 이 보살핌에 드는 비용은 시간당 8.25 달러였다. 우리가 이전에 지불했던 탁아소 비용보다 두 배 가까이 비쌌지만 그만큼 안전하고 질이 높았다. 대부분 아기와 집에서 보낸 덕분에 나는 클레어가 태어난 이후로 최고의 시간을 보냈다. 덕분에 우울증도 사라졌다. 클레어와 함께하는 시간은 이처럼 많은 영향을 미쳤다. 클레어를 이해하기 시작하면서 우리의 소통은 더욱 좋아지고 관계도 긴밀해졌다.

그런데 몇 달 후 제임스가 갑자기 직장을 잃었다. 다시 한 번 엄마에게 도움을 청했지만 이번에는 단호하게 거절했다. 나이를 먹을 만큼 먹었으니 스스로 길을 찾아가라는 것이었다. 더 이상 누구에게도 의지할 수 없으며, 제임스와 함께 스스로 헤쳐 나가야 한다는 것을 깨달았다. 우리는 다시 대륙을 가로질러 제임스의 가족이 있는 곳에 가서 살기로 결심했다. 어머니는 추가로 도움이 필요하거나 밤에 둘이 데이트하고 싶을 때 기꺼이 클레어를 봐주겠다고 했다. 이것은 정말로 중요했다. 시어머니의 그런 도움이 정말로 고마웠다. 클레어로서도 아기 봐주는 사람보다는 할머니와 함께 있는 편이 훨씬 좋을 것이기 때문이다. 가족과 가까이 사는 것은 정말로 위안이 되었다. 그것은 많은 사람들이 가질 수 없는 안전장치 같은 것이었다.

현재 클레어는 두 살 반이며 제임스와 나는 둘 다 전일제로 일하고 있다. 주중에 클레어는 오전 8시에서 오후 5시 반까지 주당 48시간을 탁아소에서 보낸다. 아침마다 옷을 입고, 아침 식사를 하고, 차로 탁아소에 데려다주고, 하루 종일 일하다 데려오고, 집에 와서는 저녁을 준비해 먹고, 잠잘 준비를 한 다음 꿈나라에 든다. 대부분의 경우 내가 걸음마장이 클레어와 보낼 수 있는 시간은 하루 3시간뿐이다. 어머니로서 가슴이 미어지는 것 같다. 가끔은 내가 왜 일하러 가야 되는지, 일이 무슨 의미가 있는지 의아하다. 아이와 함께 있어주어야 한다는 느낌이 들 때면 마음이 아프다. 어떤 본능이 나를 클레어와 함께 있도록 끌어당겼던 것 같다. 그래서 사장에게 다음 몇 달간은 근무 시간을 반으로 줄이고 싶다고 말해버렸다. 경제적으로 어떻게 될지는 몰랐지만 그러는 편이 정신을 온전하게 유지하는 데 더 좋으리라는 것은 알 수 있었다. 친밀한 관계를 유지하려면 딸과 하루 3시간보다는 더 오래 함께해야 했다.

올해 초는 제임스가 일을 안 해서 내가 전일제로 일해야 했다. 이제는 그가 클레어와 함께 있어야 할 시기라고 느꼈기에 나는 괜찮았다. 그런데 제임스는 자신이 일해야 한다고 생각해서인지 집에 있고 싶어 하지 않았다. 하지만 나는 둘이 이 역할을 번갈아가며 맡기를 바랐다. 나는 일주일에 이틀과 한 달에 몇 번의 주말 동안 애완동물 조련사로 일하고 부업으로 애완동물 돌보는 일을 하게 되었다. 이제는 부담적정보험법에 따라 최소한 건강보험 혜택은 받는다. 몇 년 전만 해도 불가능한 일이었다. 그래도 부모가 영유아들과 함께 더 많은 시간을 보낼 수 있게 유급 육아휴가를 받게 되면 좋겠다. 또 클레어가 낮 동안 보살핌을 받을 때 최저시급 이하의 비용을 받는 베이비시터들이 클레어를 단순히 '지켜보는' 대신, 제대로 훈련받은 선생님이 클레어의 발달을 실질적으로 도와준다면 큰 축복으로 여길 것이다.

시간당 12.25달러를 벌다니 나는 정말로 운이 좋은 편이다. 너무 많은 사람들이 이보다도 적게 받고 있기 때문이다. 하지만 유모를 집으로 불러들일 경우 (그 편이 클레어에게 더 좋겠지만) 나는 그녀에게 최저시급(현재 우리 주에서는 시간당 9.10달러다)을 지불하려고 노력할 것이다. 그렇게 되면 삶의 다른 모든 경비를 지불하는 데 쓸 수 있는 비용은 시간당 6.15달러밖에 안 된다. 너무도 많은 사람들이 먹고살기에도 충분치 않은 임금을 받고 있다. 우리 세대에게는 정말이지 힘든 상황이다. 지금 제임스와 나는 할 수 있는 한 최선을 다하고 있지만 둘이 하루 종일 일해도 여전히 겨우겨우 살 수 있을 뿐이다. 좋은 시민에 훌륭한 부모가 되려고 애쓰지만, 정말로 쉽지가 않다. 미리 대책을 강구해야 할 것 같은 느낌에 언제나 해결책을 고민한다. 결코 그냥 편하게 쉬면 안 될 것 같은 느낌이 든다. 어머니 노릇을 하면서 가장 힘든 점은 바로 이런 걱정들이다.

내 어머니도 하루 종일 일을 했다. 그래서 나는 많은 시간을 탁아소에서 지내고 방과 후 프로그램을 통해 성장했다. 어른들에게 받지 못한 관심과 연계의 많은 부분을 친구들이 대신해주었다. 평생 동안 언제나 또래친구들을 더 중요하게 여겼다. 아버지와는 여섯 살 이후 왕래가 끊겼기 때문에 남은 건 어머니뿐이었다. 어머니와는 관계가 좋았지만 어린 시절과 사춘기 내내 약간 동떨어져 있는 듯한 느낌이 들었다. 나는 스스로를 보살펴야 했다. 친구들의 몇몇 부모들이 교내 활동에 참여하는 모습을 볼 때면 언제나 엄마는 너무 바빠서 그런 활동을 못 할 것이라고 생각했다. 이런 일은 어린아이였을 때보다 고등학교 시절에 영향을 더 많이 미쳤다. 내가 참여하는 일에 자부심이 있어서 엄마가 학교에 와서 봐주기를 바랐기 때문이다. 이런 경험 탓인지 나는 분명 클레어의 삶에 더 많이 관여하고 싶었다.

내가 자라난 방식이 나는 마음에 안 들었다. 부모는 명령하고 아이는 얌전히 들어야 하다니! 어머니가 집으로 돌아올 때면 나는 언제나 큰 두려움에 휩싸였다. 엄마는 스트레스로 지쳐 있거나 피곤하거나 화가 나 있었기 때문이다. 그래서 나는 어른이 고함을 지르거나 미친 듯이 화를 내거나 두려움에 떨 때 아이가 어떻게 느끼는지를 잊지 않으려 애쓴다. 훌륭한 부모가 되는 데 가장 중요한 것은 인내심을 갖고 아이의 입장에서 생각해보려 노력하는 것이다. 그래서 나는 언제나 부드러움을 잃지 않고 아이를 보살피려 한다. 나를 볼 때 클레어가 행복하기를 바라기 때문이다.

종일제로 일하게 된 후로 기쁘게도 수요일마다 쉬면서 클레어와 함께 지냈다. 나는 언제나 클레어와 무언가 특별한 것을 하려고 애썼다. 홀가분하고 흥미로우며 우리를 다시 이어줄 어떤 것 말이다. 이번 주에는 연못으로 자연탐사를 갔다. 클레어와 이야기를 나누면서 함께 느긋하고 즐거운 시간을 가지니 정말로 행복했다. 가끔 주말에도 일할 때는 클레어를 직장으로 데려가서 동물 보살피는 일을 돕게 했다. 클레어가 이 일을 좋아했기 때문이다.

몇 주 전에는 도서관에서 세 살에서 여섯 살까지의 아이들을 대상으로 하는 이야기 시간에 데려갔다. 그곳에는 탁아소에서 단체로 온 아이들도 있었다. 자리를 잡으려 애쓰던 아이들은 강사의 이야기를 얌전히 들어야 한다는 것을 깨달았다. 무언가에 흥분하면 탁아소 직원이 짜증스럽다는 듯 날카롭게 소리쳤기 때문이다. "조용히 앉아 있어!" 그러면 창피를 당한 아이들은 눈을 아래로 내리깔았다. 자존감에 상처를 입은 게 분명해 보였다. 그런 모습을 보니 너무 슬펐다. 아이들이 어떤 대접을 받고 있는지를 부모들이 안다면 가슴이 찢어질 텐데. 더불어 우리 모르게 클레어에게도 매일 사소하지만 가슴 아픈 일들이 얼마나 많이 일어날까 하는 생각이 들었다.

제임스와 나도 얼마간 힘든 시기를 겪었다. 그러나 우리는 여전히 함께 사는 것을 즐기고 삶의 균형을 열심히 만들어나가고 있다. 클레어가 잠든 후 둘이 그냥 함께 있는 시간을 우리는 좋아한다. 부모가 되었다고 즐거움을 포기하지 않고 가족으로서 여러 가지 신나는 일들을 함께 계속 해나간다. 처음에 나는 모든 것을 통제하려고 애썼다. 그러나 제임스도 아버지가 되는 법을 이해하려 애쓰고 있음을 곧 깨닫고 그가 하는 대로 두었다. 지금도 나는 배우고 있으며, 때로는 그가 클레어를 다루는 방식을 고쳐주고 싶기도 하다. 하지만 이런 때도 물러나 있어야 한다는 것을 나는 안다. 제임스에게는 내가 어머니 역할을 해줄 필요가 없으며, 전반적으로 클레어와 나를 잘 보살피고 있기 때문이다. 그는 분명 말만 앞서지 않고 실천할 줄 아는 아버지이며 끼니때마다 거의 매번 요리도 한다. 때로는 둘 다 무너져버리고 좌절감과 화가 치솟기도 한다. 그러나 우리는 둘이 얼마나 많은 것들을 헤쳐왔는지를 기억한다. 이런 일은 우리를 부부로서 더욱 단단하게 만들어준다. 삶에서 최악의 상황에 놓여도 제임스에게 의지하면 도움을 받을 수 있음을 나는 안다. 한편 나는 언제나 그를 지지하리라는 것을 그에게 보여준다. 제임스는 베풀 줄 알고 마음 따뜻하며, 사랑이 언제나 살아 있게 만드는 데도 뛰어나다. 그가 없다면 정말 아무것도 할 수 없을 것이다.

부부 간의 갈등과 스트레스

아기가 태어나거나 입양한 후 아기를 가족의 일원으로 받아들이는 몇 년의 기간이 부부 간 스트레스가 가장 심한 시기 중 하나다. 부모로서는 물론 개인적인 행복감이 높아지지만 부부 관계에서는 종종 편안함이 최저로 낮아진다. 물론 긴장을 완화시키는 방법을 찾으면 더욱 행복한 가정을 꾸리고 아기의 두뇌 발달과 안정감에도 더 긍정적인 환경을 만들 수 있다. 부부 사이의 긴장은 종종 피로와 불안, 고립, 경제적인 스트레스, 모유 수유로 인한 성욕의 현저한 저하(이는 영유아의 의존성이 줄어들 때까지 또 다른 임신을 막기 위해 이처럼 진화한 것이다), 함께 재미있게 놀 시간의 부족, 육아와 관련된 부부의 경쟁에서 비롯된다. 임신과 출산, 모유 수유로 인한 친밀한 연결 덕분에 어머니는 일반적으로 아기와 강력한 일체감을 경험한다. 그래서 자신의 육아 방식만 옳다고 느껴 남편은 잘못하고 있다며 반복적으로 그의 방식을 고쳐주려 한다. 그러나 이런 태도는 확실히 관계의 조화나 협조, 참여를 북돋아주지 못한다. 물론 해로운 것이라면 솔직히 말할 필요가 있겠지만 대개는 아버지의 방식이 어머니와 다를 뿐이다.

한 가지 큰 차이를 들자면, 어머니는 한결 조용한 반면 아버지는 더 거칠고 자유로운 양육법을 좋아하는 성향이 있다. 이 또한 삶에 나름대로 중요하고 역동적인 힘을 제공하므로 아기는 두 방식 모두에서 이득을 볼 수 있다. 평화로운 문화권에서는 부부가 서로 아기에게 제공할 수 있는 것을 이해하고 소중하게 생각한다. 어떤 팀이든 선수들이 서로 다른 기술을 보유하고 있는 게 좋다. 그리고 서로 같은 팀이라는 태도가 관계에서 긍정적인 느낌을 불러일으키고 아기에게도 더욱 풍부한 삶의 경험을 제공해준다.

많은 부부가 수유 문제로 논쟁을 벌인다. 젖먹이 아기가 울어대면 어머니는 아기를 달래기 위해 즉각 젖을 물리는데 이런 태도는 때로 가장 협조적인 아버지에게도 질투를 불러일으킨다. 이 때문에 아기와 더욱 긴밀한 유대를 형성하려면 아버지가 어머니의 젖을 병에 담아 아기에게 먹여야 한다는 잘못된 믿음까지 생겨났다. 실제로는 모유 수유 관계에 힘을 북돋아주고 우는 아기를 얼른 엄마에게 안겨주는 아버지가 결국에는 아기와 아내 모두와 친밀한 관계를 형성할 가능성이 크다. 아기는 젖을 먹을 때 가장 편안함을 느낀다. 또 엄마는 불필요하게 젖을 짜지 않아도 된다. 그렇다고 아빠가 아기에게 젖병을 물리는 것이 때로 도움이 되거나 필요하다는 점을 부정하는 것은 아니다. 하지만 애착을 친밀하게 향상시키는 데 이것이 꼭 필요하지는 않다. 엄마는 젖을 물려서 우는 아기를 쉽게 달랠 수 있다. 하지만 아빠는 나름의 창조적인 방법으로 아기의 기분을 달래거나 즐겁게 전환시켜야 한다. 예를 들어 살갗을 맞대거나 업거나 놀이시간을 갖는 것은 아빠와 아기의 연결 관계를 가깝게 유지하는 데 도움이 된다.

대부분의 산모는 자신만큼 남편의 몸과 삶이 달라지지 않는 것에 분노를 느낀다. 한편 어떤 남편들은 아내가 아기 돌보는 데만 몰입하는 초기의 몇 년간 버림받은 듯한 느낌을 받는다. 아기만큼 보살핌을 받지 못할 때 남편은 아내가 아기에게 쏟는 관심에 질투를 느낄 수 있다. '자신의 아기가 아내의 가슴에서 젖을 빨고, 편안하게 품에 안겨 있고, 자신이 갈망하는 관심과 보살핌을 받는 모습을 보는 경험은 남편을 황폐하게 만들 수 있다.'[32] 이런 감정은 정상적인 것이다. 가끔 질투를 느끼고 상대의 관심을 더 많이 원하고 그리워한다는 사실을 솔직히 드러내면, 공통의 경험을 통해 거리감보다는 친밀감을 만들어낼 수 있다. 상대에게 고마움을 표현하고 함께 즐기며 웃을 시간을 언제든 만들 줄 아는 부부는 관계의 회복력을 증가시킬 수 있다. 함께 노력할 때 부부로서 나누는 것보다 훨씬 강하고 보람 있는 가족 간의 유대를 창조해낼 수 있다. 이런 깨달음이 치유를 불러온다.

어린 시절에 갖고 싶었던 아주 중요한 것을 아기에게 주고 있음을 인식하면, 분노의 느낌도 열림과 너그러움으로 바뀔 수 있다. 부모가 책임을 지면서, 언제나 원했던 행복한 가정과 부모-자식 간의 유대감을 형성할 수 있는 새로운 기회와 또 한 번의 가능성이 이제 부모와 공존하게 된다. 자신이 아내와 아기의 삶에 얼마나 중요한 역할을 하는지를 인식하고 실천하는 남편은 사랑과 충실함, 가족에 대한 책임감이 고양된다. 아마도 부부관계가 한층 행복해지면서 가정 파탄은 줄어들 것이다.

다른 선택이 없는 부모들

새내기 부모에게 가장 큰 논쟁거리는 아마도 미국에서 흔히 그렇
듯 아기를 탁아소에 맡기는 것이 아기에게 해롭지 않을까 하는 점
일 것이다. 경제적 성공을 위해 분투하거나 일에 헌신하는 부모에
게는 탁아소에 아기를 맡기는 것이 도움이 될 것이다. 하지만 탁아
소가 아기에게 좋다는 것은 여태껏 한 번도 증명된 적이 없다. 가
족심리학자인 스티브 비덜프Steve Biddulph도 이렇게 꼬집었다. '보육
은 아기가 아니라 부모의 필요를 위해 만들어진 것이다.'[33] 탁아소
가 아기에게 얼마나 해로울 수 있는지에 관해서는 계속 연구 중이
다. 그러나 많은 이들의 가슴을 철렁하게 만드는 사실인데, 지금까
지 행해진 많은 국제적 연구의 대부분은 집에서 벗어나 전혀 관계
없는 사람에게 보살핌을 받는 아기들이 스트레스를 많이 받는다는
것을 보여준다. 이런 스트레스는 아기의 정서적·사회적·심리적 발
달에 안 좋은 영향을 미친다. 그러나 이런 연구 결과들의 대부분은
발표가 쉽지 않았으며 종종 왜곡되기도 했다. 이미 스트레스를 받
고 있는 선량한 부모들이 보육과 관련한 선택에 죄책감을 느끼게
만들고 싶지 않아서다. 그러나 부모는 이용 가능한 정보를 마땅히
모두 접할 수 있어야 한다. 아이를 위한 결정에 영향을 미치는 정
보일 경우에는 특히 더 그렇다.

　아기에게 진정으로 필요한 것이 무엇인지를 자각하면서 새로운

움직임이 일고 있는 것 같다. 부모에게 지원도 없고 영유아와 함께 할 시간도 허락하지 않는 지금의 시스템을 변화시키기 위해 수백만의 부모가 동참하고 있다.

탁아가 아기에게 미치는 영향에 대한 연구에는 두 가지 주요 유형이 있다. 한편에서는 탁아가 아기의 정서와 행동에 미치는 영향을 몇 년에 걸쳐 장기적으로 연구한다. 또 다른 한편으로 최근의 연구는 아기의 두뇌 발달에 해로운 영향을 미칠 수 있는 스트레스 호르몬 코르티솔의 체내 수치를 검사한다(6장의 '최적의 두뇌 발달을 위한 양육'을 참고).

국립아동보건인간계발연구소는 1990년부터 지금까지 장기연구를 진행하고 있다. 미국의 10개 도시에서 부유층과 빈곤층, 한부모 가정과 양부모 가정의 한 달 된 아기 1,364명을 대상으로 한 연구인데, 현재까지 발견된 몇 가지 사실들을 보면 이렇다. 우선 탁아소에서 보내는 시간이 길수록 어머니-아기 관계의 조화와 감수성에 영향을 많이 받으며, 또한 탁아의 질과 상관없이 유치원에 들어갈 시기에 공격성과 문제 행동의 발생 비율이 높았다.[34]

주중 매일 오전 7시 30분부터 오후 5시 30분까지 탁아소에 있을 경우, 1년에 50주 동안 2,500시간을 탁아소에서 보내게 된다는 계산 결과에 나는 충격을 금치 못했다. 여섯 살짜리 아이가 1학년 동안 학교에서 보내는 1,080시간(아침 9시부터 오후 3시까지 36주 동안)의 두 배도 넘는 시간이었기 때문이다.

영국에서 행해진 두 번의 연구, 그리고 북아일랜드와 캘리포니아에서 실시된 연구에서도 탁아소에서 많은 시간을 보낸 두 살 미만의 아이들에게서 불안이 증가하고 사회화도 어려워한다는 비슷한 결과들이 나타났다.[35] 《모성Motherhood》을 쓴 오스트레일리아의 저자 앤 만느Anne Manne는 30년에 걸친 논쟁 끝에 적어도 3건의 주요한 연구 분석 결과, 탁아소에서 보내는 시간이 많은 것과 유아에게서 불안정한 애착이 높게 나타나는 것 사이에 직접적인 상관관계가 있음을 확인했다. 애착 문제는 장기적으로 문제해결과 감정 조절, 타인에 대한 신뢰, 미래의 성공적인 관계에서 어려움을 겪게 만든다. 만느는 연구자들이 발표에 많은 어려움을 겪었던 연구 결과들도 보고했다. 즉 매주 30시간 이상을 탁아소에서 보낸 유아들은 초등학교 3학년이 되었을 때 학습습관과 정서적 안녕, 또래와의 관계, 전반적인 준수 면에서 더 낮은 점수를 기록했다는 것이었다.[36] 또 1957년 이래로 서방국가들이 행한 모든 연구를 캐나다에서 메타 분석한 결과, '집에서 보살핌을 받는 아이들에 비해 일주일에 20시간 이상을 탁아소에서 보내는 아이들은 애착과 행동 적응, 사회·정서적 발달 면에서 더 부정적인 것으로 나타났다.'[37]

생후 몇 개월부터 학교에 입학하는 여섯 살까지 아이를 종일제 탁아소에 보내는 미국인들의 실험은 이제 근 40년에 이르렀다. 이 실험이 성공적이었다면 논리적으로 유년기의 정서적 고통은 없었어야 한다. 그러나 현재 미국은 어린아이들의 20퍼센트가 심리적 장애 진단을 받았고, 전 세계에서 정신 건강을 위해 아이들에게 처방하는 약물의 90퍼센트를 소비하며, 이미 높은 아동자살률이 계속 증가하고 있고, 집단 따돌림의 발생도 현저하게 늘었으며, 이로 인해 아이들이 서로를 죽이기까지 하고 있다.

그럼에도 여전히 집 밖에서 아이들을 집단으로 보살피는 행태는 널리 수용되고 있으며, 맞벌이 부모들에게는 불가피한 일로 여겨진다. 그러나 불행히도 대부분의 영아와 걸음마장이에게 이런 집단 보살핌은 건강한 선택이 아닌 것 같다. 개중에는 다른 아이들과 어울릴 수 있는 탁아소에 보내지 않는 것이 오히려 해롭지 않겠냐고 의문을 제기하는 이도 있다. 그러나 그 점에 대해서는 걱정할 필요가 없다. 아이들은 약 세 살이 되어서야 다른 아이들과 어울려 노는 법을 배우기 때문이다. 대부분의 선진국에서 이때부터 유치원에 보내기 시작하는 것도 그 때문이다. 세 달 된 아기에게는 세 살짜리 아이와는 상당히 다른 보살핌이 필요하다. 생후 몇 년 동안 아기에게는 일대일로 보살펴주는 관계가 필요하다. 뿐만 아니라 탁아소에서는 다른 아이들의 높은 에너지와 요구로 인해 지나친 자극에 노출될 수 있다. 영국의 심리학자로 아동발달 시각에서 양육문제에 관한 많은 글을 쓴 페넬로페 리취Penelope Leach는 이렇게 보고했다. '적어도 6개월간은 엄마에게 하루 종일 보살핌을 받고 편안하게 모유를 먹으며 2년이면 더 좋겠지만 못해도 1년간은 가족의 보살핌을 받는 것이 아기에게 틀림없이 그리고 확실히 가장 좋다.'[38]

지금 세대가 아이를 둘만 낳기로 다짐해서인지 평화로운 문화권에서는 대규모 확대가족이 아이 한 명당 어른 네 명의 비율로 양육을 돕는다. 그러나 미국에서는 최고의 탁아소에서도 보통 이 비율이 반대다. 어른 한 명이 아이를 네 명 가까이 돌보는 것이다. 같은 시간에 아기 네 명을 돌보는 것이 얼마나 힘든 일인지를 생각하면, 최선을 다하는 헌신적인 보육자들에게 크게 고마워해야 한다. 이미 쌍둥이를 키우느라 지쳐 있는 어머니에게 쌍둥이 한 쌍을 더 맡아서 아이들을 편안하게 잘 돌볼 수 있겠느냐고 물어보라. 내가 열네 살이었을 때 어머니가 쌍둥이를 갖는 바람에 세 아이를 한꺼 번에 보살피느라 얼마나 힘들었는지 나는 잘 안다. 당시 도움을 준 할머니에게 더없이 고마울 따름이다.

미국에서도 유급 양육휴가를 받게 될 때까지는 최근의 헌신적 인 탁아 프로그램의 질이 어떤지를 살펴보는 것도 중요하다. 오리 건 대학 캠퍼스에 있는 '비비안 오움 아동발달 센터Vivian Olum Child Development Center'의 직원들은 탁아로 인한 아기의 스트레스를 줄이 기 위해 엄청난 노력을 기울인다. 이 대학의 사랑받는 아동심리학 교수였던 비비안 오움 박사는 20년 전 탁아를 받는 아이들에게 관 심을 기울이기 시작했다. 그리고 영아의 탁아가 일반적인 관행이 되면서, 아기의 정서적·신체적 요구를 이해하고 확인해 발달과정 에 맞는 보살핌을 제공하겠다는 약속하에 박사의 이름을 딴 센터 를 헌납받았다.

비비안 오움 센터의 영아 프로그램에서는 8주에서 1년 사이의 아기를 여덟 명까지만 받고, 부모들은 9월에 있는 자유입학 때 1년 간의 등원을 약속한다. 이렇게 안정적인 그룹을 만들면 아기 개개 인의 요구와 기질을 잘 파악할 수 있다. 그리고 자격이 충분한 두 명의 교사들이 프로그램에 장기적으로 전념하고, 걸음마장이 프로 그램으로 옮겨가면서 같은 아기 그룹을 적어도 2년에서 3년간 맡 는다. 대학생들은 일주일에 10시간에서 15시간씩 이 프로그램에 서 일을 한다. 덕분에 교사-아기의 비율을 성공적으로 낮출 수 있 는데, 이 학생들은 종종 이렇게 알게 된 아기를 위해 근무 시간 후 에도 집에서 아기를 돌보는 일을 기꺼이 해준다. 또 영아가 탁아 프로그램에 들어가기 전에 교사가 가정을 방문해서 부모와 아기의 일과를 파악한 다음 가정 보살핌에서 탁아로 서서히 옮겨가는데, 첫 주는 영아들의 반만 탁아를 시작해서 반나절 동안만 탁아소에 머물게 한다. 둘째 주에는 다른 네 명의 아기들을 역시 반나절만 탁아소에 오도록 한다. 한편 첫째 주에 시작한 아기들은 이제 하루 종일 탁아소에 머물게 한다. 부모들은 처음 몇 주 동안 여러 차례 탁아소를 떠났다가 돌아오는 '훈련'을 하고 가능한 한 자주 탁아소를 방문한다. 아기들 대부분이 아직 모유를 먹기 때문에 어머니들은 보통 하루에도 수차례 젖을 먹이러 온다.

직원들은 영아 발달의 모든 영역에서 훈련을 잘 받은 사람들이다. 이들은 방의 배치와 장난감을 계속 변경한다. 1년 내내 자극을 주는 환경을 유지해서 발달이 빠른 아기의 관심과 변화하는 요구를 충족시켜주기 위해서다. 예를 들어 어떤 아기가 분리에 어려움을 겪으면 부모와 직원들은 만나서 브레인스토밍을 통해 편안한 엄마 냄새가 나는 엄마 옷을 두고 가는 것 같은 해결책을 생각해낸다. 또 부모들을 언제나 환영하므로 이들은 방문 중에 관계를 형성하기도 한다. 근무 시간 후 이들이 캠퍼스 잔디밭에 모여서 서로 이야기를 나누거나 아기들과 놀아주는 모습을 흔하게 볼 수 있다.

아기의 요구를 주의 깊게 충족시키기 위해 비비안 오움 센터에서는 모든 시도를 하고 있다. 그래도 직원들은 이것은 '센터에 기반을 둔 보살핌'이며 아기에게 더 좋은 것은 여전히 가정의 보살핌이라고 주저 없이 말한다. 온갖 조처에도 불구하고 부모와 떨어져 필요할 때 어머니의 편안한 보살핌을 받을 수 없는 아기로서는 이 환경이 종종 힘들다. 소리와 에너지에 민감해서 방 안의 많은 아기와 어른들에게 과도한 자극을 받는 아이에게는 특히 고통스러운 환경이다. 보고에 의하면 특히 처음 몇 주 동안 우는 아기들이 많다고 한다. 또 대학생 보육자들이 1년 내내 머물겠다고 동의해도, 이들의 삶에 변화가 생기면서 그럴 수 없는 경우가 간혹 발생한다. 이 대학생에게 애착을 갖게 된 아기에게는 이것도 고통스러운 일이다. 이런 유형의 집중 보살핌에는 비용도 많이 든다. 그러나 직업의 중요성과 부담에 비해 여전히 교사의 임금은 낮다. 부모들이 웃돈까지 내지만 이런 프로그램에는 대학 측의 보조금이 있어야 한다.[39] 이로 인해 대부분의 정부에서는 고급의 영유아 탁아를 발전시키는 데 비용을 쓰기보다, 아기가 부모의 보살핌을 받도록 유급 양육휴가를 주는 데 투자하는 편이 비용 면에서 더 이득이고 아기에게도 좋으며 장기적으로 사회에도 더 보탬이 된다고 결론 짓는다.

영유아와 걸음마장이에게 탁아가 최선의 방법은 아니라는 것을 꼭 언급해야 하는지 의문을 제기하는 이들이 많다. 부모로선 아무것도 할 수 없는 문제로 죄책감을 불러일으키기 때문이다. 많은 부모들, 특히 저임금 직업을 가진 부모는 아이를 탁아소에 맡길 수밖에 없다. 이는 분명한 사실이고 이들에게는 다른 선택지가 없다. 부모가 둘 다 있는 가정도 먹고살기가 힘들다. 지난 30년 사이에 평균 최소임금의 가치가 20퍼센트나 감소했기 때문이다.[40] 아이에게 무엇이든 최고로 해주고 싶지만 부모에게는 다른 걱정 근심도 많다. 아이의 요구를 충족시키기 위해 이처럼 열심히 일하는 부모에게 나는 결코 죄책감을 불러일으키고 싶지 않다. 상처 줄 것을 알면서도 의도적으로 무언가를 행할 때 생겨나는 것이 죄책감인 반면, 후회는 제대로 알았거나 대체 가능한 다른 선택이 있었으면 좋았을 거라고 생각할 때 일어난다.

엄연한 국가로서 우리는 부모가 마땅히 누려야 하는 방식대로 지원해주지 못하는 것에 죄책감을 느껴야 한다. 다른 선택이 있다면 좋았을 거라며 절망하고 있을 모든 부모에게 정말로 마음이 쓰인다. 영유아에게 탁아가 해로울 수도 있다는 말을 듣는 것이 힘들 것임은 나도 안다. 하지만 이 문제를 이미 불편하게 받아들이고 있는 부모에게 도움이 되었으면 하는 것이 나의 바람이다. 또 다른 사람들이 그들의 어려움에 귀 기울이고 있으며 변화가 다가오고 있다는 한 줄기 희망도 전달하고 싶다. 당연히 한부모 가정이나 기본비용을 충당하기 위해 맞벌이를 해야 하는 가정, 하루 종일 아기를 돌볼 능력이나 마음이 없는 사람들(모든 사람들이 이런 일을 잘하는 것은 아니다)에게는 언제나 모종의 보육이 필요할 것이다. 다음 장에서는 이런 부모에게 그룹 탁아 외에 또 다른 선택들을 제시한다. 이 선택들은 개인이자 부부, 가족인 부모의 요구도 고려하면서 아기의 요구를 한층 순조롭게 충족시켜줄 것이다.

Chapter 8

슈퍼맘과
육아 사이에서

지금부터 백 년 후, 당신의 계좌 잔고나
집과 차량의 종류는 중요하지 않게 될 것을 명심하라.
그러나 자녀의 삶에 깊이 관심을 기울이면, 세상이 달라질 것이다.
－익명

평화로운 문화권에서 확인한 증거와 초기의 두뇌 연구 결과들은, 생후 3년 동안 애착을 갖고 보살피는 양육자에게 일관된 애정과 관심을 받을 경우 정서적으로 행복하고 회복력이 있으며 사랑할 줄 아는 아이로 피어난다는 것을 보여준다. 1970년대 중반 나는 14개월간 남아메리카의 토착문화권에서 만족스럽게 지내는 아기들을 관찰하고 돌아온 직후 첫 아기를 임신했다. 나는 그들의 온화한 양육법을 내 삶에 통합시키고 싶었다. 그래서 내가 목격한 방식을 거울삼아 초기 양육의 대부분을 해냈다. 또 생후 1년간은 전업주부가 되어 아기와 함께 보내기로 결심했다.

그러나 유감스럽게도 셰인이 14개월이 되면서 평판 좋은 탁아소를 선택할 수밖에 없었다. 내 직업상의 목적과 다른 가족 구성원의 지원 부족, 당시 미국에서 용인되던 양육방식 때문이었다. 그러나 만족감과 자신감으로 방긋방긋 웃던 셰인은 방 안 가득 들어차 있는 아기들과 함께 갑자기 생판 모르는 사람에게 보살핌을 받을 준비가 안 되어 있었다. 어른 대 아기의 비율이 '최적'으로 여겨지는 1 : 4였지만 말이다.

셰인이 계속 보채고 음울하게 변해가며 잠도 잘 못 자는 모습을 나는 안타깝게 지켜보아야 했다. 내가 다른 방으로 가기만 해도 셰인은 겁을 집어먹었다. 몇 주 동안 셰인이 '적응'하기를 바라다가 우리는 결국 아이를 가정탁아소로 옮겼다. 여기서는 할머니 한 분이 다섯 살 미만의 다른 아이들까지 몇 명을 보살폈다. 또 남편은 며칠은 셰인과 함께 집에서 오후를 보내기 위해 작업시간도 바꾸었다. 이런 조정 덕분에 한결 나아지긴 했지만 셰인의 명랑하고 유쾌하며 전적인 신뢰를 보내는 성격은 충분히 회복되지 않았다. 집에서 부모 혹은 사랑을 쏟는 다른 양육자에게 몇 년 더 한결같은 보살핌을 받는 것이 필요했음을 깨달았어야 했다.

유아 때 일대일의 따스한 보살핌이 만들어내는 애착과 관계에 대한 신뢰가 중요함을 나는 알고 있었다. 그러나 걸음마장이 때도 이런 보살핌을 계속할 것을 지지하는 연구는 아직 찾아볼 수 없었다. 거기다 직업지향적인 삶은 앞으로 수십 년간 계속되겠지만, 아이와 정서적 유대를 쌓을 시간은 고작 몇 년뿐임은 충분히 생각해보지 않았다. 심리학자가 되는 공부에 10년 세월을 바쳤는데, 다시 일로 복귀하기 전 내 아들에게 최소 3년이라도 안정감을 느끼게 해줄 수 없었다니! 당시 미국의 여성은 교육과 직업의 기회를 위해 열심히 싸우고 있었다. 그래서 전문 직업을 가진 여성이 '전업주부'가 되는 것을 이상하게 받아들였다. 결국 나는 전업주부로 집에 있을지 아니면 직업상의 목적을 계속 추구할지 선택해야만 했다.

둘 다 이룰 수 있다는 것은 생각도 못했다. 사실 집에 있는 동안 놀라워하면서도 은근히 비난하는 말이나 탐탁하지 않다는 듯한 끔찍한 질문에 종종 맞닥뜨렸다. "아기하고 그냥 집에만 있는 거예요?" 다행히 지금은 정서적으로 건강하고 자신감과 연민을 가진 아이로 키우려면 생후 몇 년 동안 부모가 직접 보살펴야 하며, 이것이 부모에게 가장 중요하고 어려운 일이라는 인식이 커졌다.

그러나 8년 후 딸 에밀리가 태어났을 때 남편과 동료, 친구들은 아기를 탁아소에 보내고 가능한 한 빨리 복직하라고 압박했다. 하지만 나는 똑같은 실수를 되풀이하고 싶지 않았다. 이번에는 굽히지 않고 거의 1년간을 집에서 에밀리를 돌보며 전업주부로 지냈다. 그러다 투덜거리면서 일주일에 며칠씩 직장에 다니기 시작했다. 당시 남편은 직업적으로 아주 바쁘고 생산적인 시기를 보내고 있었다. 뿐만 아니라 경제적으로 중요한 부양자였기 때문에 더 이상 오후를 집에서 보내려고 하지 않았다. 나는 에밀리가 친밀한 관계를 형성할 수 있는 주요한 보육자를 찾아 집에서 에밀리를 보살피기로 결심했다.

그러다 유쾌하고 다정한 대학생 유모를 찾아냈다. 이웃집 아이들을 보살피던 그녀는 에밀리가 세 살이 될 때까지 일대일로 집에서 에밀리도 봐주었다. 당시 에밀리는 반나절간 유치원에서 아이들과 어울릴 준비가 돼 있었고, 유모는 일주일에 사흘, 내가 일하러 가는 날만 유치원이 끝난 후 에밀리를 돌보았다. 어린 시절 내내 도움이 필요할 때마다 유모는 그녀처럼 아기를 사랑하는 그녀의 자매들과 함께 계속해서 에밀리를 맡아주었다. 덕분에 그녀는 지금도 에밀리의 삶에서 아주 중요한 사람으로 남아 있다. 걸음마장이 시절이 지난 후 나는 이웃과 의논해서 유모 중 한 사람이 아이들 모두를 함께 돌보도록 했다. 그리고 종종 어머니 두 명과 유모 둘이 함께 만나 아이들이 어떻게 지내는지를 이야기했다. 생일과 휴가, 다른 특별한 행사들을 함께하기 시작하면서 이 가족 같은 관계는 더욱 돈독해졌다. 또 나이가 들면서는 딸들도 우리의 어머니-유모 모임에 끼고 싶어 했다. 후에 유모들이 엄마가 되면서는 우리 딸들이 그들의 아기를 보살피기도 했다. 이렇게 30년이 지난 지금은 아들들의 짝까지 포함해서 3대의 여자들이 모이는데, '영혼의 자매들Soul Sisters'이라는 애정 어린 이름으로 부른다. 이 '영혼의 자매들'은 가끔 만나서 친밀하고 따스한 유대감을 나눈다. 에밀리가 더 클 때까지 복직을 미루지 않은 게 지금도 후회되지만, 이 확대가족 같은 이들의 조정 덕분에 에밀리는 확실히 순조롭게 자랄 수 있었다.

밀레니얼 세대인 오늘날의 'Y세대' 부모는 자녀의 정서적인 요구를 가장 잘 충족할 해법을 갈구한다. 이 세대는 자라나면서 부모가 맞벌이를 하거나 한부모밖에 없어서 매일 대부분의 시간을 부모와 떨어져 지낸 첫 번째 세대다. 이 청장년의 대다수는 어린 시절에 느꼈던 불안과 외로움을 분명히 기억한다. 그래서 이들 대부분은 또래친구를 가장 가까운 관계로 믿으며, 부모와 조부모, 다른 확대가족 구성원들과의 친밀함에서는 중요한 무언가를 놓쳐버렸다고 생각한다. 이런 기억들이 양육에서 새로운 사회적 움직임을 촉발시키고 있다. 현대의 부모는 아이와 보내는 시간의 질이 양보다 더 중요하다는 오래된 생각에 이의를 제기한다. 아이가 부모를 가장 필요로 할 때와 부모의 빡빡한 일정이 좀처럼 들어맞지 않지만, 생후 몇 년간 아기와 함께 있어주는 것이 아기의 안정감과 관계에 대한 신뢰에 가장 중요한 영향을 미친다는 점을 안다. 이 세대의 아버지들은 확실히 자녀의 삶에 더 많이 관여하고 싶어 한다.

퓨 리서치 센터의 보고에 의하면, 오늘날의 아버지는 50년 전의 아버지에 비해 집안 허드렛일을 하는 데 두 배는 더 많은 시간을 투자하고, 아이들을 돌보는 데는 세 배나 더 많은 시간을 쓴다고 한다.[1] 영유아의 정서적 요구와 이런 요구를 충족시켜주는 다른 나라의 방식을 인식하게 되면서, 부모는 변화를 요구하기 시작했다. 이전 세대는 여성의 권리를 강력히 주장하고 나섰지만 지금은 아이들의 권리를 요구하기 시작하고 있다.

어린아이의 변화하는 욕구를 충족시키려면 육아를 다양한 단계의 작업으로 보는 것이 좋다. 처음 9개월 동안 자신을 잉태한 어머니와 함께 있을 때 아기는 스트레스를 가장 적게 받는다. 그러면 열심히 보살피는 아버지와 조부모, 유모처럼 애착이 가는 다른 양육자들과 있어도 안정감을 느낀다. 세 살이 되면 유치원에서 다른 아기들과 어울리는 것도 도움이 되며, 여섯 살이 되면 부모와 떨어져 하루 종일 학교에서 보낼 준비가 된다. 다른 나라에서는 이렇게 단계에 따라 아이들의 요구를 존중해준다.

밀레니얼 세대의 부모는 고용주와 선출된 관리들을 향해 일하는 부모가 아이의 요구를 잘 들어주도록 정책을 개정해달라고 요구하기 시작했다. 최소임금으로 그날 벌어 그날 먹고사는 부모들은 가정을 더욱 잘 지지해주는 정책을 펼쳐달라고 고용주에게 용감히 요구하지 못할 수도 있다. 그러나 안정적인 직업을 가진 부모들은 다른 모든 부모를 대변해서 그런 변화를 요구할 수 있다. 직장에서 가정친화적인 태도가 서서히 생기고 있지만, 현대의 부모는 아기의 요구를 충족시켜줄 독자적 방식도 창조해내고 있다.

이 장에는 Y세대의 부모를 개인적으로 인터뷰한 내용이 실려 있다. 이들은 아기를 보살피는 방식에서 놀라운 변화들을 이뤄낸 동시에 경제와 직업, 가정에서의 책임도 완수하기 위해 분투한다. 더없이 감동적인 이 이야기들이 전에는 한 번도 생각해보지 못한 새로운 가능성을 제시하고, 나름의 창조적 방안을 찾아내도록 자극을 주었으면 좋겠다. 인터뷰에 응했던 모든 부모는 아기와 친밀한 관계를 유지하는 것이 중요하다는 점을 잘 이해하고 있었다. 그래서 아기와 단절된 느낌이 들 때마다 다시 연결되기 위해 특별한 노력을 기울였다. 이런 부모는 아기의 등장으로 경험한 가장 큰 기쁨과 개인적으로나 관계 면에서 가장 힘들었던 과제를 아주 깊고도 상세하게 이야기해주었다. 이들 대부분이 육아라는 포괄적인 일을 서로 돕기 위해 새로 부모가 된 사람들과 지지 공동체를 만들었다는 이야기에는 가슴이 따뜻해졌다. 사생활 보호를 위해 이름을 바꾼 것 말고 들은 그대로를 기록했다.

아기를 더 건강하게 키우려면 변화가 필요하다는 것을 알고 난 부모가 발휘하는 힘을 과소평가하면 안 된다. 모유를 먹이는 것이 아기의 건강과 행복에 얼마나 중요한지를 깨달은 어머니들이 얼마나 급진적으로 다시 모유를 먹이기 시작했는지 생각해보라. 이와 비슷하게 부모들은 이제 유아를 오래도록 직접 보살피는 것이 중요하다는 것을 인식하고 있다. 그래서 고용주와 입법자들에게 이런 요구를 충족시키는 데 도움이 될 가정/직업 정책을 요구하기 시작했다. 미국 노동부 장관 토머스 E. 페레즈는 최근 어떤 부모도

'필요한 일과 사랑하는 가정 사이에서 선택해야 하는' 상황에 놓여서는 안 된다고 했다.

탁아를 대신할 창조적인 대안들

산후에 산모와 아기에게 기꺼이 반응하고 주의 깊게 보살피면, 애착이 강해지고 보살핌도 증가하며 장기적으로 모유만 먹이게 되고 유아사망률도 낮아지며 두뇌 발달도 향상된다. 아기는 분명히 자궁 안에서 시작된 관계를 지속하고 싶어 하며, 친밀한 애착관계를 형성한 어머니는 아기와 함께 있기를 바란다. 그리고 이 세대의 어머니들은 이런 바람을 조금은 쉽게 이룰 수 있다. 어머니가 모든 일을, 그것도 한꺼번에 다하려고 했던 과거와는 달리 지금의 어머니들은 일반적으로 '슈퍼맘'의 자격을 얻도록 내몰리고 있진 않기 때문이다. 실제로 여성에게 삶을 3개의 분명한 발달단계로 나누도록 권장하는 움직임도 새로 부상하고 있다. 20대에는 직업상의 목적을 이루기 위한 교육과 자기인식을 위한 탐험이나 여행, 평생을 함께할 배우자를 발견하기 위한 데이트에 초점을 맞춘다. 30대에는 결혼과 임신, 육아, 가정의 기반을 건강하게 구축하는 일에 주로 집중하면서, 시간제 일과 학회 참여, 네트워킹 등을 통해 자신이 몸담은 직업 분야의 변화들을 놓치지 않고 인식한다.

우리는 더 오래도록 건강한 삶을 살게 되었다. 덕분에 40대와 50대, 60대와 70대에도 오랫동안 품어온 승진이라는 목적을 위해 더 많은 시간을 바칠 수 있게 되었다. 다각도로 깊이 생각해서 아무리 계획을 잘 세워도, 살다 보면 예기치 못한 문제가 등장할 수 있다. 그래도 우선 사항을 기본적으로 정리해두면, 불안을 줄이고 더 주도적으로 움직이며 경로에서 벗어났을 때 특별한 회복력을 얻을 수 있다.

그러나 미국에서 1년에서 4년간의 유급 출산휴가를 받게 된다 해도, 모든 여성에게 전업주부가 되고픈 욕망이나 인내심이 생겨나는 것은 아니다. 내 어머니도 다섯 아이를 건사하면서 스트레스를 받고 불행하다고 느끼는 것 같았다. 어머니가 집에 계셨지만 그것은 정말이지 우리 중 누구에게도 긍정적인 경험이 아니었다. 때로는 할머니나 할아버지, 다른 식구, 친구나 유모가 가장 따스하게 아이들을 돌볼 수도 있다. 아이를 정말 잘 보살필 수 있는 사람인지를 시험하는 좋은 방법이 있다. 갑자기 누군가에게 완전히 의존할 수밖에 없게 됐다 하자. 말할 수도 걸을 수도 없고, 심지어는 가려운 곳을 긁을 수도 없어 몸과 마음, 정신을 보살펴줄 사람이 필요해졌을 때, 일주일에 5일 하루 10시간씩 함께 있을 때 편안함과 안정감을 주는 사람은 누구인가? 주의를 기울일 줄 알고 온화하며 아기 돌보기가 즐거운 사람을 돌봄이로 선택하는 것이 아기에게는 가장 중요할 것이다.

밀레니얼 세대의 부모는 아기 발달에 가장 중요한 생후 3년 동안 탁아를 대신할 몇 가지 창조적인 대안을 만들어냈다. 이들 부모는 아기를 직접 보살피고 더 행복한 가정을 꾸리는 데 유용한 확실한 변화를 일궈내고 있다. 아기들의 초기 요구들을 충족시키기 위해 생활방식까지 조정하는 이들의 결의와 유연함은 감동적이다. 그 변화는 이러한 것들이다. 삶을 간소하게 만들어 경제적 부담을 줄인다. 아이가 영유아일 때 부모 중 한 명이 집에 있다. 확대가족의 지원을 더 많이 받는다. 조부모나 친구, 유모를 주요 양육자로 활용한다. 내가 인터뷰한 부모들은 거의 이런 방법들을 혁신적으로 결합해서 실천하고 있었다. Y세대는 확실히 장애물을 무너뜨리고 고용주와 가족 구성원에게 아이를 더 건강하고 유능하며 친절한 사람으로 키울 수 있게 지원해달라고 설득하면서 새 길을 개척해나가고 있었다.

삶을 간소하게 만들기

> 삶에서 최선의 것은 물건이 아니다.
>
> — 아크 부취월드

미국의 문화적 규범은 열심히 일하고 돈을 벌어 물건을 산다는 생각에 토대를 두고 있다. 그런데 불행히도 감당할 수 없는 물건을 갖고 싶은 강렬한 욕망 때문에 더욱 열심히 일해야만 하는 상황에 놓이기도 한다. 청구서들에 대금을 지불하려면 돈을 더 많이 벌어야 하기 때문이다. 이렇게 감당하기 힘든 물건들을 사려면 더 열심히 일해야 하고, 이런 악순환은 계속 이어진다. 물론 카드회사나 대기업들로서는 돈을 긁어모을 수 있으니 좋은 일이겠으나 임금노동자와 그 가족에게는 엄청난 스트레스를 불러온다.

맞벌이를 하는 중산층 부모도 더 많은 물건을 끊임없이 구매하는 생활방식에 익숙해질 수 있다. 한때는 필수적이지 않던 것들이 필수적인 것처럼 여겨지면서 소비의 차단봉이 계속 높아지면, 임금 노동자들은 똑같은 수준의 만족을 맛보기 위해 계속해서 더욱 열심히 애쓰게 된다. 분투 중인 경제 속에서 오늘날의 부모는 시간과 돈 사이의 그 오래된 전투에 그들의 부모들보다 더 많이 맞닥뜨리고 있다. 이 갈망과 필요의 순환은 종종 문제를 유발하는 수준으로까지 불안을 부추기면서 많은 미국인의 스트레스를 증가시켰다. 불안은 미국에서 4천만 명의 성인에게 영향을 미치는 가장 흔한 정신장애가 되었다. 불안은 흔히 우울증과 여타의 스트레스성 질환을 동반한다.[2]

과거에 미국인은 일단 부모가 되면 삶을 간소화하기 힘들었다. 가정을 책임지고 자녀를 돌보며 직장에서도 그에 못지않게 계속 열심히 일하곤 했다. 그러나 스트레스를 받으면서도 끊임없이 분투하는 이런 삶은 가족 중 누구도 더 행복하게 만들어주지 않았다. 유럽의 생활방식은 이와 다르다. 그들은 돈보다 시간을 선택하고, 주중 4일만 근무하기를 바라며, 가족과 시간을 보내기 위해 휴가를 더 길게 갖고 싶어 한다. 부탄의 평화로운 문화에서 사는 사람들도 마찬가지다. 부탄에서는 국민총행복을 국민총생산보다 더욱 중요하게 여긴다.

'간소화'한다는 말의 정의는 '무언가를 더욱 쉽게' 만든다는 것이다. 현대의 몇몇 부모는 영유아의 요구를 충족시켜주면서 그들의 삶도 더 수월하게 만들기 위해 지출을 감축하고 있다. 아기는 사실 집이 큰지, 타고 다니는 차가 비싼지, 유아용 가구가 멋진 것인지, 장난감이 최신상인지, 옷이 디자이너 제품인지 신경 쓰지 않는다. 아기가 정말 원하는 것은 부모가 다정하게 요구를 충족시켜주고 놀아주며 즐거이 함께 있어주는 것이다. 물론 욕구를 충족시킬 만큼 충분한 돈을 갖는 것도 중요하다. 하지만 인간의 행복을 가장 증진시키는 두 번째 요소는 가족이나 친구들과 즐겁게 보내는 시간이다. 주의 깊은 부모는 삶에서 자녀와 많은 시간을 향유하면 행복한 가정을 이루고 궁극적으로는 돈도 절약되리라는 것을 안다. 아이에게 건강한 정서적 토대를 구축해주면 자립심이 강해져 후에 맞닥뜨리는 삶의 도전도 탄력적으로 받아들이게 되기 때문이다.

부모 중 한 사람이 전업주부 역할을 하면 필요한 돈이 크게 줄어든다. 이것을 알면 흔히들 기분 좋은 놀라움을 경험한다. 가장 크게 절약되는 금액은 대개 탁아비용(한 달에 평균 약 1000달러)이다. 여기에 새로운 외출복 구매 비용이나 점심식사비와 외식비, 탁아소와 직장을 오가는 데 드는 자동차 연료비도 필요 없어지고 차를 두 대나 몰 이유도 사라지면서 돈이 절약된다. 이런 경비를 합하면 상당한 양에 달하는데, 집에 전업주부가 있으면 밖에서 일하는 이가 그 돈을 벌지 않아도 된다. 집에 전업주부를 두고 한쪽의 수입으로 살 수 있게 생활방식을 대폭 간소화하면 이렇게 비용을 절감할 수 있다.

전업주부 엄마

> 내게는 어떤 것도 내 딸들보다 중요하지 않다……
> 우리의 첫 번째 일은 아이들이 제 역할을 하게 돕는 것이다.
> 우리가 물려줄 가장 중요한 유산은 바로 이것이다.
>
> – 미셸 오바마

아기와 엄마는 친밀한 동조 관계에 있다. 이런 관계는 임신 40주 동안 시작돼 아기가 자궁 밖으로 나와 엄마에게 철저하게 의존하는 40주 내내 계속된다. 안정적인 애착과 어머니와의 조화로운 유대 덕분에 안정감을 느끼면, 아기는 심신이 이완돼 편안하게 숨 쉬고 자고 젖을 먹고 음식을 소화시킨다. 그러면서 이 세상에서의 삶에 적응하고 두뇌를 더욱 정교하게 발달시키는 데 에너지를 쓴다. 이 임신 후반기에 어머니와 아기가 안정적인 한 쌍을 이루는 것이 중요하다는 것은 전 세계가 이해하고 있다. 개발도상국들에서 어머니들은 아기를 늘 안거나 업고 있고 대부분의 선진국들에서 산모에게 최소 1년의 출산휴가를 주는 것도 이 때문이다.

모유를 먹이면 엄마와 아기의 몸은 호르몬에 의해 계속 함께 움직인다. 한 예로, 엄마는 종종 가슴에 젖이 꽉 찬 것을 느끼고 한밤중에 잠이 깬다. 아기가 배고파서 한밤의 식사를 위해 눈을 뜨기도 전에 말이다. 하물며 복직해서 하루 종일 아기와 떨어져 있어야 할 경우 대다수의 엄마와 아기들이 많은 곤란을 겪는 것은 놀랄 일이 아니다. 오랜 기간 집에 머물 수 있는 엄마는 계속 자연스럽고 직관적인 리듬 속에 아기와 있을 수 있다. 물론 전업주부로 아이를 돌보는 것은 삶에서 큰 변화를 불러온다. 그러나 거의 모든 엄마는 이 소중한 시간을 아이와 보낸 것을 후회하지 않는다.

긍정적인 임신과 출산, 모유 수유, 전업주부 엄마와 아이의 관계에서 남편의 보살핌은 가장 중요한 요인으로 작용한다. 전업주부의 일은 사실 하루 24시간 일주일 내내 근무하는 아주 힘든 일이다. 남편이 얼마간 감사의 마음을 표하고 아내가 집에서 아주 중요한 일을 하고 있음을 인정해주면 아내의 자기존중감은 크게 높아진다. 남편의 이런 태도는 또 육아의 전반적인 행복과 부부 관계의

274

만족감을 향상시키는 데도 도움이 된다. 평화로운 문화권의 아버지들은 아기가 제대로 보살핌을 받도록 산모를 돌보는 것이야말로 가장 중요한 일임을 이해한다. 아기가 젖을 다 먹고 교감할 준비가 됐을 때 아빠가 많이 안거나 쓰다듬거나 목욕을 시켜주거나 흔들어주거나 노래를 부르고 아기와 춤을 춰주면, 엄마가 꼭 필요한 휴식을 취하는 데 정말로 도움이 된다.

전업주부에게는 확대가족 구성원과 다른 어머니들의 지지도 필요하다. 집에서 전업주부로 아들을 돌보던 시절의 어느 아침이 기억난다. 아침 9시에 창밖을 바라보다가 주위에서 그 시간까지 그 자리에 있는 것은 나뿐임을 문득 깨달았다. 그러자 하루 종일 일하는 친구나 동료와 완전히 단절된 듯한 느낌이 들었다. 같은 처지의 친구도 없다면 특히 전업주부 엄마들은 엄청난 외로움에 시달린다. 평화로운 문화권에서는 어머니들이 아이들을 데리고 마을이나 강가에 모여 신나게 웃고 떠들며 즐겼다. 그런 모습을 보면서 이들이 이제까지 경험해본 일 중에서 가장 힘든 일을 하면서도 계속 만족할 수 있는 이유가 이런 지지 때문임을 분명히 깨달았다. 딱 한 번 어느 발리인 어머니가 아기에게 화난 목소리로 소리치는 걸 들은 적이 있는데, 그것은 이 젊은 엄마가 고향을 떠나 다른 사람들로부터 고립된 채 대도시에 살고 남편도 하루 종일 일하러 나가고 없기 때문이었다. 똑같은 문제와 씨름하고 있는 친구도 없이 외로움에 시달리는 어머니는 참을성이 없고 성마르며 질투와 슬픔, 죄책감과 분노에 빠져 고통의 원인을 다른 사람에게 전가하기 쉽다. 그리고 그럴 땐 불행하게도 흔히 자신이 가장 사랑하고 필요로 하는 사람을 그 대상으로 삼는다. 이것은 결코 개인이나 결혼생활의 만족 면에서도 좋은 상황이 아니다.

내가 심리학 박사 과정을 밟을 때는 어머니가 되는 과정에서 여성에게 필요한 것에 대한 연구가 거의 이루어지지 않았다. 그래서 나는 어머니-아기 지지그룹을 만들어보기로 결심했다. 매주 한 번씩 10회의 세션을 가진 후 그들 스스로 모임을 계속하게 했다. 그 결과 어머니 그룹에 참여한 사람들에게서는 고립감이 크게 줄어들고, 지지와 동지애라는 긍정적인 감정과 육아 지식을 더 많이 얻고, 더 편안한 태도를 지니며, 산후 우울증과 불안이 줄고 결혼생활의 만족감은 증가했다. 나의 연구를 계기로 몇몇 혁신적인 여성들이 창설한 '탄생에서 3세까지'라는 훌륭한 단체의 지부를 만들기 위해 기금을 모으기도 했다. 이 그룹은 36년이 넘도록 93,000명의 어머니와 아버지들의 육아를 지원해오고 있다.

30년 전 딸이 태어났을 때 나이 든 어머니들을 위한 '탄생에서 3세까지' 지지그룹에 들어갔다. 이때의 유대감이 워낙 컸던 터라 우리는 지금도 1년에 몇 번씩 모임을 갖는다. 참고로 우리는 이 모임을 농담으로 '탄생에서 서른까지'라고 부른다. 어머니에게는 스트레스가 심하지만 특별히 소중한 시기가 바로 이 단계이며, 하루하루가 긴 것처럼 여겨져도 세월이 쏜살같이 지나감을 일깨워줄 다른 어머니들이 필요하다. 젖먹이나 걸음마장이를 돌보는 것만큼 중요한 일은 없으며, 이들만큼 어머니에게 필요하고 사랑받는 존재임을 느끼게 해주는 대상도 다시는 없을 것이다. 가입 가능한 이런 체계적인 그룹이 없을 경우에는 산모를 위한 수영이나 요가교실 혹은 분만교실을 수강하는 이들에게 함께 모임을 갖지 않겠느냐고 물어본다. 어떻게든 안전지대를 벗어나 손을 뻗어볼 필요가 있는 것이다. 그러면 아마 대부분의 어머니들도 그런 교류를 갈망하고 있던 터라 첫걸음을 내디뎌준 것에 평생 고마워할 것이다.

많은 전업주부가 너무 오래 집에만 있으면 다시 일을 시작할 수 있을지를 걱정한다. 젊은 시절 나도 엄마가 됐을 때 비슷한 걱정을 했던 기억이 있다. 다행스럽게도 나는 복직에 별 어려움이 없었고 근 40년이 지난 지금도 여전히 그 일을 하고 있다.

❋ 집에서 일하는 전업주부

발레리 이야기

나는 초등학생 연령의 아이들을 가르치는 교사인데, 임신을 시도하기 시작하면서 일을 그만두었다. 아기를 위해 더욱 활동적이고 건강한 임산부가 되고 싶었기 때문이다. 국가에서 유급 출산휴가를 주었다면 아마 일을 그만두는 걸 진지하게 고민했을 것이다. 가르치는 일을 좋아해서 몇 년간 아이를 키운 뒤 복직할 마음이 있었기 때문이다. 하지만 12주밖에 안 된 아이를 다른 사람의 손에 맡기지 못할 것을 알고 있었으므로 결심을 굽히지 않고 직장을 그만두었다. 임신 기간에 시간제로 아이 돌보는 일을 했는데도 우리는 여전히 빚을 지고 살았다. 하지만 넓게 볼 때 일을 그만둔 것이 별로 후회스럽지는 않았다. 덕분에 나나 내 안의 아기 모두에게 축복인 임신 기간을 더욱 편안하게 보낼 수 있었다.

라모나가 태어난 후 나는 기쁘게 엄마가 되었고, 가까운 미래에는 어떤 상황에서도 다시 일터로 돌아가고픈 마음이 들지 않으리라는 생각이 들었다. 다행히 우리는 수입과 지출에 균형을 맞출 수 있었다. 나처럼 엄마가 된 친구 애쉴리의 딸을 돌보는 일을 했기 때문이다. 임산부를 위한 요가교실에서 만난 친구였는데, 복직하게 되면서 그녀의 6개월짜리 딸 에이미를 주중에 매일 우리 집에서 돌보게 된 것이다. '일주일에 40시간씩 쌍둥이 같은 두 아기'를 돌보는 일은 즐거웠다. 같은 나이에 발달단계도 똑같고 좋아하는 장난감이나 책, 음식, 활동 등도 판박이라 두 아기를 보살피는 일은 예상보다 훨씬 쉬웠다. 이제 한 살이 된 라모나도 '에이미가 오는 날'을 좋아한다. 덕분에 두 걸음마장이는 명실상부한 최고의 단짝이 되었다. 이런 양육관계를 맺게 된 것은 꿈을 실현한 것이나 마찬가지였다. 남편 잭과 나는 가끔 에이미는 우리 식구 같고 에이미의 부모는 우리의 확대가족 같다고 농담을 주고받는다. 이제 나는 앞으로 몇 년간 걸음마장이를 한두 명 더 보살펴서 전업주부로 보내는 시간을 연장할 생각을 하고 있다. 다른 친구들의 아이를 보살피면서 확대가족을 계속 키워가는 것 같은 느낌을 받았으면 좋겠다.

잭도 라모나를 돌보는 일에 적극 참여하고 아이와 함께 보내는 시간을 좋아했다. 주말 아침 내가 라모나에게 젖을 먹이고 나면, 우리 중 누가 몇 시간 더 자도록 누가 깨어 있을지를 두고 협상을 벌이기도 했다. 잭은 교사였는데 한 학년 동안 주중에 10시간에서 12시간씩 학교에 가 있었다. 나 혼자 부모 역할을 하기에는 너무 긴 시간이었다. 이로 인해 그는 라모나와 함께 보내는 시간을 그리워했다.

잭과 나는 부모가 되기 전 둘만 살던 때보다 일상이 아주 힘들어졌음을 느꼈다. 일상적인 일과 집안 허드렛일을 아주 편안히 분담해서 하곤 했는데, 라모나가 등장하면서 상황이 확실히 달라져버린 것이다! 할 일은 두 배로 늘었는데, 시간과 에너지, 휴식을 취할 기회는 확 줄어든 것 같았다. 부부로서 둘만의 시간을 갖기도 힘들었다.

나도 너무 지쳐서 그런 시간을 제대로 즐기지 못하는 경우가 다반사였다. 가족으로서 더욱 가까워진 듯한 느낌은 들었지만, 각자가 얼마나 열심히 일하고 있는지 서로에게 감사와 관심을 분명히 표현하고 더 많은 시간을 함께하고 싶다는 생각이 종종 들었다. 그러나 삶에서 이 시기는 일시적이며 부부로서 힘들기도 하지만 곧 지나가리라는 것을 나 자신과 남편에게 일깨워주자 좀 나아졌다. 더불어 우리가 지금 쏟아붓는 시간 덕분에 우리에게 큰 기쁨을 선사하는 라모나가 자신감과 연민이 더 많은 행복한 아이로 자라고 있다는 확신도 든다.

✳ 아이를 입양한 전업주부

낸시와 로저 이야기

(6장의 사례를 부모의 관점에서 서술했다)

로저: 중국에서 입양한 아기 둘은 이제 아홉 살과 다섯 살이 되었다. 줄리아는 생후 10개월, 레오나르도는 4년 뒤 13개월이었을 때 우리 가족이 되었다. 우리는 경제적으로 안정될 때까지 기다렸다가 30대 후반에 아이를 입양했다. 젖먹이나 걸음마쟁이를 탁아소에 보내고 싶지 않았기 때문이다. 게다가 우리의 부모와 친척들은 몇 킬로미터도 더 떨어진 곳에 살고 있었다. 아이들을 마을에서 키우고 싶었지만 의지할 수 있는 건 우리 부부뿐이었다. 다행히 우리는 월급을 많이 받는 직업을 갖고 있었다. 또 사치스럽게 살지도 않았고 지불해야 할 청구서 금액도 많지 않았다. 게다가 정말 기쁘게도 입양을 할 때마다 연방 육아·간호휴가법에 따라 상사는 석 달간의 휴가를 주었다. 나는 유급휴가와 병가를 많이 저축해둔 덕분에 육아휴직 기간

에 급여 전액을 받았다.

낸시와 나는 줄리아를 위해 12주의 육아휴가를 받았다. 이후 낸시는 일주일에 사나흘 오전에만 시간제로 일했고, 나는 오후 1시부터 자정까지 일을 했다. 그래서 낸시가 일하는 날에는 내가 정오 무렵에 줄리아를 낸시의 직장에 데려다주고 낸시와 차를 바꿔 탔다. 줄리아가 보통 자동차의 유아용 의자에서 잠들어버렸기 때문이다. 새내기 부모로서 가장 힘들었던 일은 수면 부족이었다. 나는 늦게까지 퇴근하지 못했고, 낸시는 내가 돌아올 때까지 밤에 잠을 자기가 힘들었다. 그러고 나서도 둘 다 아침 일찍 일어나 출근하거나 줄리아를 돌봐야 했다.

낸시: 입양 당시 줄리아는 트라우마가 많았다. 열 달 사이에 생모와 위탁 가족을 잃었고, 친숙한 것이라곤 전혀 없는 완전히 낯선 나라에서 자신과는 달라 보이는데다 쓰는 말도 전혀 다른 부모에게 보살핌을 받게 되었으니 말이다. 여러 달 동안 줄리아는 산책을 시켜도, 이야기를 해주고 춤을 춰주고 책을 읽어주는 등 생각할 수 있는 온갖 방법을 다 동원해 달래도, 밤이면 일곱 시간씩 울어댔다. 우리는 갈수록 절박해졌지만 어떤 책에서도 이 달래기 힘든 아이를 위로할 방법을 찾을 수 없었다. 그런데 밤에 줄리아를 우리 침대로 데리고 들어가자 애착 면에서 가장 중요한 돌파구가 생겼다. 나는 신뢰를 쌓으려면 먼저 줄리아에게 귀를 기울이고 아이가 전하려는 말을 존중하고 있다는 느낌을 심어주어야 함을 깨달았다. 부모가 되는 법을 줄리아가 가르쳐주고 있으며 우리가 할 일이란 주시하고 듣는 것임을 비로소 이해한 것이다.

그런데 줄리아가 내게 애착을 갖기 시작하면서 출근하기가 정말 힘들어졌다. 나와 떨어지는 것을 너무 힘들어해서 회사에 병가를 내고 집에 머문 날도 있었다. 줄리아가 우리의 일상을 이해하고 둘 중 하나가 나가도 다시 버려질까 두려워하지 않도록, 우리는 장난감 집과 인형과 장난감 자동차로 역할 놀이를 하며 그날이나 다음날의 일상이 어떻게 전개될지를 보여주었다. 나는 줄리아가 힘들어하는 것 같은 문제에 주의를 집중했다. 그리고 아이가 새로운 세계를 이해하는 것을 도와줄 그림책들을 찾아다녔다. 입양에 관한 책을 보여주면서 친부모와 달라 보이는 엄마와 아빠가 일하러 가는 것도 가르쳐주고 밤에는 잠을 재우려 애썼다(줄리아에게는 언제나 잠이 문제였다). 줄리아에게 위안이 될 것 같은 것은 무엇이든 해주려 했다. 그런데 정말로 도움이 된 일은 줄리아가 화내도 괜찮다는 것을 우리가 받아들인 것이었다. 불쾌한 감정까지 포함해서 아이의 모든 느낌에 귀 기울인 것이 지금까지도 우리의 관계를 친밀하게 유지하는 데 중요한 역할을 하고 있다.

줄리아가 아기였을 때 특히 중요한 출발이 되어준 것은 대학생을 고용한 일이었다. 이 대학생은 일주일에 한 번씩 우리 집에 와서 몇 시간씩 줄리아와 놀아주었다. 덕분에 나는 외출은 못해도 집 주변에서 많은 일을 할 수 있었다. 청구서를 결제하는 등, 관심이 필요한 아기를 데리고는 하기 힘든 일들을 해치웠다.

로저: 내가 주입받은 지식 때문에 처음에는 줄리아와 함께 자기를 거부했다. 그러나 줄리아가 애착을 갖는 데 가장 중요한 역할을 한 것은 함께 잠자기였다. 낸시와 나는 번갈아서 줄리아의 방에 함께

있어주었다. 밤새도록 줄리아의 침대 옆에 누워 있기도 했다. 그러나 별 소용이 없었다. 줄리아는 우리를 바라보지도 않고 심하게 울어대며 아주 끔찍한 시간을 보냈다. 그런데 우리 사이에서 일주일을 함께 자고 난 후였을 것이다. 줄리아가 드디어 애착을 보이기 시작했다. 우리를 보고 미소를 짓기 시작했으며 심지어 웃기까지 했다. 줄리아와 함께 산 6개월 동안 한 번도 경험해보지 못한 일들이었다. 세상의 거의 모든 아기처럼 줄리아도 친부모와 한 침대를 쓰고 위탁모의 몸에 붙어 지내서 특히 밤에는 혼자 있어본 적이 없었을 터였다. 전통을 따르던 어린 시절에는 우리도 이런 양육법으로 자랐다. 그런데도 우리의 방식이 줄리아에게 어떻게 느껴졌을지는 생각해보지 못했다.

레오나르도를 입양했을 때 낸시는 두 번째 출산휴가를 신청했다. 그러자 상사는 바로 다음날 인력감축을 핑계로 그녀를 '아주 가라고' 했다. 이를 계기로 낸시는 4년이 지난 지금까지 전업주부로 지낸다. 그로 인해 나는 필요한 수입과 건강보험료를 지불하기 위해 종일제로 일해야 했다. 그러나 돌아보면 불운인 줄 알았던 낸시의 실직은 뜻밖의 축복이었던 것 같다. 바통 터치를 하듯 레오나르도를 떠맡기를 안 해도 되고, 레오나르도도 훨씬 쉽게 애착을 갖는 것 같았기 때문이다. 덕분에 레오나르도는 훨씬 편안해 보였다. 레오나르도에게 자신과 비슷한 누나가 있다는 것도 도움이 된 것 같다. 줄리아는 그를 아주 잘 보살폈다. 우리 셋은 중국에 머무는 동안에도 처음부터 레오나르도와 함께 잠을 잤다. 그러나 레오나르도가 가장 먼저 애착을 느낀 존재는 확실히 언제나 함께 있어주는 엄마였다. 그는 지금도 엄마와 함께 있기를 더 좋아한다. 이로 인해 나는 종종 소외감을 느끼기도 했지만 가족 모두에게는 각기 해야 할 일이 있다는 것도 깨달았다. 내가 운 나쁘게 걸려서 아이들과 많은 시간을 보낼 수는 없었지만 아이들이 엄마와의 시간을 즐기는 게 정말로 기뻤다. 덕분에 나도 낸시가 하지 못하는 일들을 훨씬 자유롭게 할 수 있었다. 훨씬 많은 시간을 취미나 운동에 전념할 수 있었던 것이다. 요구도 많고 스트레스도 심한 일에 몇 시간씩 시달린 후에는 배출구를 통해 풀어버릴 필요가 있음을 이해해준 낸시가 정말로 고마웠다.

최저임금 직종에 종사할 경우 살림을 꾸려가기 위해 맞벌이를 해야 하는 부부도 있다. 그러나 우리가 아는 맞벌이 부부들도 확실히 한 명은 집에서 아이들을 돌보고 싶어 하는 쪽으로 추세가 바뀌고 있다. 우리 부부나 친구들의 삶을 봐도, 가족과 함께하는 시간을 다시 삶에서 최우선 순위에 놓고 있다. 보통 아내가 집에 있고 남편이 종일제로 일할 경우에는 복직을 해도 주당 20~30시간만 일을 한다. 그러나 우리는 물질 소유에 가치를 두는 사회에 살고 있다. 더 많이 소유해야 한다는 생각에 사로잡혀 부부가 종일제로 맞벌이하는 이들도 있다. 그러나 낸시와 나는 다른 사람에게 아기를 맡기고 돈을 더 벌려고 애쓰기보다 부모 한쪽이 집에 있는 편이 더 좋다고 생각했다. 확실히 우리는 경비를 줄이기 위해 생활방식을 단순화시켜야 했다. 더 이상 외식도 안 하고 영화를 보러 가지도 않았다. 매년 다니던 호화여행도 그만두고 이제는 캠핑을 다니기로 했다. 최신 대형 전자제품은 사지 않기로 결심했으며, 아직도 멀쩡한 16년 된 자동차를 계속 몰기로 했다. 물론 20년쯤 지나면 우리도 꿈에 그리던 자동차를 가질 수 있을 것이다. 하지만 아이들이 아직 어린 지금은 특히 아이들과 시간을 더욱 많이 갖고 싶었다.

아이들이 생기면서 부부 관계에도 확실히 변화가 생겼다. 전에는 정말로 중요하던 몇몇 일들이 더 이상 우선순위가 아닌 것처럼 여겨졌다. 낸시와 나는 아이를 갖기까지 15년 넘게 함께 살아왔기에 서로를 잘 알고 있었다. 그리고 낸시가 지나치게 스트레스를 받아서 겉보기에는 별 이유 없이 내게 화낼 때도 여러 차례 있었다. 첫 아기가 생겼을 때 특히 그랬다. 그럴 때는 그냥 입술을 깨물며 꾹 참고 '이 또한 지나가리라'는 말을 되새기는 게 최선이었다.

낸시: 줄리아를 데려오고 나서 결혼생활이 아주 힘들었던 시기가 있었다. 둘 다 충격에 빠져서 우리 삶에 대체 무슨 짓을 한 건지 의아해했던 것 같다. 나는 어떻게 해야 할지 몰라 줄리아를 믿기지 않을 만큼 과보호했다. 심지어는 로저의 양육 방식으로부터도 줄리아를 보호하려고 했다. 로저는 훌륭한 아버지였는데 말이다. 아무 잘못이 없는데도 로저를 비난하곤 했다. 불쌍한 로저! 그때 내가 왜 그랬을까? 줄리아가 방 밖에서 넘어져도 로저에게 소리를 질렀다. "왜 어떻게 해서든 줄리아가 넘어지는 걸 막지 않은 거야?" 지금은 물론 그 일을 떠올리며 서로 웃음을 터뜨린다. 하지만 당시에는 힘들었다. 다행히 로저는 내가 격한 감정이 휩싸여 있고 두려워서 그런 것임을 이해했다. 그래서 고맙게도 반격을 가하지 않았다. 이렇게 새내기 엄마로서 비이성적인 단계를 통과하고 난 후 나는 비로소 정신을 차렸다. 나도 아이 보살피기를 잘할 수 있으며 모든 일이 문제없이 흘러갈 것임을 깨달은 것이다.

우리에게 일어난 가장 큰 변화는 서로를 경쟁자라기보다 한배를 탄 동지로 인식하게 되었다는 점이다. 이런 변화는 서로를 더욱 잘 이해하게 도와주었다. 나는 로저에게 상황이 어떻게 느껴질지를 상상해보고 진심으로 그의 입장에서 이해하려 노력했다. 그러자 새로운 차원의 이해가 열리면서 나의 분노도 흩어져버렸다. 줄리아가 아기였을 때 로저는 막중한 책임에 열 시간씩이나 근무를 해야 했다. 그래도 상사의 요구가 그치지 않아 한밤중까지 일하는 경우가 많았다. 나는 로저의 심정을 헤아려주려 애썼다. 덕분에 매일 네다섯 시간밖에 못 자고도 출근 전 10킬로미터를 달리고 싶어 하던 그에게 연민의 마음을 더 많이 가질 수 있었다.

로저와 나는 가족을 위해 몇 가지 중요한 기본원칙도 세웠다. 이 원칙들은 확실히 도움이 됐다. 서로의 이야기에 진심으로 귀 기울이고(이해받기를 바라기 전에 이해하기 위해서), 서로를 존중하며 화가 나도 욕은 절대 하지 않기로 한 것이다. 처음에는 "사랑하는 사람에게 하는 것처럼 말해줘"하는 식으로 서로를 일깨워주어야 했다. 그러나 지금은 대단히 고마운 습관이 되었다. 또 서로의 마음을 읽을 수 있다고 믿기보다 자신의 바람을 구체적으로 알려주는 것도 도움이 되었다. 예를 들어 나는 로저에게 이번 주말 바느질하는 데 두 시간이 필요하다고 말한다. 그러면 로저는 내게 무엇이 필요한지 추측하지 않아도 된다. 분명히 우리 중 누구도 원하는 것을 전부 얻을 순 없겠지만 우리는 최선을 다해서 서로를 보살피고 있다.

로저: 결국 낸시와 나의 관계는 훨씬 좋아졌다. 아이들이 생기기 전에는 둘 다 자기 욕망에만 초점을 맞추고 자신에게만 깊이 몰두해 있곤 했다. 그러나 아이들이 생기고 난 후 차고 넘치던 자유시간이 극도로 부족해졌다. 우리가 선택한 역할에 적응하려면 둘 다 시간이

필요했다. 그런 와중에 낸시는 전업주부로 힘들게 일하는데도 존중 받지 못한다는 느낌을 받았나보다. 낸시가 너무 힘들다고 불평할 때 나는 힘을 보태주려고 노력했다. 그러나 때로는 내 일로도 스트레스 가 심해서 화를 내기도 했다. 그러지 말았어야 했는데, 몇 번은 "언 제든 자리 바꿔줄 용의 있어"라고 대꾸하기도 했다. 그러면 예상대 로 상황은 악화돼버렸다.

나는 긍정적인 강화를 끔찍하게도 못해준다. 내가 아무 말도 안 하다면 그건 상대가 아주 잘하고 있기 때문이라고 종종 사람들에게 말해왔지만, 집에서는 그런 태도가 효과적이지 않았다. 낸시는 확실 히 모종의 인정을 원했다. 나는 지금도 이런 훈련을 하고 있다. 전보 다는 더 잘하게 되었어도 확실히 썩 잘하지는 못한다. 낸시가 아이 들과 보내는 시간에 아직도 가끔은 질투를 느끼지만 그러한 시간을 보낼 수 있는 걸 진심으로 기쁘게 생각한다.

낸시: 하루 종일 전업주부로 집에 틀어박혀 있는 게 가끔은 정말로 죽을 맛이었다. 나는 끊임없이 분주하게 종종거리며 두 애들의 요구 를 들어줘야 했다. 그래서 로저에게 하소연하면 "배부른 소리 하지 마"라거나 "복이 넘쳐 집에 있을 수 있는 거야"라고 핀잔을 주었다. 그럴 땐 정말이지 힘들었다. 내 일의 스트레스를 무시하는 것 같아 서다. 그래서 그가 퇴근했을 때 집이 지저분해도 나는 신경 쓰지 않 았다. 레오나르도가 초등학교 3학년이 될 때까지는 그래도 된다고 생각했다. 이처럼 모든 문제들에 소통이 잘 안 되던 시기가 있었다. 엄마로서 내가 하는 일을 인정받지 못한다고 느꼈다. 그러자 로저는 일이 하찮게 생각돼서라기보다 일에서 받는 스트레스로 불만이 쌓

여 그런 것이라고 해명해주었다. 그런 말을 들으면 마음이 조금 풀어졌다. 인정받지 못한다는 느낌을 내려놓고, 둘 다 아주 열심히 최선을 다해 일하고 있음을 받아들여야 함을 깨달았다. 가끔 사과를 요구하면 로저는 보통 미안하다고 했다. 또 "정말 그런 거였어?"라고 물으면 "응, 정말이야. 난 당신 아주 많이 사랑해"라고 대답했다. 그러면 모든 것이 다시 좋아졌다.

우리는 아이들을 탁아소에 보내지 않았다. 그러나 아이들이 세 살 반이 지나고부터는 반나절 동안 유치원에 보냈다. 그즈음이면 이런 유형의 학습 경험을 받아들일 준비가 되고, 다른 아이와의 어울림도 즐길 수 있기 때문이다. 로저와 나는 전과 달리 둘만의 시간을 갖지 못했다. 그러나 어쩌다 그런 시간이 생기면 갈등을 풀고 다시 연결되도록 노력했다. 최근에는 함께 주짓수 수업을 듣기 시작했다. 무술의 일종인 주짓수는 우리가 생각한 것과는 완전히 다른 영역의 것이었지만 답답한 긴장감을 해소하는 데 아주 좋았다. 우리는 또 힘든 시기를 이겨내고 문제를 너무 심각하게 받아들이지 않기 위해 유머를 많이 발휘했다. 로저는 특히 유머를 잘 구사한다! 그가 웃게 만들어준 덕분에, 종종 자조의 웃음을 자아내기도 했지만, 우리 모두를 위해서 상황을 더욱 긍정적으로 받아들일 수 있었다.

로저: 아이를 정말 사랑스럽고 생산적인 사람으로 키운 친구 몇 명이 이런 말을 했다. "아이들이 잘 자라도록 일정한 노력을 기울여야 해. 어렸을 때 그런 노력을 쏟으면 나중에 네 삶이 훨씬 편안해질 거야. 하지만 아이들이 십대가 될 때까지 기다리면 상황은 훨씬 어려워지고 돌이키기엔 너무 늦어버리지." 낸시와 나는 우리가 즐겁게

어울릴 수 있는 사람으로 아이들을 키우고 싶었다. 그래서 친구들의 충고를 받아들여 아이들에게 지금 시간을 투자하기로 결심했다. 우리 중 한 사람이 집에서 아이들을 돌볼 수 있고, 그렇게 하는 것이 아이들에게 좋다는 걸 인식하고 있었다니 우리는 참 운이 좋았다.

전업주부 아빠

> 삶의 목적이 갖는 상대적 중요성을 생각해보면
> 음반을 내거나 직업을 갖는 것은
> 내 아이들이나 다른 모든 아이들보다
> 혹은 그만큼 중요하다는 확신이 들지 않는다.
>
> – 존 레논

요즘의 아버지들은 태중의 아기에게 말을 걸고 출산 과정에 긴밀하게 관여하며 아기의 탯줄을 자르고 아기가 태어나면 그 작은 갓난아기를 꼭 안고 살갗을 맞댄다. 이런 아버지에게서는 애착과 보살핌, 아내와 아기를 보호하겠다는 마음을 증진시키는 호르몬의 수치가 증가한다. 평화로운 문화권의 아버지들처럼 미국의 Y세대 아버지들도 집 안 허드렛일을 떠맡고 요리를 하며 출산 후 몇 주간 산모와 아기를 돌본다. 그러면서 가족의 유대감을 다지는 이 시기에 그들 자신도 친밀한 애착을 형성한다. 이렇게 직접 실천하는 아버지들은 양육에 더 많이 참여하면서 흔히 수유를 제외한 아기의 모든 요구를 충족시켜준다.

지금의 부모들은 출산휴가 후에 누가 신생아를 보살필지를 결정한다. 이때 아내가 나가서 일하고 남편이 전업주부처럼 아이를 돌보는 쪽을 선택하기도 한다. 미국의 여성은 여전히 남성이 1달러를 벌 때 평균 78센트밖에 받지 못하지만 남편보다 임금도 높고 혜택도 많은 직업의 여성도 많다. 때로는 남편이 실직 상태인 경우도 있다. 그러나 수입만을 근거로 부부 중 누가 전업주부 역할을 할지 결정해서는 안 된다. 처음 1년 동안 집에서 아이를 달래고 보살피고 먹이는 엄마의 중요성을 폄하해서는 안 되기 때문이다. 대부분의 개발도상국에서는 아기가 고형식을 먹을 만큼 자랄 때까지 어머니가 집에서 아이를 돌본다. 그 후에 세 살이 돼서 유치원에 들어갈 때까지 몇 년간 아버지가 집에 있기도 한다. 미국의 많은 부부도 유사한 결정을 내린다. 그러나 미국에서는 정부 지원의 육아휴가가 없기 때문에 가족 구성원의 개인적인 요구와 직업, 경제적 책임 등을 고려해서 모든 가족에게 가장 좋은 해결책을 찾아내야 한다. 이때 아주 중요하게 고려할 사항은 부모의 인성이다. 아기를 가장 잘 보살피고 인내심이 있으며 정말로 아기를 좋아하는 사람이 아마도 최고의 전업주부가 될 것이다. 전업주부 아버지는 비교적 최근에 나타난 현상이다. 그러나 미국에서는 현재 200만 명의 아버지들이 주 양육자 역할을 하고 있으며, 어머니가 직장에 다닐 경우 집에 있는 아버지들도 20퍼센트나 된다.[3]

이미 언급한 것처럼 전업주부는 고립감을 느낄 수 있는 굉장히 힘든 일이다. 전업주부 역할의 아버지도 직장에 다니는 아내에게 정서적으로 많은 지지와 이해를 받아야 한다. 그러면 존중받는다는 느낌을 받게 돼 부부와 가족의 전체적인 행복감이 커진다. 물론 전업주부 역할을 하는 쪽 역시 직장에 나가 일하는 배우자를 특별히 인정해주는 것도 중요하다. 내가 함께 일했던 어느 행복한 부부가 그 예다. 아내가 퇴근하면 집에 있던 남편은 늘 이런 말로 아내를 반긴다. "얘들아, 어머니 오셨다. 우리를 위해 아주 힘들게 일하고 오신 거야!"

전업주부 역할을 하는 아버지들은 아이를 키우면서 생긴 감정이나 문제를 어머니들처럼 많이 이야기하고 싶은 욕구가 강하지 않을 수도 있다. 그래도 다른 부모들의 지지를 받고, 함께 시간을 보낼 전업주부 남성 친구를 적어도 한 명은 두는 것이 좋다. 많은 아버지들은 자식을 위해 유년의 한 시기에 집에서 아이를 돌보기로 결심한 것이 이제까지 내린 선택 중에 가장 보람 있는 것이었다고 느끼고 있다.

✽ 다섯 살이 될 때까지 집에서 아이를 돌본 아빠

샘 이야기

버피가 임신했음을 알았을 때 꽤 충격을 받았다. 함께 살고는 있었지만 우리는 아직 결혼식도 올리지 않았기 때문이다. 그녀는 기업체 간부라는 아주 좋은 직업을 갖고 있었고, 나는 간병인으로 일하고 있었다. 나는 내 일을 좋아했고 건강보험 혜택도 아주 컸다. 하지만 최저임금을 살짝 웃도는 수준이었으므로 아이가 태어난 후 일을 계속해도 아기돌봄이에게 내 월급 전액을 주어야 할 판이었다. 우리 모두에게 이것은 말이 안 되는 일이었다. 그래서 우리는 넉넉하지 못해도 버피의 월급으로 생활을 하고 내가 집에서 아기를 돌보기로 결정했다. 이런 결정은 버피의 임신 후 아주 신속하고도 쉽게 내려졌다. 그것이 이치에 맞았기 때문이다. 또 집 계약금을 지불한 후 아이가 태어난 뒤 사용하기 위해 돈을 비축하기 시작했다.

앨리스에 대한 나의 애착은 임신 중에 형성되기 시작했다. 버피가 임신 6~7개월에 접어들었을 때 내 일을 인계할 사람이 나타나서 나는 직장을 그만두었다. 덕분에 앨리스가 태어나기 전에 몇 달의 시간이 생겨서 새로 들어간 집을 수리하고 출산 준비를 하며 자리를 잡을 수 있었다.

버피는 원래 앨리스가 태어난 후 석 달간 무급휴가를 받을 계획이었다. 그러나 약 2개월 반이 지난 후 다시 일을 시작했다. 처음 몇 주 동안은 정말이지 근사했다! 아기가 생겨 셋이 되면서 우리는 많은 시간을 함께 보냈다. 앨리스를 데리고 산책하거나 걸으면서 아이가 먹고 잠자는 모습을 지켜보았다. 더없이 즐거운 시간이었다. 버피도 지금까지 그때가 너무 특별했다고 말한다. 이후 버피는 재택근무를 병행하며 회의에 참석하다가 세 달째가 되면서 다시 직장으로 돌아가 하루 종일 근무를 했다. 버피의 직장은 집에서 아기와 시간을 보낼 수 있도록 물심양면으로 지지해주었다. 앨리스가 6개월이 되었을 때 버피와 나는 결혼했다.

버피는 복직하고도 근 1년 동안 모유를 먹였다. 그녀는 모유를 짜서 냉장고에 두고 출근했다. 하지만 앨리스가 직접 젖을 먹을 수 있도록 나는 매일 버피의 사무실로 앨리스를 데려갔다. 덕분에 버피는 근무 시간에 모유를 짜두지 않아도 되었다. 보통은 버피의 점심시간에 맞춰 하루 한 번 앨리스를 데려갔는데, 가끔은 오후에 다시 한 번 더 데려가기도 했다. 그러면 버피는 밤에 퇴근해서 앨리스에게 젖을 먹였다. 원래 2년간은 이렇게 할 계획이었다. 그런데 앨리스가 한 살쯤 됐을 때 버피의 사무실에 데려가자 주변에 관심을 보이면서 젖을 물거나 장난을 쳤다. 이것을 보고 우리는 젖을 뗄 시기가 됐음을 분명히 깨달았다.

　전업주부로서 아이를 돌보는 일은 정말로 행복했다. 간병인이어서 그런지 아이 돌보기는 천부적으로 내게 잘 어울렸다. 나는 아주 주의 깊게 들어줄 줄 알았고 놀아주는 것도 좋아했으며 음악가처럼 앨리스와 음악을 연주하는 것도 즐거웠다. 게다가 참을성도 많았다. 그러나 매일 하루 종일 아이와 있다보니 이 참을성을 수없이 시험을 당했다. 그래서 앨리스가 크면서는 때로 휴식이 필요하니 혼자 놀라고 말하기도 했다. 아이는 이제 다섯 살이 되었으며 나는 앨리스를 위해 이 일을 계속하고 있다. 청소와 세탁, 정원일, 자동차수리까지 집안일은 거의 모두 내 몫이다. 한편 나는 젬병이지만 버피는 요리를 좋아해서 식재료를 구입해 저녁을 짓는 일은 대개 버피가 한다.

　사실상 처음에는 버피도 이런 역할 변경을 아주 힘들어했다. 자기는 직장을 다니고 남편은 집에서 아이를 돌본다고 하면, 사람들이 내 실직으로 인한 경제적 문제 때문인 줄로 속단해버려서다. 둘이 합의해서 남편이 살림을 맡는 쪽으로 선택했다고 설명하면 사람들은 정말로 놀라워하는 눈치였다. 하루 종일 앨리스와 떨어져 지내는 것도 버피에게 힘든 일이었다. 우리가 하루를 어떻게 보냈는지 이야기해주면 자신만 소외되었다는 생각에 슬픔을 느끼는 경우도 확실히 있었다. 하지만 버피는 내가 도시를 벗어날 경우 주말에 앨리스와 단 둘이 지내기를 좋아했지만 나처럼 참을성이 많지는 못했다. 전업주부 역할에 익숙해져서 그런지 아니면 간병인이라는 직업 때문인지 나는 가족의 부양자 같은 성향이 더 컸다.

　한편 버피와 앨리스는 임신과 수유의 경험 덕분에 확실히 특별한 유대를 형성하고 있었다. 상처를 받거나 누군가 안아줄 사람이 필요하면 앨리스는 언제나 버피를 찾았다. 버피도 퇴근 후에는 앨리스와 책을 읽거나 둘이 찰싹 달라붙어 이야기를 나누거나 요리를 하면서 앨리스와 다시 연결되었다. 주말에는 서로를 꼭 껴안은 채 오래도록 낮잠을 즐겼다. 내가 살림하고 버피가 직장에 다니는 것이 전통적인 방식이 아님을 둘 다 잘 알고 있었다. 하지만 우리에게는 이런 분담이 아주 자연스러웠고 효과적이기도 했다. 경제적으로나 성격 면에서나 우리에게는 최선이었다.

사교성이 좋으면 정말로 많은 도움이 된다. 아이가 한 명뿐이어서 나는 외출도 하고 아이가 있는 사람이든 없는 사람이든 쉽게 어울릴 수 있었다. 처음 앨리스와 함께 집에 있게 되었을 때는 앞 포대기에 아기를 안고 시내를 돌아다니다가 도서관에 가서 스토리 강좌를 듣거나 공원에 가곤 했다. 편견 없고 자유로운 지역에 살았기 때문에 보통은 사람들이 그런 날 잘 받아주고 있다는 느낌이 들었다. 하지만 어머니들에게 다가가 대화에 동참하는 시늉이라도 내려 하면 '이 남자는 뭐야?' 하는 야릇한 시선을 느낀 적도 많았다. 내게서 자신들의 아이를 보호해야 한다고 생각하는 것 같았다. 내가 여성이었다면 그들도 더 마음을 열었으리라는 느낌이 들었다. 그러나 나처럼 집에서 아이를 돌보는 친구들이 와서 그들의 아이와 놀아주는 모습을 보고는 다른 어머니들도 내가 전업주부 남편임을 깨닫고 나를 받아들였다. 이제 우리는 육아를 공유하는 친구들과 넓은 관계망을 형성하고 있다. 덕분에 앨리스가 좀 크면서부터는 해야 하거나 하고 싶은 일이 있을 때 다른 집에 가서 놀기도 한다. 같은 동네에 우리의 확대가족은 없지만(있다면 참 좋았을 것이라고 생각한다) '우리 마을'의 구성원들로 커다란 네트워크를 창조해낸 것이다.

나는 몇 년이 지나서야 나처럼 전업주부 역할을 하는 아버지를 만나 좋은 친구가 되었다. 그의 아들과 앨리스는 동갑이었고 그에게는 두 살 아래의 딸도 있었다. 아내가 의사여서인지 아내가 일을 하고 그는 집에서 살림을 했다. 그와 어울리는 일은 즐거웠으며 아이들도 함께 노는 것을 좋아했다. 자연히 두 가족은 사이가 가까워졌다. 그는 전업주부 남편이 되어 비난을 많이 받았다는 이야기는 하지 않았다. 전업주부 역할은 임시로 하는 것 같았다. 플라스틱 원반을 던져 주는 식으로 아이와 놀아주면서 함께 있을 때 우리는 아이들이나 양육에 대한 느낌을 이야기했다. 하지만 보통은 대부분의 시간 동안 다른 문제들을 이야기했다. 그런 점이 참 마음에 들었다. 다른 어머니들과 있을 때는 육아와 아이에 대해서만 주구장창 대화를 이어갔기 때문이다. 이런 일은 가끔 버거웠다.

나는 여성과 남성 사이에 차이가 없다고 생각했다. 단지 서로 다르게 길러졌을 뿐이라고 믿었다. 그러나 이 모든 일들을 경험하고 난 지금은 남자아이와 여자아이, 남성과 여성 사이에 크고도 분명한 차이가 있음을 확실히 안다. 기본적인 본능이나 상황과 일에 대처하는 방식, 중요하게 생각하는 점 등에서 그렇다. 분명히 아버지들도 아이들을 더욱 잘 보살피게 되었다. 퇴근 후 집에서 아이들과 시간을 보내는 것을 가장 먼저 하고 싶어 하는 아버지들은 아주 많다. 이런 경향이 지난 세대보다 훨씬 널리 퍼져 있다. 물론 양육을 가치 있게 생각하지 않는 남성도 세상에는 있겠지만 그런 이들과 맞설 마음은 없다. 또 전형적인 마초 같은 행위를 보여주는 남성도 있다. 그런 사람들은 정말로 존재한다. 그러나 젊은이에게서는 그런 행위를 본 적이 없다. "저런, 애들이랑 집에 있다니 정말로 불쌍하군요." 젊은 사람이 이렇게 말하는 것은 상상도 못할 일이다. 요컨대 사회적으로 정말 변화가 일어나고 있는 것이다. 잘은 모르지만 아마 텔레비전이나 인터넷 덕분일 것이다. 하지만 내가 사는 중서부의 작고 보수적인 마을에서는 아버지가 되는 것에 거칠게 남자다움을 과시하는 마초적 태도를 여전히 발견할 수 있다.

나와 가장 친한 친구는 교사다. 그의 아내가 시간제로 일하면서 두 아이를 주로 보살피고 있다. 그는 자기 마음대로 할 수 있다면 부부가 둘 다 반나절만 일하고 남은 반나절은 아이들과 시간을 보내고 싶다 했다. 전업주부로 아이를 돌보는 나를 그는 부러워했다. 그리고 아이와 시간을 보내는 데만 집중할 수 있는 여름철을 좋아했다. 여름이면 아침에 집안 허드렛일을 마치고 나머지 시간에는 함께 어울려 놀거나 재미있는 일을 하고, 마음이 내키면 언제든 캠핑을 갈 수 있기 때문이다.

아이들이 어릴 때 함께 보낼 수 있는 시간이 너무 짧다는 것을 많은 부모들이 인식한다. 종일제로 근무할 경우 아이들과 함께할 시간이 부모에게는 충분하지 않다. 퇴근 후 귀가해서도 흔히 너무 피곤해서 아이들과 즐기기 힘들다. 물론 내가 대화를 나눈 부모 중에는 아이들을 사랑하지만 출근하는 쪽을 확실히 더 좋아하는 이들도 있다. 하루 종일 아이들과 함께 지내는 데는 특별한 양육 에너지가 필요한 것 같다. 이런 에너지가 없으면 고문당하는 듯한 느낌이 들 수도 있다. 요즘 부모에게 가장 큰 골칫거리 중 하나는 끊임없이 정신을 산란하게 만드는 핸드폰과 컴퓨터다. 이것들의 사용을 제한해야 한다. 이것들에 끊임없이 방해받을 때는 아이들과 함께하는 일에 정신을 집중하기가 아주 어렵기 때문이다. 버피와 나는 저녁 식사 시간에도 대중매체의 방해를 허용하지 않았다. 심지어는 부모님께도 식사할 때는 폰을 멀리 치워두라고 부탁했다.

버피와 나는 때때로 밤에 데이트를 나간다. 하지만 비용이 너무 많이 들어서 자주는 못한다. 한쪽만 직장에 다니게 된 후로 우리는 확실하게 생활비를 줄이기 위해 외출도 않고 휴가도 자주 안 가고 될 수 있는 대로 자동차보다는 자전거를 이용한다. 두 살 반이 되고부터 앨리스는 우리와 가깝게 지내는 친구들과 밤을 보내는 걸 좋아했다. 앨리스가 자고 올 경우 버피와 나는 외출을 나가 함께 시간을 보냈다. 다른 부모들이 앨리스를 밤새 돌봐준 덕에 우리는 큰 비용을 들이지 않고도 특별한 시간을 가질 수 있었다.

우리의 결혼 생활에도 스트레스를 불러오는 일들이 몇 가지 있었다. 가장 심각한 문제는 버피가 한 달에 며칠씩 여러 번 출장으로 집을 비워야 한다는 것이었다. 집에 버피가 없는 것이 모두에게 스트레스였지만 앨리스와 나는 일상을 잘 영위해나갔으며, 버피가 돌아왔을 때 오히려 힘들어졌다. 버피를 다시 받아들이는 과정이 어려웠던 것이다. 모두 그동안 너무도 다른 경험을 해서 다시 연결될 방법을 찾기가 쉽지 않았다. 우리 부부에게 스트레스를 주는 경우는 또 있었다. 버피가 과로하거나 마감이 걸린 일로 스트레스를 받고 있는데 나는 그녀가 얼른 퇴근하기를 바랐다. 나는 가끔 연극 연습을 하러 가야 했다. 출연료는 없었지만 내게는 아주 중요한 일이었다. 그런데 한 달간은 매일 밤 연습을 했고, 버피는 피곤에 지쳐서 퇴근을 했다. 저녁 식사 후 나는 연습을 하러 가서 밤늦게까지 돌아오지 않았다. 연극이 막을 올린 후에는 몇 주 동안 주말 밤마다 나가야 했다. 이로 인해 버피는 퇴근 후 매일 앨리스와 집에 있어야 했고, 두 달간은 혼자만의 일을 할 시간을 조금도 갖지 못했다. 이 시기에 유난히 스트레스가 심해서 말다툼도 많이 했다.

버피와 나는 사실 아이를 갖고 싶은 마음이 확고하지 않았다. 그러나 아이가 생기고 나서 모든 것은 완전히 달라졌다. 앨리스를 낳기로 한 것은 우리의 전 생애에서 가장 훌륭한 결정이었다. 전업주부 아버지로서 가장 좋은 점은 앨리스가 자라는 것을 지켜보고 아이의 삶에 영향을 미칠 수 있다는 것이다. 앨리스도 분명히 나의 삶에 영향을 주고 있다. 전업주부로 아이를 키울 수 있게 되다니 참 운이 좋다. 경제적으로 부모 중 한 사람이 집에서 아이를 돌볼 수 없는 가정이 많다는 점도 잘 알고 있다.

내 아버지는 공군이었고 어머니는 형과 내가 어렸을 때 언제나 집에서 우리를 보살폈다. 어머니는 도서관학 학위까지 갖고 있고 그 분야에서 일하기를 좋아했지만, 공군 장교의 아내라 직업을 갖는 걸 단념해야 했다. 나는 어머니가 집에 있어서 탁아소에서 크지 않아도 되는 게 좋았다. 그래서인지 앨리스도 탁아소에 보내고 싶지 않았다. 억대 연봉을 받는 직업을 가졌다 해도 다른 사람 손에 내 아이를 키우고 싶지는 않았을 것이다. 군인 가족이었던 탓에 우리는 이사를 많이 다녔고 확대가족과 가까이 살았던 적도 없다. 하지만 지금 나는 은퇴한 부모님과 형 부부에게 우리 집 근처로 이사 오라고 이야기하려 한다. 가족과 한 동네에 산다는 것이 얼마나 좋은 일인지 절감하고 있기 때문이다. 나는 비록 확대가족과 함께 살지 못했지만 앨리스는 그렇게 만들어주고 싶다. 부모님은 물론 연세가 있어서 앨리스를 직접 보살피지는 못할 것이다. 다섯 살짜리 아이의 에너지를 감당할 수 없을 것이므로. 하지만 한 달에 하룻밤만이라도 아이를 돌볼 수 있다면 정말 좋을 것 같다. 내 친구 중에도 부모가 둘 다 출근한 뒤 조부모가 주 양육자 역할을 하는 경우가 있다. 언젠가 할아버지가 됐을 때 앨리스를 위해서 그렇게 해줄 수 있다면 나도 아주 행복할 것이다.

세 살이 되면서 앨리스는 일주일에 이틀, 오전에만 유치원에 다니기 시작했다. 네 살이 되고부터는 사흘 동안, 다섯 살이 된 지금은 일주일에 나흘, 4시간 반 동안 유치원에 있다. 덕분에 지금 나는 다른 일을 할 시간을 일주일에 18시간이나 갖게 되었다. 그래서 앨리스가 유치원에 있는 동안 간병과 아이들을 위한 연극 캠프, 이런저런 잡다한 일을 시작했다. 전업주부로 아이 돌보기를 좋아하지만 이제는 나도 세상으로 나가 다시 돈을 벌 때가 되었다.

✱ 1년간 걸음마장이를 돌본 미혼부

알렉산더 이야기

데이트를 하던 중에 에이프릴이 임신했다는 사실을 알았다. 서로에게 오래도록 헌신할 수 있을지 확신이 안 섰지만 아직 태어나지 않은 아이에게는 평생 충실하기로 약속했다. 스칼렛이 태어난 후 나는 기쁘게 아이를 돌보고 심지어는 에이프릴과 스칼렛이 사는 집에서 대부분의 시간을 보냈다. 경제와 요리, 잡다한 집안일을 돕고 스칼렛을 돌보며 강한 애착을 형성하기 위해서였다. 에이프릴과 똑같이 능력 있는 부모가 되어 기저귀를 편안하게 갈고 스칼렛에게 옷을 입히고 어르고 재우는 일이, 내 도움 없이는 그 모든 일을 할 수 없다는 것을 에이프릴에게 알려주는 것이 내게는 중요했다. 에이프릴이 떠안은 책임을 생각할 때, 그녀가 이미 부당한 상황에 놓여 있다는 느껌이 들었다. 나는 임신도 출산도 수유도 할 수 없으니 말이다. 어머니와 아기 사이에는 내가 끼어들 수 없는 많은 일이 있었다. 그래서 내가 할 수 있는 다른 일을 전부 해주려고 노력했다.

출산 후 에이프릴과 나는 한 달간 일을 쉬었다. 스칼렛에게 애착을 갖게 되었다는 점에서 아주 좋은 결정이었다. 우리는 함께 스칼렛을 돌보는 법을 배웠다. 이후 에이프릴은 6주를 더 쉬다 복직했다. 그러나 나는 다시 한 달간의 유급휴가를 받았다. 스칼렛이 계속 부모의 보살핌을 받도록 해주고 싶었기 때문이다. 애착 형성 면에서 생후 6개월간이 아버지에게는 더욱 힘든 시기라고 생각한다. 태어난 후 아기를 가장 먼저 안고 달래고 젖을 먹이는 사람은 보통 어머니이기 때문이다. 이 순간부터 죽 어머니가 일차적인 역할을 떠맡기 때문에 아기도 어머니와 함께 있고 싶어 한다. 다행히 나는 스칼렛을 어르고 편안하게 해주는 일을 잘해냈다. 그래서 스칼렛도 내 품 안에서 잠이 들곤 했다. 하지만 나는 임신과 출산 경험이 없었고 에이프릴처럼 호르몬을 통해 스칼렛에게 애착을 느끼지도 않았다. 그런데 스칼렛이 6개월에서 9개월 사이였을 때 나의 애착도 강하게 자라났다. 이때부터 스칼렛이 나를 알아보고 찾기 시작했으며 실제로 내 쪽으로 기어오기도 했다. 스칼렛과의 유대감이 어떤 것인지를 실제로 느끼기 시작하면서 스칼렛도 본질적으로 내게 분명한 애착을 갖기 시작한 것 같았다.

아버지들이 어머니와 아기의 관계를 질투한다는 말을 들은 적이 있다. 하지만 나는 전혀 그러지 않았으며, 아버지인 내 친구들 중에 누군가 그런 감정을 토로하는 걸 들어본 적도 없다. 나는 그저 에이프릴이 친밀한 유대관계를 잘 형성하고 스칼렛과 강렬하고도 행복한 수유 경험을 갖는 것이 정말 중요하다고 느꼈다. 아기가 건강하고 만족스러운 것처럼 보이면 나도 행복했다. 처음 몇 개월 동안 어머니 역할이 아주 중요하다는데, 에이프릴이 스칼렛의 요구를 잘 충족시켜주는 게 기뻤다. 에이프릴은 처음 6개월 동안 스칼렛에게 모유만 먹였다. 그런데 출장 때문에 며칠 집을 비워야 해서, 나는 모유를 다 먹인 다음 조제분유를 주어야 했다. 에이프릴이 돌아왔을 때부터는 모유가 충분히 나오지 않아서 이때부터 음식과 조제분유를 함께 주었다.

나는 종일제로 많은 일을 하고 있었고 에이프릴은 대부분의 일을 재택근무로 처리했다. 하지만 스칼렛이 함께 있을 때는 그러기가 힘들었다. 미국은 유급 육아휴가가 없기 때문에 특히 처음 1년간 가족의 도움을 받지 못하면 아이를 탁아소에 보내야 한다. 그러나 에이프릴이나 나 모두 스칼렛을 낯선 장소에 데려다놓고 나중에 아이의 삶에 섞이지도 않을 사람들과 유대를 맺게 하고 싶진 않았다. 그보다는 언제나 아이의 삶에 존재할 식구들에게 맡기고 싶었다. 다행히 조부모 모두 같은 동네에 살아서 스칼렛은 언제나 가족에게 보살핌을 받을 수 있었다. 에이프릴이 임신 사실을 고백한 순간, 장모님이 보인 첫 반응은 우리가 출근하는 날에는 낮 동안 기꺼이 아기를 돌봐주겠다는 것이었다. 이 말씀대로 장모님은 스칼렛의 생활을 적극 돌보고 우리가 도움을 필요로 할 때는 언제든 기꺼이 스칼렛을 봐주었다. 이로 인해 약 10주 후부터 스칼렛은 많은 시간을 외할머니 집에서 보내게 됐다. 내가 출근하면서 스칼렛을 외할머니의 집에 내려주면, 에이프릴이 오후 무렵 그날의 업무를 마치고 스칼렛을 데려왔다. 이로써 스칼렛은 보통 하루 대여섯 시간을 외할머니와 함께 지냈다.

우리에게 특별한 도움이 필요할 때면 내 어머니도 기꺼이 스칼렛을 보살펴주었다. 스칼렛이 조부모와 함께 있으면 나는 언제나 마음이 편안했다. 그분들을 신뢰할 뿐만 아니라, 그들이 스칼렛과 유대감을 형성할 시간을 갖는다는 사실도 반가웠기 때문이다. 나는 대학에서 유아발달 강좌를 듣고 아이들과 함께하는 직업을 가진 덕분에 초기의 애착 형성과 안정감이 중요하다는 것을 잘 알고 있었다. 그래서 사랑이 많은 조부모가 스칼렛을 돌보는 것이 아주 기뻤다. 물론 경제적으로도 탁아소에 보내는 것보다 훨씬 이득이었다. 여러 모로 최상의 상황이었다.

아버지 역할을 시작할 때 내 인생에 아이가 생기면 할 일이 많아지리라는 것을 잘 인식하고 있었다. 그런데도 나를 위한 여가 시간을 전혀 가질 수 없다는 점이 처음에는 아주 힘들게 느껴졌다. 일하는 아버지로서 나는 하루 종일 일하다가 녹초가 돼 퇴근하자마자 아이 돌보기를 떠맡아야 했다. 에이프릴도 보통 일하면서 몇 시간 동안 스칼렛을 돌보던 터라 이미 스트레스로 꽉 차 있었다. 그래서 내가 문을 열고 들어서면 "이제 당신 차례야" 하면서 스칼렛을 내게 떠안겼다. 맞벌이 부부들은 특히 그때그때 해야 할 일들을 감당하기가 힘들다. 저녁에 잠시 쉬면서 하루의 긴장을 풀고 싶어도 저녁 식사 만들랴 어질러진 것 치우랴 아이 돌보랴 그럴 수가 없었다. 부모로서 행복감을 느끼면서 지나치게 스트레스를 받지 않기란 정말로 어려웠다.

성장 과정에서 아이 때 조부모와 확대가족, 혹은 온전한 핵가족을 갖지 못한 세대는 우리가 처음인 것 같다. 우리의 많은 부모들이 가족과 멀리 떨어져 살았기 때문이다. 1980년대와 1990년대에는 무심한 아버지들과의 이혼이 많았다. 내 아버지도 내가 세 살 때 대부분 집에 없었다. 그러다가 다섯 살 때 부모님이 이혼해서 나는 한 달에 두 번 주말에만 아버지를 볼 수 있었다. 이렇게 가족이 찢어지면 많은 부분에 영향이 미친다. 경제는 물론이고 다른 쪽 부모와 아이들, 형제자매가 서로 관계를 맺는 방식 등 모든 것이 영향을 받는다. 내 어머니는 직장에 다니면서 혼자서 세 아이를 키우느라 정신이 없었다. 경제적으로 스트레스를 심하게 받았으며 간간이 야간근무까지 하면서 오랜 시간 일해야만 했다. 그처럼 돈에 쪼들리지 않았다면 틀림없이 훨씬 행복한 어머니가 되었을 것이다. 이로 인해 나는 탁아소와 유치원에 보내졌고 아기 보는 사람도 여럿을 거쳤다. 조부모와 수천 킬로미터나 떨어져 지냈기 때문에 확대가족에게서 어떤 도움도 받지 못했다. 내 또래는 비슷한 유년기를 보낸 이들이 많은 것 같다. 가족의 관심에서 완전히 벗어나 있었던 것이다. 나와 내 또래의 많은 젊은 부모들이 아이를 다르게 키우고 싶어 하는 것도 이런 경험 때문이다. 아버지가 가까이에 없거나 아버지와 좋은 관계를 맺지 못하는 것이 얼마나 강력한 영향을 미치는지 잘 기억하고 있는 것이다.

우리 세대는 자신이 되고 싶은 부모와 가족에 대한 기대수준이 높은 경향이 있다. 그래서인지 30대 초반에 이미 아이를 갖지 않겠다고 결심한 친구들이 많다. 아이가 마땅히 가져야 할 경험을 제공할 수 없으리라고 생각해서다. 하지만 아이가 있는 내 친구들은 대부분 자식의 삶에 깊이 관여하고 싶어 한다. 나와 같은 세대의 아버지들에게 처음부터 아기와 관계를 맺지 않는 것은 생각할 수도 없는 일이다. 아버지가 된 친구들도 양육과 훈육을 포함한 모든 면에서 배우자와 동등하게 아이를 보살피며 할 수 있는 모든 일을 한다. 그러면서 모두들 아이와 정말로 좋은 관계를 유지한다. 아이를 튼튼하고 행복하게 무럭무럭 키우려면 역시 행복하고 건강한 가족을 갖는 것이 가장 중요하다고 나는 믿는다.

스칼렛은 이제 두 살 반이 되었다. 지난해 나는 아주 많은 시간을 스칼렛과 함께 보냈다. 내가 속한 부서가 규모를 축소하면서 갑자기 일자리를 잃게 된 후, 전업주부 아버지가 되기로 했다. 정말로 좋은 일자리가 생기면 받아들이겠지만, 그렇지 않을 경우 집에서 일차적인 부모 역할을 하기로 선택한 것이다. 에이프릴이 종일제로 근무하면서 충분한 돈을 벌고 있었기 때문에 나는 초기의 걸음마장이 시절을 스칼렛과 함께하고 싶었다. 경제적인 스트레스가 좀 있고 몇 달에 불과하리라는 처음의 생각과 달리 실직 기간이 얼마나 길어질지 알 수 없지만, 1년 내내 딸과 함께 보내는 것은 즐겁기만 했다. 에이프릴과 내가 도시를 떠나 특별한 주말을 보낼 때 말고는 스칼렛을 조부모의 집에 보내는 횟수도 많이 줄였다. 많은 시간 일차적인 부모 역할을 하는 것은 대단한 경험이었다. 나는 스칼렛을 공원에 데려가고 점심을 먹이고 낮잠을 재우고 목욕을 시키고 최고의 놀이친구가 되어주었다. 그러면서 좋은 부모가 되는 가장 중요한 3가지는 아이를 좋아하고 참을성을 지니며 유연성을 갖는 것임을 깨달았다(나는 아이가 무엇을 원하는지 제대로 이해하기 위해 노력한다. 그리고 미리 세워둔 엄격한 계획을 고수하기보다는 그 일을 금지시켜야 할 합당한 이유가 있는지 자문해본다).

아이의 세계를 공유하고 즐거움을 느끼며 아이를 좋아할 때 부모는 더없이 행복해질 수 있다. 하지만 부모 역할을 하다 보면 너무 고되고 스트레스가 심해서 지칠 때도 있다. 균형을 통해 이 모든 것을 털어버리려면 분명히 즐거운 시간도 필요하고, 또 신체적인 접촉도 중요한 것 같다. 스칼렛이 내 무릎에 앉아 있을 때면 나는 머리를 쓰다듬곤 했다. 스칼렛은 함께 춤추거나 붙어 앉아 영화를 보는 것도 좋아했다. 이렇게 스칼렛과 함께 보낸 시간 덕분에 우리는 남은 생애 내내 친밀한 관계를 유지할 수 있을 것이다.

에이프릴과 나는 아직 결혼하지 않았다. 그러나 둘 다 스칼렛에게 몰두하고 굳건한 관계를 맺었다. 덕분에 우리는 계속 함께할 수 있었다. 언제나 스칼렛에게 최선의 것을 해준다는 목적에 초점을 맞추었다. 뭐랄까 일이 거꾸로 진행된 감이 있지만, 부부가 되기 전에 분명한 한 가족이 먼저 된 것이다. 부부가 된다는 것이 내게는 거의 새로운 업무를 진행하는 것처럼 느껴졌다. 결혼하거나 아이를 더 갖겠다고 서약하기 전에 해결할 문제가 여전히 많았다. 내게는 에이프릴을 공동의 부모보다 배우자로 볼 시간이 필요한 것 같다. 이제 우리는 그런 유형의 친밀감을 키우는 작업을 시작했다.

조부모가 주된 양육자가 되는 경우

내 손자들이 모두 친절하다고 말할 수 있어서 행복하다.

친절한 것은 내게 아주 중요한 문제이기 때문이다.

먼저 나 자신에게 친절해야 하지만 말이다.

– 마야 안젤루

전통적으로 이전 세대에서는 미국은 물론이고 전 세계에서도 할머니가 으레 아이들을 보살펴주리라고 기대했다. 그리고 할머니는 손자를 일차적으로 보살피는 것을 기쁘게 받아들였다.

사람들은 확대가족을 소중하게 생각하고 사촌과 형제자매만큼이나 많은 시간을 함께하며 자랐다. 일본에서는 흔히 딸이 첫 손자를 낳으면 외할머니가 직장을 그만둔다. 딸이 훌륭한 어머니가 되도록 돕기 위해서다. 일본의 많은 외할머니들은 딸의 집으로 가서 산모와 아기를 보살피고, 외할머니가 이 새로운 역할을 받아들이는 동안 외할아버지는 얼마간 혼자서 지낸다.

미국의 베이비붐 세대에서 성공을 거둔 젊고 독립적인 어른들은 (당시의 출산과 양육방식으로 인해 불안정한 애착을 형성하고 있을 가능성이 큰) 원래의 가족을 떠나 교육과 직업 면에서 최고의 기회를 제공하는 곳이면 수천 킬로미터 떨어진 곳이라도 어디든 옮겨갔다. 직업과 돈이 확대가족과의 관계보다 더욱 중요했던 것이다. 이로 인해 이 세대의 손자들은 운이 좋아야 1년에 한두 번 조부모를 만날 수 있었으므로 이들과 친밀한 관계를 형성하지 못했다. 조부모들도 은퇴 후에 대부분 골프나 여행, 레저용 차량을 갖고 캠핑 등을 즐기며 자신의 욕망에 자유로이 집중할 수 있는 걸 자랑스럽게 여겼다. 그러므로 이들은 손자들을 직접 보살피지는 않았다.

오늘날의 Y세대 부모는 확대가족 없이 자라나 조부모와의 관계를 갈망하며, 고모나 삼촌, 사촌들과 일상을 함께하면 어떨지 궁금해했던 기억을 지니고 있다. 그래서 이 세대의 많은 젊은 부모는 가족의 잃어버린 지지와 다시 연결되기 위해 대학 졸업 후 '집'으로 돌아가 부모형제와 다시 일상을 공유하려 한다. 가족들 사이에서 친밀하고 안정적인 애착을 느꼈던 과거 방식으로 돌아가려는 이런 사회적 추세를, 내가 아는 조부모들은 대부분 반기는 것 같다. 역사적으로도 인간은 줄곧 여러 세대가 모인 씨족이나 부족을 이루고 살았다. 우리는 고립 상태나 소집단 형태로 살 수 있는 동물이 아니며, 보통 긴밀한 사랑의 관계를 지닐 때 더 건강하고 행복하다. 실제로 부탄 사람들은 확대가족과 가까이 사는 것이 행복의 가장 중요한 요소라고 믿는다.

오늘날 미국의 할머니들은 당대의 문화적 변화로 인해 아기와 집에 있을 수 없었던 어머니들의 첫 세대다. 이것도 할머니들이 손자의 삶에 더 많이 관여하게 만든 중요한 요인이다. 한 인터뷰에서 미국의 방송 저널리스트인 바버라 월터스는 이렇게 탄식했다. "저는 일 때문에 너무 바빴어요…… 아시겠지만, 임종이 가까워졌을 때 '사무실에서 더 많은 시간을 보낼걸' 하고 말하게 될까요? 아니죠. 그렇지 않을 겁니다. '가족과 시간을 더 많이 가질걸' 하고 말할 겁니다. 저도 마찬가지예요. 재키와 더 많은 시간을 함께했으면 좋았겠다는 생각이 들어요."[4] 손자들은 이런 여성에게 일차적인 돌봄이가 될 기회를 주며, 대부분의 여성이 이런 두 번째 기회를 흔쾌히 받아들인다. 이런 현상은 베이비부머 세대의 여성이 이전 세대보다 훨씬 오래도록 건강한 삶을 누리는 데 기여하기도 한다. 베이비부머 세대 여성의 평균 예상수명은 여든한 살이나 되는데, 이것은 지난 세기에 비해 25년이나 늘어난 것이다.

'미국은퇴자협회American Association of Retired Persons(AARP)'는 최근 발간한 뉴스레터의 커버스토리를 통해 '새로운 할머니들'에 초점을 맞춰, 이들이 할머니의 역할을 창조적으로 수용하는 방식에 대한 통찰을 제공했다. 《미즈》지의 공동창간자이자 《나이 들어감을

넘어Getting Over Getting Older》의 공동저자인 코틴 포그레빈Cottin Pogrevin
은 그녀의 할머니를 '요리와 청소, 다른 사람을 보살피는 일에 모
든 시간을 바친 먼 인물'로 기억한다. 반면에 포그레빈은 마루에
서 손자들과 놀거나 함께 카누를 타고 호수를 건너거나 그녀의 삶
과 세계관에 대해 이야기해주는 걸 좋아한다.[5] 배우이자 작가인 제
인 세이모어Jane Seymour는 네 명의 손자 중 근처에 사는 두 명을 일
주일에 두 번 보살피는 데서 기쁨을 얻는다. "손자들이 오는 날이
정말 좋아요. 아이들에게 주고 싶고 나누고 싶은 것이 너무 많거든
요. 완전히 다른 형태의 사랑이죠."[6] 조부모의 80퍼센트가 손자들
과 80킬로미터 이상 떨어진 곳에 살고 있다. 그러나 이들은 현대기
술을 이용해서 문자나 스카이프, 페이스북, 페이스 타임, 인스타그
램 같은 디지털 방식을 통해 손자들과 소통하며 지낸다. 물론 기차
나 비행기를 타고 이들을 만나러 가는 이들도 있기는 하다. 하여간
부머 세대의 할머니들은 어떻게 해서라도 손자들의 삶에 관여하
기 위해 새로운 방식으로 헌신한다.[7] 요즘 할머니들은 손자들과의
친밀하고 근원적인 애착관계를 좋아하는 것이다. 덕분에 대부분이
아들딸과도 훨씬 친밀한 관계를 형성하게 되었다. 일하는 어머니
로서 너무 바쁘게 지냈던 과거에는 이런 관계를 맺을 수 없었는데
말이다.

'플래닛 그랜드페어런트Planet Grandparent'와 '가가 시스터후드GaGa
Sisterhood' 같은 프로그램에서는 손자 돌보기의 어려움을 이해하고
조부모의 역할을 성공적으로 해낼 수 있도록 워크숍과 지지그룹을
제공한다. 이런 프로그램은 조부모가 손자의 양육을 돕고, 어머니
의 스트레스를 줄여주고, 지혜를 나누고, 손자들에게 무조건적인

사랑과 세대의 역사를 들려주고, 성인이 된 자신의 자녀를 더욱 잘 이해하고, 가족 전체를 훌륭하게 지원함으로써 자녀의 가정에 긍정적인 영향을 미치도록 돕는 것 등을 목적으로 한다. 플래닛 그랜드페어런트는 조부모들이 현대의 관계지향적 양육법과 아들딸의 부모 역할을 침해하지 않고 존중하면서 양육에 관여하는 법을 익히도록 돕는다.[8]

이전 세대들의 경향으로 회귀하면서 '다세대'가 함께 사는 상황이 생겨나고 있다. 같은 집에서 한 세대 이상이 함께 거주하는 것이다. 미국 인구조사국의 최근 자료를 퓨 리서치 센터에서 분석한 결과, 현재 전체 인구의 약 17퍼센트에 해당하는 약 5,100만 명의 미국인들이 최소 두 세대의 친지와 한 지붕 아래 사는 것으로 나타났다. 조부모가 아들딸 가족과 함께 사는 것도 흔히 여기에 포함된다. 또 2007년부터 2009년까지 다세대 가정은 10.5퍼센트 증가했고, 2012년에 전국의 주택 건설 집단이 조사한 바에 따르면 약 32퍼센트의 청장년이 후에 부모와 한 집에 살기를 바라는 것으로 나타났다. 그래서 일부 건축자들은 부부용 주침실이 2개 딸린 집을 제공하기 시작했다. 큰 채와 작은 사랑채가 붙어 있지만, 내부의 문을 닫으면 별도의 독립적인 생활공간이 되는 '넥스트 젠' 양식의 집들이 바로 그것이다. 경제 불황기에 시작된 이런 추세는 지속되면서 힘을 얻고 있는 것 같다. 집을 공유하는 이들의 82퍼센트가 이로 인해 가족끼리 더욱 가까워졌다고 느끼고, 72퍼센트는 경제 상황의 개선을 반기고, 75퍼센트는 어린이와 노인들을 집에서 보살필 수 있다는 이점에 감사한다.[9] 이전의 세대가 독립성을 추구한 반면, 현대의 부모는 평화로운 문화권에서 그런 것처럼 부모가 일하는 동안 집안일과 음식 준비, 경비, 손자를 보살피는 일을 거드는 상호의존성에 더욱 가치를 둔다. 진화 과정 내내 연장자들은 언제나 젊은 세대에게 다가가 손자들을 어른으로 성장시키는 교육을 도왔다.

＊ 일하는 부모들, 할머니와 친구에게 도움을 받다

마리아 이야기

남편과 나는 둘 다 외국에서 왔기 때문에 가까이 사는 확대가족이 없었다. 고국에서라면 3년의 출산휴가에 첫 해는 정부로부터 돈까지 받았을 것이다. 그러나 이 나라에는 유급 출산휴가가 없었다. 그래서 임신 후 엄마에게 미국에 와서 내가 복직하면 여섯 달 동안 아기를 돌봐달라고 부탁했다. 어머니는 흔쾌히 받아들였다. 소피아가 태어난 후 피고용자 단기장애보험 덕분에 12주의 휴가에서 7주간 임금의 70퍼센트를 지원받을 수 있었다. 이 돈은 경비를 충당하는 데 큰 도움이 되었다. 그러나 3달은 아기와 함께하기엔 너무도 짧은 기간이었다. 나는 생후 1년간은 아기와 집에 있고 싶었다. 1년이 지나면 내가 좋아하는 일로 돌아가고픈 마음이 들 것 같았다. 나는 오랜 기간 전업주부로 있을 성격이 아니라고 생각했기 때문이다. 하지만 소피아를 대규모의 탁아소에 보내고 싶지는 않았는데, 그런 곳에서는 충분한 보살핌과 사랑을 받을 수 없기 때문이다. 탁아소에서는 6주에서 6개월짜리 아이들 여덟 명을 엄격한 규칙에 따라 보살핀다는 이야기를 들었다. 3시간마다 모유가 아닌 조제분유만 먹이고, 기저귀는 2시간에 한 번씩 갈고, 직원들이 아이를 흔들어 달래서 재우기도 허용되지 않았다. 내 딸에게는 이런 일을 겪게 하고 싶지 않았다.

소피아가 10주 됐을 때 엄마가 오셨다. 엄마는 6개월 동안 머물면서 내가 출근하고 나면 소피아를 보살폈다. 엄마가 집으로 돌아가기전 나는 운 좋게도 전업주부인 마라라는 친구를 만났다. 소피아와 비슷한 또래의 아기를 두고 있던 마라는 내 딸도 기꺼이 보살펴주겠다고 했다. 그녀의 딸과 더 오래도록 집에 있기 위해서였다. 우리는 소피아가 7개월이 되면서부터 아이를 마라의 집에 시간제로 맡기기 시작했다. 그리고 8개월 반이 되면서부터는 주중에 하루 종일 맡겼다. 이른 아침 내가 그녀의 집에 떨어뜨려주면 하루가 끝날 즈음에 스테판이 데려왔다. 이로써 소피아는 일주일에 약 45시간을 마라의 집에 머물렀다.

마라는 임신했을 때 분만교실에서 만났다. 분만교실의 임산부들이 이후로도 계속 모이면서 이 모임은 지지를 아끼지 않는 어머니 그룹으로 발전했다. 우리는 출산 후에도 대부분이 복직을 할 때까지 계속 만났다. 그리고 지금도 가능할 때마다 만남을 이어가고 있다. 최근에도 아빠와 아이들을 전부 데리고 여름 캠핑 여행을 다녀왔다. 지난 몇 달 사이 스테판과 나는 마라 집을 포함해서 이 그룹의 두 가족과 더 가까운 곳에 살기 위해 시내 반대편으로 이사하기로 결정했다. 어머니 그룹과 두 이웃 덕분에 정말로 나는 지지를 아끼지 않는 마을의 구성원이 된 듯했다. 마라에게는 소피아를 맡겨도 마음이 아주 편안했다. 양육과 보살핌에 대해 나와 같은 생각을 갖고 있었으므로 마라를 전적으로 신뢰할 수 있었다. 소피아도 마라와 그녀의 딸에게 애착을 느끼고 하루하루 그들과 행복하게 지냈다.

내 부모님은 이제 은퇴를 했으며 매년 미국에 와서 몇 달간 소피아를 돌봐주고 싶어 한다. 그래도 나는 관계가 계속 단단하게 유지되도록 일주일에 하루는 소피아를 마라에게 보낼 생각이다. 부모님이 집으로 돌아가면 다시 마라의 집으로 가서 하루 종일 지내야 하니까.

이제 13개월이 되었지만 계속 젖을 먹이기 때문에 직장에 있을 때는 젖을 짜둔다. 회사도 지원을 아끼지 않아서 어머니 휴게실에 편안한 의자와 음악, 냉장고까지 비치했다. 문제는 젖 짜는 데 소요되는 시간이다. 하루 두 번 휴게실에서 준비를 하고 약 20분간 젖을 짜면 거의 한 시간이 걸렸다. 때로는 하루 종일 미팅이 있어서 방 뒤편 구석에서 조심스럽게 짜야만 할 때도 있었다. 다행히 고맙게도 모두들 이 일에 개의치 않았다. 낮에 하루 한 번으로 젖 짜는 횟수를 줄이고 싶지만 소피아는 여전히 하루 두 병 가득 젖을 먹었다. 그래서 그만큼 많은 젖이 필요했다.

스테판은 소피아의 기저귀를 갈고 목욕을 시켜주는 등 기꺼이 도왔지만 내가 젖을 먹였기 때문에 보통 잠은 내가 재웠다. 그가 소피아를 달래려고 해도 내가 집에 있으면 소피아가 매번 나를 찾았기 때문에 내가 갈 때까지 더욱 세차게 울어댔다. 그래서 스테판이 서운해하기도 했다. 그러나 낮에 소피아에게 곰인형을 쥐어주고 요람을 흔들어서 쉽게 낮잠을 재울 수 있는 사람은 바로 스테판이었다. 그는 매일 저녁 마라의 집에서 소피아를 데려온 뒤 내가 퇴근할 때까지 몇 시간 동안 둘만의 시간을 가졌다. 그리고 주말이면 소피아와 아침에 일어나 몇 시간 동안 함께 노는 사이 나는 행복하게 밀린 잠을 보충했다.

소피 이야기

남편과 나는 임신을 준비하기도 전부터 아이를 탁아소에 보내는 것
이 경제적으로 불가능함을 알고 있었다. 둘의 월급을 다 바쳐야 겨
우 생활비를 감당할 수 있었다. 집 대출금에 세 명의 의붓자식에게
들어가는 추가 경비 때문에 탁아소 비용을 댈 돈이 없었다. 그래서
어머니에게 아기가 생기면 보살펴줄 수 있겠느냐고 물어보았다. 곧
은퇴할 계획이었으므로 어머니는 독립적인 생활이 보장된 은퇴자
전용 시설로 이사하기로 기꺼이 합의했다. 우리 집에서 5분 거리에
있는 시설이었다. 자연히 어머니는 우리가 복직했을 때 아기를 돌볼
수 있게 되었다. 우리는 아기가 생겼을 때 되도록 오래 집에 있을 수
있게 계획을 세워서 여분의 돈과 유급휴가를 비축했다.

임신 마지막 달에는 집에서 일을 할 수 있었다. 그리고 올리비아
가 태어난 후에는 운 좋게도 넉 달의 유급휴가를 받았다. 근무 연수
마다 주는 한 달의 유급휴가(총 세 달)에 그간 비축해둔 한 달의 유
급휴가를 보탠 것이다. 남편 카일은 2주의 유급휴가에 한 달간의 무
급휴가를 받아서 산후 6주라는 중요한 시기에 나와 올리비아를 보살
필 수 있었다.

카일이 곁에서 도와준 덕에 많은 산모들과 달리 나는 결코 수면
부족으로 고통받지 않았다. 나는 올리비아와 일찍 잠자리에 들곤 했
다. 올리비아가 아침 5시에 눈을 뜨면 카일이 일어나 돌보았고 그러
다 배고파하면 내게 데려다주었다. 이후 나는 고마운 마음으로 몇
시간 더 잠을 자다 깨곤 했다. 그러면 대개 카일이 아침을 준비해두
고 있었다. 올리비아와 애착을 형성하는 이 기간이 카일에게는 특히

*중요했다. 일을 쉬었으면서도 생후 한두 주 동안 그의 큰 아이들과는 애착을 형성하지 못했기 때문이다.

넉 달의 유급휴가가 끝난 후 올리비아와 하루 종일 떨어져 지내고 모유를 먹이기 위해 젖을 짜두어야 한다는 생각에 여전히 극심한 두려움이 일었다. 그래서 고용주에게 두 달간 재택근무를 하면 안 되겠느냐고 물었는데 고맙게도 승낙을 해주었다. 그래서 재택근무를 하는 두 달간 나는 은퇴자 아파트로 이사 온 어머니의 집에서 일을 했다. 그렇게 해서 올리비아는 할머니에게 보살핌을 받는 데 익숙해졌고, 나는 어머니 집에 있으면서 어머니의 질문에 대답하고 올리비아의 요구들을 설명해드렸다. 우리는 올리비아가 편안함을 느끼도록 어머니의 집을 정비했다. 그러자 아파트에 사는 다른 사람들도 매일 아기를 보러 들렀다. 이것은 모두에게 예기치 못했던 즐거움이 되었다. 할머니와 올리비아가 공동구역에 있으면 사람들은 이곳에 모여 이야기를 나누었다. 자녀나 손자들과 함께했던 놀랍거나 힘든 시기들에 관한 기억이 그들의 대화를 즐겁고 활기차게 만들었다. 이제 걸음마장이가 된 올리비아는 보행기를 타고 있는 몇몇 어른들에게 이래라 저래라 떼쓰기를 좋아했다. 그들은 물론 이런 모습을 재미있게 받아들이며 완전히 마음을 쏟아주었다. 어머니는 몸이 허락하는 한 주중에 계속 올리비아를 기꺼이 돌보겠다고 했다.

나는 밤과 주말에 올리비아에게 계속 젖을 먹였다. 그러다 15개월이 되면서 직장에서 모유 짜는 것을 그만두었다. 휴식시간마다 젖을 짜는 일은 정말이지 고역이었다. 덕분에 그 1년 내내 실제로 휴식시간을 전혀 즐길 수 없었다. 아기도 곁에 없는데 젖은 흘러내리고 호르몬이 치솟는 게 느껴지면 정말이지 기분이 괴상했다. 운 좋게도 나는 사무실이 있어서 낮에 젖을 짜면서 어머니가 보내온 아기 사진들을 컴퓨터로 볼 수 있었지만 내가 아는 이들 중에는 화장실이나 주차된 차 안에서 젖을 짜야 하는 경우도 있었다.

우리는 지금도 올리비아와 함께 잠을 잔다. 우리는 바닥의 큰 매트에서 자고 올리비아는 그 옆 작은 매트에 재운다. 하루 종일 떨어져 지낸 후에는 특히 밤에 아기와 바싹 누워서 함께 보내는 것이 다시 아기와 연결되는 데 결정적으로 중요한 역할을 한다. 이런 방식 덕분에 우리의 관계는 완전히 달라졌다.

아기가 결혼생활에 얼마나 스트레스를 안겨줄지에 대해 나는 전혀 준비가 안 돼 있었다. 너무 피곤한 데다 나의 '어머니 두뇌'가 아기에게 일어나는 일에만 관심과 초점이 맞춰져 남편을 포함한 다른 일에는 사실 주의를 기울이기 힘들었다. 둘 다 직장에 다닐 때는 퇴근 후 저녁을 만들고 허드렛일을 하고 아기와 시간을 보내고 잠깐 눈을 붙이려 애쓰다보면, 둘이 함께 보내는 시간을 찾기가 너무 힘들었다. 이로 인해 우리의 성 생활은 망가져버렸다. 효과적인 방법은 주중의 특정한 날로 섹스 일정을 잡는 것이었는데, 다행히 이렇게 하자 관계가 호전되었다. 섹스 일정을 잡는다는 건 여전히 고역이었지만 남편은 더 행복해했다. 우리 모두에게 좋은 방법임은 분명했다. 나중에 안 일이지만, 아기가 태어나고 1년간 남편은 결혼생활이 지속될 수 있을지 정말로 걱정했다고 한다. 그러나 나는 남편이 그 정도로 걱정했다는 것을 전혀 몰랐다. 지금은 둘 다 주중에 하루는 반나절만 근무하고 함께 식사하러 가거나 편안하게 이완된 시간을 즐긴다. 전처럼 이렇게 함께 즐기는 시간을 가진 덕분에 우리에게는 다시 훨씬 친밀한 느낌이 생겼다.

유모가 주 양육자 역할을 하다

삶에서 가장 중요한 것은 환상적이거나 웅장한 것이 아니라
우리가 서로의 마음을 움직이는 순간들이다.

– 잭 콘필드

'유모'는 아이의 집에서 어린아이들을 돌보는 사람을 가리킨다. 이 말이 처음 사용되기 시작한 것은 1795년으로 알려져 있으며, 그 어원은 사랑하는 돌봄이를 가리키는 유아어로 여겨진다. 부모나 조부모, 애착을 가진 가족 구성원 중 누구도 집에서 영유아를 보살 필 수 없을 때는 유모를 두는 것이 최고의 차선책이다. 아침 일찍 일어나 옷을 갈아입고 다른 곳으로 갈 필요 없이 익숙한 환경에 있으면, 아기와 부모가 받는 스트레스는 보통 크게 줄어든다. 유모를 두면 아기는 이 한결같은 양육자와 긴밀하게 연결된 신뢰의 관계를 형성하고, 이런 관계는 서로를 향한 사랑으로 피어날 수 있다. 그렇게 되려면 아기에게 친절하고 기꺼이 반응하며 제대로 보살피고 사랑하는 사람을 유모로 두는 것이 가장 중요하다. 더불어 못해도 유아기 내내 장기간 동안 보살피겠다는 마음이어야 한다. 사랑에 빠졌을 때 상대가 갑자기 떠나면 누구나 상처를 받는데 아기는 특히 더하다. 이런 일이 일어날 때마다 다시 누군가를 신뢰하기까지 더욱 오랜 시간이 걸린다. 이런 상실을 너무 많이 경험하면, 마음을 다치지 않기 위해 한층 방어적인 태도를 취하게 된다.

나는 심리학자로 일하면서 반복적인 관계 단절이 불러온 이런 애착장애를 가정 위탁환경에서 성장한 아이에게서 가장 흔하게 목격했다. 그런데 지난 몇십 년 동안에는 직원의 이직이 빈번한 탁아

소나 유모가 수시로 바뀌는 가정에서 너무 많은 양육자를 거친 아이들에게서도 이런 장애를 목격했다. 아기는 일관된 사랑의 관계를 맺고 오래도록 함께하는 양육자에게 의존할 수 있을 때 건강하게 자란다.

유모를 둘 때 가장 큰 문제는 비용이 많이 든다는 점이다. 저임금인 직업의 부모라면 특히 그렇다. 주중에 종일제로 근무하는 유모에게 최저임금이라도 주려면 부모는 생활비를 충당할 돈에다 유모의 월급으로 매달 1,500달러를 더 벌어야 한다. 이런 경우 이자가 낮은 육아대출이 도움이 될 것이다.

적절한 비용으로 집에서 아이를 보살필 수 있는 유럽식 모델로 오페어^{au pair}가 있다. 오페어는 보통 외국에서 온 대학생 연령의 학생이 맡으며, 부모는 아이를 돌보고 약간의 집안일을 거들어주는 대가로 방과 식사, 약간의 금액을 지불한다. 이런 유형의 아기돌봄이를 '동등한'이라는 의미의 프랑스어 '오페어'로 부르는 이유는 아이의 가족과 함께 사는 동안 이들을 가족의 일원처럼 대접해주기 때문이다. 부모는 일정을 조정해서 오페어에게 수업 들을 시간도 준다. 그리고 오페어는 보통 가족과 함께 식사하고 가족활동에 동참하기도 한다. 그러나 가족이 그들만의 사적인 시간을 갖는 저녁에는 혼자서 시간을 보낸다.

지난해 나도 우리 집에 비슷한 환경을 조성했다. 새로 들인 강아지를 내가 출근한 동안 보살펴줄 사람이 필요했기 때문이다. 커다란 대학 근처에 살던 터라 나는 아이들이 집을 떠난 후 몇 년간 침실 두 개를 외국인 학생들에게 세를 주었다. 지금은 장학금을 받고 와서 4년간 살 곳을 구하던 티베트 학생이 방을 쓰고 있다. 나는 그녀에게 아주 저렴한 가격으로 방을 내주는 대신, 일주일에 사흘간 오후마다 강아지를 봐달라고 했다. 이 방법은 우리 모두에게 놀라울 정도로 효과적이었다. 강아지도 혼자 집에 있거나 강아지 보호 시설에 있을 때보다 훨씬 행복해했다. 집에 여분의 침실을 갖고 있는 일하는 부모에게 아주 실용적인 해결책이 될 것 같다.

아기가 유모와 긴밀한 사랑의 관계를 형성할 경우 중요하게 기억해야 할 것은 이 관계를 가능한 한 오래도록 지속하는 것이 대단히 가치 있는 일이라는 점이다. 그러므로 유모가 더 이상 집에서 일할 수 없게 돼도 유모에게 아기를 맡기고 밤에 데이트를 나가거나, 생일이나 공휴일의 파티에 초대하거나, 그녀가 멀리 이사할 경우 엽서를 보내는 것이 좋다. 이렇게 누군가를 사랑하면 상대는 결코 삶에서 그냥 사라지지 않는다는 점을 어떤 식으로든 아이에게 가르쳐주어야 한다.

✳ 할머니와 유모의 도움으로 아이를 키워낸 싱글맘

앤 이야기

간호사로 일하던 30대 중반에 충격적이게도 임신 사실을 알았다. 아이의 아버지와 미래를 약속한 사이도 아니었으며 그는 아버지가 되는 것에 관심도 없었다. 이로 인해 나는 생애에서 가장 중요한 결심을 했다. 수요가 많은 간호-조산술 박사학위 프로그램에 이제 막 들어갔지만, 아기를 원한다면 내 나이에 이 아기를 돌려보내고 더 수월한 시기를 기다려선 안 된다고 느꼈다. 그래서 임신을 예기치 못한 선물로 받아들이고, 내 삶을 조정해서 아기의 요구를 충족시켜줄 방법을 찾아보기로 했다.

임신 기간과 루비가 태어난 이후, 아기의 유일한 부모로서 특별히 친밀한 애착을 갖는 것이 결정적으로 중요함을 깨달았다. 그래야 아기가 안정감을 느끼고 내면의 강한 토대를 구축할 수 있을 것이었다. 또 가능할 때마다 많이 아기와 함께 시간을 보내야 이런 애착을 발달시킬 수 있다는 것도 알고 있었다. 그래서 처음부터 루비와 한 침대에서 잠을 자고 밤에 언제든 원할 때마다 젖을 먹였다. 그러나 일하는 싱글맘으로서 루비가 12주밖에 안 됐을 때 복직을 해야 했으므로 남들의 도움이 많이 필요했다. 그렇다고 그 작은 아기를 집 밖의 탁아소에 두고 오는 것은 상상도 할 수 없었다. 그래서 나는 지출을 줄이고 루비를 돌봐줄 다른 어른을 우리의 삶에 받아들이기로 마음먹었다.

이후 나는 아름다운 타운하우스에서 이사를 나왔다. 내가 좋아하는 같은 또래의 사촌 리사가 더 싼 집을 빌려서 함께 살기로 했다. 우리는 루비가 6주 됐을 때 함께 그곳으로 들어갔다. 집 안에 다른 사람이 있으니 확실히 위안이 됐다. 그러나 리사에게도 그녀만의 일과 남자친구, 바쁜 일상이 있었다. 내가 복직할 경우 루비와 내게 도움이 더 필요하리라는 것은 불을 보듯 훤했다. 그래서 루비가 10주 됐을 때 내 어머니가 1,600킬로미터나 떨어진 집을 떠나 다세대 주택에서 우리와 함께 살기 위해 왔다. 사촌과 어머니와 함께 집과 양육을 공동으로 분담한 덕에 경제적인 부담이 줄어 종일제 대신 시간제로 복직해도 되었다. 어머니는 내가 일할 때마다 루비의 주 양육자가 되었으며, 루비가 8개월이 될 때까지 적어도 하루에 한 번은 내게 데려와 젖을 먹일 수 있도록 해주었다. 모유가 최고의 음식일 뿐 아니라 수유 과정에서 생겨난 유대감이 우리 관계에서 중요한 역할을 하리라는 점을 나는 잘 알고 있었다. 그래서 나는 모유 공급량을 유지하고, 18개월 동안은 의무적으로 유축기를 이용해서 아기와 떨어져 있을 때마다 세 시간에 한 번씩 젖을 짜두기로 했다.

여섯 달 후 루비가 9개월이 되면서 어머니는 집으로 돌아가게 됐다. 그래서 나는 그 한 달 전에 아기돌봄이로 안나를 고용했다. 안나를 고용하고 처음 한 주 동안은 어머니가 계속 루비를 보살폈는데 그 사이 안나는 그것을 지켜보며 루비와의 관계를 키워나갔다. 둘째 주부터는 안나가 돌보는 일을 떠맡았다. 루비가 서서히 할머니의 보살핌에서 벗어나 안나에게 익숙해지도록 그들은 이런 식으로 한 달 간 교대로 루비를 보살폈다.

루비가 한 살이 될 무렵 나는 1년 동안 미뤄두었던 간호-조산술 박사과정을 마치기 위해 학교로 돌아갔다. 생계를 혼자 책임졌기 때문에 학교에 다니면서도 일해야 했다. 이로 인해 밤과 주말에 가끔 루비를 보살펴줄 사람이 필요했는데, 안나는 놀랄 만큼 융통성이 있어서 이것이 가능했다. 남편과 두 딸이 있던 안나는 종종 우리 집에 그들을 데려오고 때로는 루비를 자신의 집에 데려가기도 했다. 이렇게 해서 두 가족은 편안하게 한 가족으로 융합되었다.

안나가 내 딸을 기르는 일을 도와주었으므로 ―나는 이 일이 세상에서 가장 중요하다고 생각했다!― 나는 반드시 최저 생활비만큼은 지불해야 했다. 내가 받아야 했던 학자금 대출에 매달 1,500달러를 보태야 했다. 그러나 대출금은 수십 년에 걸쳐 갚을 수 있지만, 루비의 이 시절은 다시 오지 않는다는 사실을 되새겼다. 신뢰와 자기 존중, 자제력, 사랑받고 있다는 느낌을 발달시키는 데 어린 시절이 얼마나 중요한지 잘 알았기 때문이다.

침대를 공유하고 모유를 먹이는 데 헌신한 것도 확실히 효과가 있었다. 지금 두 살 반이나 됐는데도 루비는 내가 장기간 집을 비웠다 돌아오면 편안하게 나와 연결되기 위해 여전히 젖을 빨거나 바싹 다가와 눕는다. 이런 긴 부재가 아이에게 스트레스가 된다는 것을 잘 안다. 긴 출장에서 돌아온 첫날 루비는 언제나 더 나를 필요로 하고 내게 달라붙는다. 이럴 때 내가 할 수 있는 최선은 그냥 받아들이고, 첫날은 루비와의 연결에 도움 되는 일에 통째로 시간을 바치는 것이다. 덕분에 요 몇 년간 일과 아기에게 헌신하느라 나만의 여가 시간을 갖고 외출하거나 남자를 만날 수도 없었지만 어쩔 수 없었다. 일정이 잡혀 있지 않을 때도 루비는 내 시간을 가능한 많이 필요로 했고, 나는 루비의 요구에 귀 기울이고 충족시켜주기 위해 최선을 다했다.

루비의 영유아기 내내 싱글맘인 내게 가장 중요한 역할을 한 것은 확대가족의 직접적인 도움과 융통성 있는 유모의 보살핌, 아이가 있거나 없는 사람들의 사회적인 지지망이었다. 이것은 혼자 힘으로 아이를 키우는 다른 싱글맘들에게도 꼭 필요하다. 온전히 이해해주는 사람들과 싱글맘만의 독특한 어려움을 나누고 위로하는 것도 많은 도움이 된다.

확대가족의 지지

평화로운 문화권에서는 아기가 태어나면 모든 가정이 공통적으로 확대가족과 공동체의 어마어마한 지원을 받는다. 연민의 마음을 지닌 아이로 키우는 것이 부모뿐만 아니라 마을 전체의 책임이라고 생각해서다. 미국에서는 Y세대 부모와 베이비부머 세대의 조부모가 가족을 다시 결합시키는 데 일조하고 있다. 덕분에 월급의 거의 절반을 아기 돌보는 비용으로 써야 하는 부모에게 고려해볼 만한 방법이 생겼다. 일하는 시간을 반으로 줄이고, 일을 할 때는 조부모나 다른 확대가족 구성원들이 아이를 돌보게 하는 것이다. 그래도 월말이 되면 변함없이 같은 양의 수입을 가질 수 있다.

인터뷰 중에 한 확대가족의 세 구성원들이 생후 몇 년간 아들 혹은 손자를 돌보기 위해 큰 변화도 마다않던 헌신을 서로 달리 설명하는 것이 흥미로웠던 적이 있다. 이 가족은 아름답게도 서로 힘을 합쳐 아이가 항상 집에서 가족의 보살핌을 받게 했다. 부모가 종일제로 맞벌이해야 했는데도 말이다. 다음은 그 어머니와 아버지, 할머니를 인터뷰한 내용인데, 각자가 자신의 시각에서 이야기를 풀어나가고 있다. 확대가족이 다시 아이를 돌보고 같은 또래의 아기가 있는 친밀한 친구들에게 많은 지지를 받는 것은 역사를 통틀어 인류가 어린아이의 요구들을 성공적으로 충족시켜온 방식과 아주 비슷하다.

어머니 아바의 이야기

7월 초에 딜런이 태어났다. 나는 학교 교사였기 때문에 여름에 일을 쉬었다. 딜런과 되도록 오랜 기간 집에 있고 싶어서 다음 학년이 시작되자 12주짜리 유급병가를 냈다. 이 병가는 이전까지 6년간 하루도 휴가를 쓰지 않고 모아둔 것이다. 운이 좋아 아기가 생길 경우 추가로 더 쉴 수 있게 일부러 병가를 모아두었다. 이 유급휴가는 11월 말에 끝났다. 그런데 학교로 돌아갈 시간이 되자 딜런이나 나 모두 떨어져 있을 준비가 안 됐다는 느낌이 들었다. 할 수 없이 나는 다시 4주의 무급휴가를 받았다. 그리고 그 해가 끝날 때까지 모아둔 돈으로 지출을 감당했다.

1월 3일, 다시 교실로 돌아간 날은 내 생에서 가장 힘겨운 날이었다. 차에 올라타 집에서 멀어지는 순간, 심장 한 조각을 집에 두고 온 것 같은 느낌이 들었다. 하루가 끝나면 다시 딜런을 볼 수 있고, 남편 조나단과 내가 일을 하는 동안에는 정말 운 좋게도 딜런의 두 할머니가 기꺼이 보살필 것을 알았지만, 심장의 일부분이 고통스럽게도 산산조각 난 것 같았다. 시어머니 나나는 월요일과 화요일, 수요일마다 딜런을 보살피기 위해서 국토를 횡단해 우리 집에 왔다. 또 내 어머니는 근무 일정을 바꾸었다. 주당 40시간의 작업 일정을 10시간씩 3일간 일하는 것으로 바꾸고, 수요일 밤마다 200여 킬로미터를 달려와 목요일과 금요일에 딜런을 보살펴주었다. 그러고는 토요일 아침에 아버지가 참을성 있게 기다리고 있는 집으로 돌아갔다. 어머니로서도 버거운 일정이었다. 그러나 어머니는 딜런과 함께 보내는 시간을 소중하게 생각해서 무슨 일이 있어도 이 일정을 바꾸지 않았다. 나는 어머니들 덕분에 아침마다 일찍 짐을 챙겨 딜런을 어딘가로 데려다주지 않아도 된다는 사실이 기뻤다. 시어머니나 내 어머니가 손님방에서 나타나거나 그날 먹을 모유가 냉장고 안에 안전하게 대기하고 있을 때도 딜런은 여전히 잠옷을 입고 있었다. 장난감과 침대, 그에게 너무나 친숙하고 좋아하는 애완동물들에 둘러싸여 계속 집에 머물 수 있었던 것이다.

정서적인 면에서 내가 매일 아침 문을 나서 출근할 수 있었던 것은 모두 딜런을 깊이 사랑하고 아이의 신체와 정서 발달에 필요한 모든 요구를 매 순간 충족시켜주는 데 온 정성을 기울이는 사람이 잘 보살펴주리라는 믿음 덕분이었다. 두 할머니들이 안아줄 때 딜런이 사랑을 느끼고, 할머니들이 먹여주고 요람을 흔들어 재우고 나직이 책을 읽고 밖으로 데리고 나가 모험을 즐기는 등 그날그날 무슨 일을 하든 언제나 사랑으로 충만해 있음을 아는 것이 내게는 더없이 중요했다. 할머니들이 딜런의 요구에 따라 하루 일정을 조정하리라는 믿음도 깊은 안도감을 주었다.

예를 들어 딜런이 밤에 유난히 잠을 못 잤거나, 이가 돋아나 힘든 시간을 보내거나, 날씨 때문에 컨디션이 좋지 않으면 그들은 언제나 딜런에게 필요한 위안을 제공해주었다. 또 딜런이 언제 얼마나 먹고 잤으며 기분은 어땠는지, 무엇을 좋아했는지, 처음으로 보여준 이정표 같은 행위는 무엇이었으며 하루 종일 무엇을 했는지 등등 딜런의 기본적인 요구들을 상세히 기록했다. 퇴근 후 딜런을 끌어안고 한바탕 뽀뽀해주고 나서 어머니들과 앉아 그날 있었던 일을 듣거나 그날 찍은 딜런의 사진과 비디오를 보는 것이 큰 낙이었다. 이런 보고의 시간 덕분에 내가 너무 많이 소외돼 있다는 느낌은 들지 않았다.

이런 경험을 내 아들과 함께하는 사람이 내가 아니라는 사실이 가끔 슬프기는 했지만 말이다.

미국에서도 유급 육아휴직을 받을 수 있었다면 나는 분명히 영유 아기 동안 즐겁게 딜런과 시간을 보냈을 것이다. 미래 모습의 토대를 형성한다는 면에서 이 시기는 아주 중요하기 때문이다. 그래서 조나단과 나는 이후 몇 년 내에 둘째를 갖고 싶으면서도 한편으로는 딜런과 함께한 시간만큼이라도 집에 있을 수 있을지가 걱정이다. 다시 6년 더 병가를 비축할 수는 없는 노릇이기 때문이다. 그래서 경제적으로 얼마간 저축을 해두기 위해 매월 자동 이체되는 출산휴가저축 예금계좌를 개설할 생각이다. 그래야 미래에 태어날 아기와 가능한 한 오래 집에 머물 수 있을 테니까. 12주간의 무급휴가만으로는 다음에 태어날 아기와 오래도록 집에 있기란 어렵다.

조나단은 믿기지 않을 만큼 잘 도와주는 남편이자 아버지로서 처음부터 딜런을 직접 보살폈다. 내가 일을 마치고 돌아온 저녁에도 딜런과 다시 연결될 특별한 시간이 필요함을 이해해준 것이 특히 고맙다. 조나단은 거의 매 저녁마다 솔선해서 저녁을 준비하고 설거지까지 떠맡았다. 덕분에 나는 그냥 아기와 시간을 보낼 수 있었다. 일과 수면 부족으로 인한 스트레스로 아무리 힘들어도 아기와 함께 보내는 저녁은 더없이 소중했다. 한밤중과 이른 아침 딜런이 깨어날 때 교대해주는 등 모든 면에서 딜런을 보살피는 일에 조나단이 적극 관여했지만, 딜런은 여전히 종종 나와 있고 싶어 한다. 엄마와 아기 사이의 그 특별한 유대를 조나단은 가끔씩 이해하기 힘들었을 것이다. 그러나 아기가 엄마와 가깝게 연결돼 있다고 느끼는 것이 얼마나 중요한지는 조나단도 완벽하게 이해했다. 조나단은 지금도 딜런과 특별히 귀중한 시간을 갖는 것을 규칙으로 삼고 있다. 종종 함께 책을 읽고, 피아노를 연주하고, 지하실에서 노래를 부른다. 그리고 딜런에게 언제나 이렇게 말해준다. "아빠는 너를 사랑한단다!" 남편이 멋진 아버지로 변해가는 모습을 지켜보는 것은 이제까지 경험한 것 중에서 가장 아름다운 일이다.

아기가 생기면서 조나단이나 나 모두 개인적으로 혹은 부부로 보내던 시간을 잃어버렸다. 또 남편을 보살필 에너지가 내게는 별로 남아 있지 않았다. 그래도 우리는 전보다 훨씬 가까워진 것 같다. 건강한 아이와 행복한 가정이라는 공통의 목적을 위해 일하는 한 팀이 된 것이다. 이런 놀라운 지지체계를 갖다니 나는 정말로 운이 좋다. 남편과 친정어머니, 시어머니, 확대가족, 딜런 또래의 아기를 둔 어머니들로 이루어진 지지그룹 모두 일하는 어머니로서 자신감과 마음의 평정을 유지하고 성공을 거두는 데 꼭 필요한 존재들이다.

아버지 조나단의 이야기

아들 딜런이 태어나는 순간부터 딜런을 직접 돌보는 일에 몰두했다. 그러나 딜런과 진정으로 연결되는 데 가장 중요한 역할을 한 것은 딜런과의 일대일 놀이시간이었다. 주말이면 한 사람이라도 더 잘 수 있도록 아바와 번갈아서 아침 일찍 일어났다. 침대에서 나오는 게 너무 힘들었지만 기상에서부터 딜런이 첫 낮잠을 자기까지의 시간은 정말로 특별했다. 그냥 어울려주거나 함께 놀거나, 기거나 걷도록 용기를 북돋아주거나 공을 던져주는 일은 아주 재미있었다. 지하의 내 음악실로 내려가는 것도 좋았다. 딜런은 내 무릎 위에 앉아 피아노나 기타 치는 것을 좋아했다. 오늘은 오전 내내 비틀스의 곡들을 연주했다. 딜런은 사람들이 음악을 연주할 때 음악을 들으며 주변에 있는 것을 정말로 좋아한다.

딜런이 태어났을 때 나는 2주를 쉬려고 했다. 그러나 아주 작은 회사에 다녔고, 상사는 일주일밖에 휴가를 줄 수 없다고 했다. 대신에 둘째 주에는 재택근무를 허용하고 급여 전액을 지급하는 유급휴가를 주었다. 아이의 삶에 열중하는 아버지를 진심으로 지지하고 근무 시간과 요일에 유연성을 허용해준 더없이 관대한 상사를 만나다니 정말로 운이 좋았다. 이렇게 우리 가족을 위해 편의를 봐주어선지 확실히 그에게 충실하고픈 마음이 더욱 커졌다.

내가 중학교에 다닐 때까지 어머니는 전업주부였다. 어머니가 그처럼 오래도록 집에 계셨으니 나는 행운아다. 그래서인지 딜런을 탁아소에 보낸다는 건 상상도 할 수 없었다. 그렇게 작은 아기에게 너무도 무서운 일인 것 같았다. 결국 탁아소도 돈을 위한 사업체가 아닌가! 할머니가 사랑으로 아이를 보살펴주는 것과는 전혀 달랐다. 다행히 어머니는 경제적으로 능력이 돼서 기꺼이 국토를 가로질러 시내의 아파트로 이사를 왔다. 그리고 복직한 아바를 대신해 지난겨울과 봄 일주일에 사흘 딜런을 돌봐주셨다. 이제는 아버지도 은퇴를 앞두고 이사를 준비하면서 동부에 있는 집을 매물로 내놓았다. 어머니와 함께 아예 이곳으로 이사해 우리와 삶을 공유하기 위해서다. 아바의 어머니가 기꺼이 근무 일정을 조정해서 200여 킬로미터가 넘는 거리를 달려와 일주일에 이틀 딜런을 보살펴준 것도 정말 감사하다.

엄마와 친밀한 유대관계를 형성하는 것이 아기에게 아주 중요하다고 나는 생각한다. 그래서 처음부터 가능할 때마다 아바가 딜런과 많은 시간을 함께하도록 도왔다. 아바가 복직한 후에는 보통 내가 매일 저녁 요리를 하고 부엌 청소를 했다. 청소나 설거지, 집 안을 편안하게 정리하는 것 같은 작은 일들이 큰 차이를 만들어내기 때문이다. 또 딜런이 보통 엄마와 함께 있는 편을 더 좋아한다는 사실 때문에 아바에게 경쟁심을 느낀다거나 하진 않았다. 딜런이 배고파할 때는 젖병을 물리려 애쓰기보다 언제나 곧장 아바에게 데려다주었다. 밤에는 특히 더 그렇게 했다. 또 울면서 엄마를 찾을 때는 완벽하게 들어주었다. 나도 엄마를 찾을 때가 많았으니까! 하지만 자라서 어느 단계에 이르면 나와 더 많은 시간을 보내고 싶어 하게 되리라는 걸 알고 있었다. 그래서 딜런이 흥미를 느끼고 뭔가 다른 방식으로 나와 더욱 유대감을 형성하게 도와줄 기술들을 다양하게 갖춰두었다. 나는 딜런과 함께 음악을 연주할 날을 손꼽아 기다리고 있으며, 딜런에게 한시라도 빨리 보여주고 싶은 과학 실험도 많이 준비해두었다.

지금 경제적으로 가족을 부양할 수 있다는 사실이 정말 행복하다. 이것은 아버지의 아주 전통적인 역할이지만 역시 중요하다고 생각한다. 보수가 아주 좋은 직업을 가진 것은 행운이며, 가족이 평안하고 경제적인 문제로 걱정할 필요가 없는 것 또한 좋은 일이다. 덕분에 우리는 딜런을 행복하게 만드는 것들과 딜런에게 초점을 맞출 수 있다. 새 옷이나 다른 무언가가 필요하면 스트레스 없이 구입할 수 있다. 가족으로서 마음을 편안히 갖는 데 이것은 중요하다. 경제적인 걱정이야말로 정말로 많은 스트레스를 불러일으킬 수 있기 때문이다. 이 모든 문제에 대해 다른 아버지들은 어떻게 생각하는지 나는 사실 모른다. 남자들은 보통 이런 이야기는 안 하기 때문이다. 아바는 다른 어머니들을 만나 온갖 이야기를 다 나눌 테지만 우리 남편들은 그냥 많은 시간을 어울리면서 이야기를 주고받는다.

아바와의 관계에서 가장 큰 변화는 예전엔 함께 외출해 시내의 작은 곳에서 오래도록 즐기곤 했는데 이제는 집콕족이 되었다는 점이다. 밤에는 아이를 데리고 나갈 수 없는데다가 우리도 아기와 함께 있고 싶었기 때문이다. 결국 13개월 전 아들이 태어난 뒤로 우리가 데이트한 적은 세 번밖에 안 되는 것 같다. 커플들이 으레 하는 일을 하던 것에서 가족이 되는 쪽으로, 시간을 보내는 방식이 완전히 바뀐 것이다. 하지만 지금 우리에게는 이것이 중요하다.

육아에서 절대적으로 힘든 점은 수면 부족이었다. 잠을 좋아하는 사람이라 하루 10시간도 자곤 했는데, 정말로 편안한 밤에도 7~8시간으로 줄여야 했다. 이제 딜런은 조금은 잘 자게 됐지만 처음 1년간은 정말로 힘들었다. 익히 이야기를 들어 예상은 했지만, 실제로 경험하기 전에는 제대로 이해하기 힘들었다. 나는 언제나 지쳐 있었으며 가끔 너무 피곤할 때는 일에 집중하기도 힘들었다. 그러나 이는 긴 게임에서 분명히 아주 중요한 것이었으며 늦잠이라면 어느 시점에 이르러 다시 잘 수 있을 것이었다.

아버지로서 가장 좋은 것은 물론 딜런이었다. 아들을 보면 너무 귀엽고 경이로웠다. 아주 어린 아기 주변에 있어본 적이 한 번도 없었지만 딜런은 정말이지 믿기지가 않았다. 우리는 정말 기뻤다. 딜런은 너무도 놀라운 아기였다! 딜런이 계속 자라나는 모습을 지켜볼 수 있기를 진심으로 바란다. 어린 시절 아이의 요구를 충족시켜주면 온 세상이 훨씬 나은 곳이 되리라고 나는 확신한다.

외할머니의 이야기

두 주 반 동안 딸 아바의 가정 분만 시도를 도왔다. 믿기지 않을 만큼 힘들었다. 그러나 딸은 병원으로 옮겨서 예기치 못하게 응급제왕절개수술을 받았다. 이후 딸네 집에 살면서 그 식구들이 새로운 가족과 유대감을 형성하도록 보살폈다. 그러면서 나도 첫 손자 딜런에게 강한 애착을 느끼게 되었다. 이런 과정은 나를 영원히 바꿔버렸다. 할머니가 되다니, 정말 기뻤다!

아바와 조나단이 부모가 되는 과정을 지켜보는 것은 즐거웠다. 그들이 딜런과 함께하는 태도는 진실로 특별했다. 상흔이 남을 정도로 힘든 응급제왕절개술로 딜런이 태어나자마자 조나단은 병원 가운의 앞섶을 열고 안심시키려는 듯 갓난아기를 맨가슴에 40분간 안고 있었다. 그 사이 의사는 아바의 회복을 도왔다. 딜런을 품에 안겨주는 순간, 끔찍했던 출산의 두려움이 사라지면서 아바의 눈이 빛났다. 나는 태어난 지 한 시간도 안 된 딜런이 고개를 들어 아바를 향해 미소 짓는 걸 보았다. 그 순간 우리 모두 딜런이 '집에서 태어난 것'이나 마찬가지임을 깨달았다. 부모의 품과 가슴이 바로 딜런의 집이었기 때문이다. 이 출산의 경험은 기대했던 것과는 아주 달랐지만 나는 그들이 진실로 부모가 될 준비가 돼 있으며, 기대는 옆으로 밀쳐두고 아이의 삶에 일어나는 일은 무엇이건 즐겁게 받아들이리라는 것을 확인했다.

아바는 다른 모든 산모들이 그러하듯 어머니 역할을 해낼 준비가 되어 있었다. 그러나 딜런에게 얼마나 강한 애착을 느낄지는 상상도 하지 못했다. 둘 사이의 유대감에 대해 아바가 말했다. "엄마, 엄마 마음을 이제 이해할 것 같아. 딜런을 어떻게 놓아줄 수 있겠어?"

조나단은 처음부터 젖을 먹이는 것만 빼고 모든 것을 직접 해주었다. 딜런을 달래기 위해 아바가 임신 중에 했던 것처럼, 요가 매트 위에서 튀어 오르거나 아기를 포대기로 단단히 싸매는 것 같은 기술도 완벽하게 터득했다. 부부는 아기와 살갗을 맞대는 교감에도 깊이 헌신하고, 끊임없이 딜런을 안아주었으며, 침대를 공유하고, 아기가 보내는 모든 신호에 귀 기울이고 반응했다. 생후 몇 주 동안 딜런이 누군가의 품을 벗어났던 적은 없는 것 같다. 그들의 주의 깊은 보살핌 덕분에 실제로 딜런의 울음소리도 들을 수 없었다.

딜런은 부드럽고 사랑스러운 영혼이다. 그와 보내는 시간은 그저 기쁘기만 하다. 이런 모습을 보이기까지, 믿기지 않을 만큼 능숙하고 따뜻한 보살핌이 어느 정도나 영향을 미쳤는지, 그의 타고난 성격은 또 얼마나 기여했는지 정확히 구분하기는 힘들다. 어쨌든 딜런은 가장 멋진 13개월짜리 아기이다. 딜런에게는 언제나 그를 이해하고 요구를 들어주려는 누군가가 곁에 있다. 원하는 것이 있을 때는 신호를 읽어내기가 아주 쉽다. 딜런은 현재에 충실하고 반응을 잘하는 아기이기 때문이다. 딜런이 손을 뻗어 다른 사람과 신체적·정서적으로 연결되는 방식은 마음을 열어주고 협력을 낳는다.

가장 소중한 기억이라면 신생아인 딜런을 가슴에 꼭 안고 그 작은 손이 부드럽게 내 가슴에 닿는 걸 느낀 순간이다. 그 에너지는 너무 다정하고 평화로웠다. 그 순간 나는 평생토록 이어질 깊은 유대가 싹트는 걸 느꼈다. 내가 매일 딜런의 삶에 참여하고 싶어 함을 깨닫고 6개월의 출산휴가 후 아바가 복직했을 때 딜런을 우선적으로 보살피게 된 것도 초기에 생겨난 이 애착 덕분이다. 딜런을 보살피기 위해 나는 먼저 사장과 협의해 근무계획을 새로 짰다. 월요일에서 수요일까지 일주일에 사흘간 10시간씩 일하기로 한 것이다. 덕분에 수요일 저녁에 출발해서 200킬로미터를 달려 아바와 조나단의 집에 도착해서는 목요일과 금요일에 딜런을 돌볼 수 있었다. 그러고는 토요일에 다시 집으로 돌아왔다. 외할머니로서 특별한 경험이었지만 일과 통근은 너무 힘들었다. 일주일에 30시간으로 작업 시간을 조정하고도 전과 같이 40시간의 작업량을 해내고, 비가 오나 눈이 오나 얼음이 얼었거나 가리지 않고 한겨울 어둔 밤에 운전하고 나면 녹초가 돼버렸다.

아바와 조나단은 언제나 저녁 식탁에 따뜻한 음식을 차려놓고 온 가족이 나를 기다렸다. 이런 환영 의식은 일을 마치고 먼 길을 달려온 스트레스를 모조리 날려버렸다. 일단 식탁에 앉으면 진심으로 신이 났다! 식사를 마치면 셋은 자리에서 일어나 함께 밤을 보내고, 그 사이 나는 그들의 집에서 자리를 잡았다. 아바는 내내 전업주부로 지내다가 종일제 직장 여성으로 변신 중이었다. 아주 힘들었을 것이, 딜런과 떨어져 있을 때 아이가 미치도록 보고 싶을 것이라서다. 그래서 우리는 무엇보다 아바가 퇴근한 후에는 시간의 100퍼센트를 딜런과 함께하도록 도왔다. 나는 딸네 식구가 더 편안히 지낼 수 있도록 세탁이나 청소, 쇼핑, 식사 준비 등 가능한 많은 일들을 해주었다. 덕분에 아바는 딜런이나 부부끼리 보내는 시간을 더 많이 가질 수 있었다. 또 하루 종일 떨어져 지낸 후 다시 서로와 연결될 시간과 공간을 가질 수 있게, 밤이면 되도록 없는 듯 조용히 있으려고 했다.

'아이들'이 어떤 부모가 되어가는지를 지켜보는 것도 멋진 일이었다. 조나단이 그렇게 헌신적인 아버지임을 확인할 수 있어 좋았다. 그는 밤이면 언제나 '가장 먼저 알려주는 사람' 역할을 했다. 6개월이 되면서 딜런은 아기방에서 밤을 보내기 시작했다. 하지만 딜런이 밤중에 꿈지락거리면 조나단은 침대 근처에 설치된 비디오 모니터를 보고 얼른 딜런을 달래러 갔다. 젖을 먹고 싶어 하면 딜런을 안고 침실로 돌아와 아바의 품에 안겨주었다. 조나단과 아바가 육아에서 즐거움을 느끼고, 딜런을 향한 사랑과 존중, 커다란 기쁨을 안고 서로 이야기를 나누는 모습을 보는 것도 내게는 큰 위안이었다. 어렸을 때부터 모두가 이런 식으로 보살핌을 받았다면 분명히 세상은 크게 달라졌을 것이다.

아직까지 딜런은 가족 외에 누구에게도 보살핌을 받지 않았다. 월요일과 화요일, 수요일에는 조나단의 어머니가 딜런을 돌보았다. 아바는 육아에 대한 신념과 실천 과제를 설명한 일지를 만들었다. 우리 할머니들은 이 일지에 딜런과 우리가 그날그날 한 일들을 전부 적어두었다. 나는 매일 딜런과 함께한 모험을 여러 개의 동영상에 담아서 밤에 함께 보기를 좋아했다. 또 돌봄의 일관성을 위해 딜런의 양육팀인 우리 넷은 한 달에 한 번 저녁 때 외식을 하면서 딜런을 보살핀 경험과 딜런에 대해 이야기를 나누었다. 할머니로서 손자를 우선적으로 보살피는 일에 참여한 시간은 어른이 된 우리의 아들딸을 새로운 눈으로 바라보고 이들과 더욱 친밀한 관계를 형성할 기회도 되었다.

나이가 들면 손자들에게 무슨 일이 생겨도 거의 모두 잘 해결되리라는 확신이 생긴다. 그래서 젊은 시절 엄마로서 느꼈던 심한 불안에서도 자유로워진다. 예를 들어 딜런이 낮잠을 길게 안 잤거나, 상체 힘을 기르기 위해 충분히 엎어놓지 않았거나, 장기적으로 영향을 미칠 발진이 생겼어도 걱정하지 않는다. 덕분에 나는 딜런과의 모든 소중한 순간을 그저 즐길 수 있었다.

손자를 보살피는 일은 정말로 멋진 경험이었다. 그래서 아바가 내년 9월에 교사로 복직하고 나면 내년에 다시 이 일을 하게 되기를 고대하고 있다. 경제적으로 몇 년 후 은퇴할 준비를 하고 있던 차에, 사장이 더 이상은 전처럼 주당 30시간 근무는 어렵겠다고 해서 계획보다 2년 일찍 은퇴하기로 결심했다. 일이 주는 압박감도, 살인적인 일정도 더 이상 없으므로 훨씬 편안해질 것이다. 매일 딸의 가족과 어울릴 수 있다는 것이 얼마나 다행스럽고 행복한 일인지 잘 안다. 또 어머니로서의 경험을 공유하면서 아바와 나의 관계가 깊어지고 변화했다는 것에 대해서도 경외심을 느낀다. 아바가 여성으로 성장한 모습과 그녀의 선택, 그녀가 일궈낸 사랑스러운 가족도 대단히 존중한다.

할머니로서 가장 힘든 일은 딸이 나와는 다른 방식으로 아이를 기를 때도 이의를 제기하지 못하는 것이었다. 아바가 딜런에게 무언가 해주기를 바라면, 나는 이해가 안 가도 아바의 생각대로 해주었다. 우리 집에는 '한 번만'이라는 규칙이 있었다. 우리 중 누군가 어떤 것에 강력한 의견을 갖고 있으면 그는 자기 의견을 한 번 분명하게 표현한다. 그러면 다른 사람들은 이견을 제시하지 않고 그냥 들어준 후 문제를 그대로 덮어둔다. 그러면 얼마간 숙고의 시간이 지난 후 이야기를 들어준 사람이 그 문제를 다시 꺼내 논의하게 되기도 한다. 다시는 언급하지 않게 되기도 하지만 말이다. 하지만 이런 경우에도 의견을 피력했던 사람은 최소한 자기 생각을 전달할 기회는 가졌기 때문에 안도감을 경험한다. 수년 전부터 우리 가족은 이 '한 번만' 규칙의 덕을 톡톡히 보고 있다.

딜런 덕분에 가족 전체가 더욱 가까워졌다. 딜런이 태어났을 때 모두 병실에 모여 탄생을 축하하면서 나는 딸 아바에게 새로이 마음이 열리는 것을 느꼈다. 딜런을 좋아하는 아바의 형제자매와 아바 사이에서도 그것이 보였다. 나는 일주일에 사흘을 남편과 떨어져 지냈으므로 그와 계속 연결되기 위해 몇 가지 의식을 계발해냈다. 아침마다 아바와 조나단이 출근하고 나면 딜런의 동영상을 찍어서 남편에게 보냈다. 사랑이 넘치는 그는 딜런에게도 다정했다. 우리 아이들이 아기였을 때보다 딜런에게 더 부드럽고 편안히 대하는 것 같았다. 나는 그가 적어도 한 달에 몇 번은 나와 함께 딜런을 보살필 것이라고 생각했지만 그는 일에만 전념하고 재택근무를 했다. 토요일 아침에 집으로 돌아가면 정말로 반갑게 나를 반겨주고, 우리의 아이와 손자들이 지내는 모습을 담은 동영상을 보고 이야기를 들으며 아주 즐거워했다. 또 내가 하는 일을 자랑스럽게 여겼다. 덕분에 함께 보내는 시간은 줄었지만, 우리 사이에도 특별하고도 긍정적인 에너지와 새로운 형태의 친밀감이 생겨났다.

우리 아이들의 삶에 관여할 수 있다는 것이 정말로 좋다. 그들이 부모가 되어가는 모습을 지켜보는 것은 믿기지 않을 만큼 멋진 일이다.

주의 깊은 양육이 친절한 아이를 키워낸다

세상을 바꾸는 데 가장 중요한 것은
자녀에게 최대의 애정과 시간을 쏟아붓는 것이다.

– 달라이 라마

격한 감정을 진정시키고 더 나은 판단력을 발휘하며 창조적으로 문제를 해결하는 능력이 뛰어난 사람, 연민과 공감, 관대함, 사랑을 베풀 역량이 넘치는 사람으로 아이를 키우는 것은 불가능하지 않다. 평화로운 문화권과 두뇌 연구 결과들이 이를 확인시켜준다. 나는 지난 40년간 전 세계의 부모를 관찰하면서 평화로운 사회에서는 영유아에게 주의를 기울이고 즉각 반응해준다는 것을 분명히 확인했다. 이것은 다른 문화권의 양육법과는 상당히 다른 모습이었다. 평화로운 문화권에서는 갓난아기들을 깊은 애정을 갖고 부드럽게 반기기 위해 긍정적인 출산 경험과 기념 의식들에 대단히 역점을 둔다. 아기가 태어나는 순간부터 애착과 신뢰를 증진시키는 양육법을 시작하며, 두뇌 발달에 가장 중요한 생후 몇 년간 이 방법을 지속적으로 실천한다. 친밀한 애착을 형성한 유아는 일차적인 양육자를 기쁘게 해주고 싶어 한다. 그리고 양심이 발달함에 따라 내면의 소리에 귀 기울여 옳고 그름을 결정하게 된다. 안정적이고 유능하며 명랑하고 친절한 아기는, 그렇게 하도록 도와준 양육법의 결과다.

이 책에서 제시하는 마음챙김 양육법은 평화로운 문화권에서처럼 부모들이 영유아를 특별한 애정과 공감을 갖고 대하도록 도와줄 것이다. 제각기 다른 아이들을 키우는 일은 지극히 복잡하며, 지금처럼 생활방식이 급변하는 시대에는 셀 수 없이 많은 스트레스가 존재한다. 이로 인해 의심과 후회 없이 아이를 키우기가 아주 힘들어졌다. 그러나 지금까지 이야기한 모든 양육법들 중에서 가장 중요한 두 가지를 기억하면 아이를 밝은 사람으로 잘 키울 수 있을 것이다.

(1)아기가 하려는 말에 언제나 귀를 기울이고 곧장 반응해준다. 아기를 어떻게 길러야 할지 가장 잘 알려주는 스승은 바로 아기 자신이다. (2)아기와의 관계가 단절되면 가능한 한 빨리 아기와 정서적으로 다시 연결되도록 최선을 다한다. 또 자기 자신에게 친절해야 하며 필요할 때는 '타임아웃'의 시간을 갖는다. 자기 바람대로 아이를 잘 보살피는 부모가 되려고 스스로에게 너무 많은 짐을 지우지 않는다. 그리고 절대 그러지 않겠다고 맹세했던 방식으로 행동하는 자신을 발견해도 스스로를 용서한다. 또 아이에게 사과를 하면, 아이는 실수를 더욱 잘 인정하고 '쇄신 버튼을 누를' 필요가 있을 때 이것을 받아들일 줄도 알게 된다.

현대의 많은 부모들은 영유아의 초기 요구들을 더 잘 충족시켜주기 위해 삶의 우선순위에서 의미 있는 변화를 일구어내고 있다. 아기에게 관심을 기울이고 즉각 반응해주며 친절하고 사랑이 넘치는 주의 깊은 부모에게 태어난 순간부터 보살핌과 애정을 듬뿍 받고 있다는 느낌을 받으면, 이 세상이 얼마나 달라지겠는가! 다음 세대의 아이들은 협상과 타협을 더욱 잘하게 될 것이고, 이런 능력은 서로 연결된 지구 공동체에서 환경과 경제, 평화 유지를 위한 해결책을 이끌어내는 협력에 특히 중요한 역할을 할 것이다. 전쟁을 초월한 세계를 만들기 위해서는 인류와 지구의 행복에 도움이 되는 해결책을 창조적으로 발견하고 공감하고 신뢰할 줄 아는 사람들이 필요하다. 문화와 신념, 삶의 방식이 서로 달라도, 모든 인간이 자신과 아이들을 위해 갖고 싶어 하는 것은 기본적으로 똑같다. 우리는 모두 자유와 안정, 기본적인 욕구의 충족, 가족과 친구들로 이루어진 믿을 수 있는 집단과의 연결, 타인의 관심과 존중, 이해, 보살핌, 사랑을 갈망한다. 생각이 다른 사람들 사이에서 정서적으로나 정신적으로 다리를 놓을 수 있는 친절한 사람으로 아이를 키우면 이 세대는 진실로 평화의 중재자가 될 것이다. 인류의 집이라는 이 아름다운 행성과 인류의 존속을 위해서는 이런 평화의 중재자가 필요하다.

그대는 우주의 사랑을 받는 자

그대는 떠오르는 태양처럼 아름답고 별처럼 오래 산 자

그대는 인간의 형체를 지닌 신성한 사랑의 불꽃

그대를 통해 선함과 빛이 이 세상으로 흘러드네.

– 로럴 블리돈 –마페이

머리말

1. Ferrucci, Piero, *The Power of Kindness: The Unexpected Benefits of Leading a Compassionate Life* (London, England: Penguin Books, 2006)

Chapter 1

1. Erickson, Erik, *Childhood and Society* (New York: WW Norton & Company, 1950)
2. Dentan, Robert Knox, *The Semai: A Nonviolent People of Malaya* (New York: Holt, Rinehart and Winston, 1968)
3. Eisler, Riane, *The Chalice and the Blade* (New York: HarperCollins, 1988)
4. *Women of Tibet: Gyalyum Chemo The Great Mother,* directed by Rosemary Rawcliff (San Francisco, CA: Frame of Mind Films, 2006), DVD.
5. Maiden, Ann Hubbell, and Edie Farwell, *The Tibetan Art of Parenting: From Before Conception Through Early Childhood.* (Somerville, MA: Wisdom Publications, 1999), 99.
6. *Kundun,* Directed by Martin Scorsese (Burbank, CA: Touchstone Pictures. 1997) DVD.
7. *Women of Tibet,* Rawcliff.
8. *Kundun,* Scorsese.
9. Maiden and Farwell, *The Tibetan Art of Parenting.*
10. Lipton, Bruce H., Ph.D, *The Biology of Belief: Unleashing the Power of Consciousness, Matter & Miracles* (Santa Rosa, CA: Mountain of Love/Elite Books, 2005).
11. Maiden and Farwell, *The Tibetan Art of Parenting,* 43.
12. Maiden and Farwell, *The Tibetan Art of Parenting.*
13. Maiden and Farwell, *The Tibetan Art of Parenting,* 113.
14. Maiden and Farwell, *The Tibetan Art of Parenting,* 131.

15. Follmi, Olivier, and Danielle, *Offerings: Spiritual Wisdom to Change Your Life* (New York City, NY: Stewart, Tabori & Chang, 2002).

16. Choegyal, Rinchen Khando, personal Interview (Dharamsala, India, December 1994).

17. Maiden and Farwell, *The Tibetan Art of Parenting,* ix.

18. Choegyal, personal interview.

19. Wikipedia, "Gross National Happiness", last Nodified August 10, 2015, http://en.wikipedia.org/wiki/Gross_national_happiness.

20. Carpenter, Russ & Blyth, *The Blessings of Bhutan* (HI: University of Hawai'i Press, 2002), 155-157.

21. Lhamu, Mimi, MD, personal interview (Thimphu, Bhutan. February 25, 2004).

22. Peterson, Charlotte, PhD, personal observations (Bali, Indonesia, 2002).

23. Ratna, Wayan, personal interview (Ubud, Bali, Indonesia, August, 2002).

24. Karta, Ketut, personal interview (Penestanan, Bali, Indonesia, Auguast 2002).

25. Gandri, Nyoman, personal interview (Payogan, Bali, Indonesia, July 2002).

26. Gandri, personal interview.

27. Narok, Made, personal interview (Penestanan, Bali, Indonesia, August 2002).

28. Norihiro Kato, "Japan's Break with Peace", *The New York Times,* July 16, 2014.

29. Kikuchi, Nahou, personal interview (Tokyo, Japan, September 2002).

30. Kikuchi, personal interview.

Chapter 2

1. Small, Meredith F., *Kids: How Biology and Culture Shape the Way We Raise Young Children* (New York City, NY: Anchor Books, 2001), 3.

2. Blaffer Hrdy, Sarah, *Mother Nature: Maternal Instincts and How They Shape The Human Species* (New York City, NY: Ballantine Publishing Group, 2000), 161.

3. Blaffer Hrdy, *Mother Nature,* 162.

4. Mendoza, S.P., and W.A Mason, "Attachment Relationships in New World Primates", in *The Integrative Neurobiology of Affiliation,* ed. C. S. Carter, I. I. Lederhendler and B. Kirkpatrick (Cambridge, MA: MIT Press, 1999), 93-100.

5. Allport, Susan, *A Natural History of Parenting: A Naturalist Looks at Parenting In the Animal World and Ours* (Bloomington, IN: iUniverse, 2003), 165-173.

6. Wootton, Barbara, Mary D. Salter Ainsworth, R. G. Andry, Robert G. Harlow, S. Lebovici, Margaret Mead, and Diane G. Prugh, "Deprivation of Marternal Care: A Reassessment of Its Effects", (Geneva, Switzerland: *World Health Organization, Public Health Papers,* No. 14 1962), 255-266.

http: apps.who.int/rirs/handle/10665/37819.

7. Allport *A Natural History of Parenting*, 168.

8. Bretherton, Inge, "The Origins of Attachment Theory: John Bowlby and Mary Ainsworth", *Developmental Psychology* 28 (1992): 759-775.

9. Allport *A Natural History of Parenting*, 179.

10. Small, *Kids*, 47.

11. Pearce, Joseph Chilton, and Bruce H. Lipton, "The Evolution of Biology and Development of Spiritual Intelligence" APPPAH Post Congress Workshop, San Francisco, California, CA, December 10, 2001).

12. Klaus, Marshall H. MD and Phyllis H. Klaus, *Your Amazing Newborn* (New York City, NY: HarperCollins Publishers, 1998), 24.

13. Klaus, Marshall H. MD and John H. Kennel, *Maternal-infant Bonding* (St. Louis, MO: C.V. Mosby Co., 1976).

14. *Delivery Self Attachment.* directed by Righard, Lennart (Los Angeles, CA: Geddes Productions. 1995), Video.

15. Baby Friendly USA, "Implementing the UNICEF/WHO Baby Friendly Hospital Initiative in the U.S.," last modified 2012, http://www.babyfriendlyusa.org.

16. Blaffer Hrdy *Mother Nature,* 130-131.

17. Houser, Patrick M., "The Science of Father Love", Association for Prenatal and Perinatal Psychology and Health, 2011. http://birthpsychology.com/free-article/science-father-love.

18. Houser, Patrick M., "Breast is Best......for Dads too!" La Leche League Magazine: *New Beginnings,* August 2009.

19. Heinowitz, Jack, *Fathering Right from the Start: Straight Talk about Pregnancy, Birth and Beyond* (Novato, CA: New World Library, 2001).

20. Houser, "Breast is Best".

21. Houser, "The Science of Fater Love".

22. Blaffer Hrdy *Mother Nature.*

23. Kikuchi, personal interview.

24. Formon, Samuel J., "Infant Feeding in the 20th Century: Formula and Beikost". *Journal of Nutrition* 131 (2001): 4095-4205.

25. Blaffer Hrdy *Mother Nature,* 11.

26. Karen, Robert, *Becoming Attached: First Relationships and How They Shape Our Capacity to Love* (New York City, NY: Oxford University Press, 1994).

27. Somé, Sobonfu E., *Welcoming Spirit Home: Ancient African Teachings to Celebrate Children and Community* (Novato, CA: New World Library, 1999).

28. Houser, "The Science of Father Love".

29. Taylor, S. E. et al., "Female Responses to Stress: Tend and Befriend, Not Fight or Flight", *Psychological Review,* 107, no. 3 (2000): 411-429.

30. Taylor, et. al., "Female Responses to Stress".

31. Clark, Mary E., *In Search of Human Nature* (New York City, NY: Routledge, 2002).

Chapter 3

1. Newman, Jack, MD, "The Importance of Skin to Skin Contact", International Breast-feeding Center, 2009. http://nbic.ca/index.

2. Houser, "The Science of Father Love".

3. Association for Prenatal and Perinatal Psychology and Health, "Welcome Your Baby In With 60 Minutes, Skin-to-Skin", (Advocate Reference Card, 2010). http://www.birthpsychology.com.

4. Infant Massage USA, "Benefits of Infant Massage", 2011. www.infantmassageusa/learnto-massage-your-baby/benefits-of-infant-massage/.

5. Widstrom, A. M., W. Wahlburg, A. S. Matthiesen, "Short-term effects of early suckling and touch of the nipple on maternal behavior", *Early Human Development* 21 (1990): 153-163.

6. Ratna, personal interview.

7. Gandri, personal interview.

8. Lhamu, personal interview.

9. Fomon, "Infant Feeding in the 20th Century".

10. Nelson, Desiree RN., IBCLC, written personal communication, December 12, 2011.

11. Gartner, LM et al., Policy Statement: "Breast-feeding and the use of human milk", *Pediatrics* 115 no.2 (2005): 496-506.

12. World Health Organization, "Exclusive Breast-feeding", 2011. http://www.who.int/nutrition/topics/exclusive_breast-feeding/en/.

13. World Health Organization, "Global Strategy for Infant and Young Child Feeding", (Geneva, Switzerland: World Health Organization and UNICEF, 2003).

14. Lim, Robin, personal interview (Banjar Nyuh Kuning, Bali, March 31, 2004).

15. Vennemann, M. M. et al., "Does Breast-feeding Reduce the Risk of Sudden Infant Death Syndrome", *Pediatrics,* 123 (2009): e406-e410.

16. American Academy of Pediatrics, "Resolution #67SC: Divesting From Formula Marketing in Pediatric Care", Breast-feeding Initiatives, November 25, 2011. www2.aap.org/breast-feeding/.

17. World Health Organization, "Nutrition".

18. Baby Friendly USA, "Implementing the UNICEF/WHO Baby Friendly Hospital Initiative in the U.S".

19. Agency for Healthcare Research and Quality, "Breast-feeding and Maternal and Infant Health Outcomes in Developed Countries", evidence report April 2007. http//www.ahrq.gov/clinic.epcarch.htm.

20. Agency for Healthcare Research and Quality, "Breast-feeding and Maternal and Infant Health Outcomes in Developed Countries".

21. Littman, H., S. VanderBrug Medendorp, and J. Goldfarb, "The Decision to Breastfeed: The Importance of Fathers' Approval". *Clinical Pediatrics,* 33, no. 4 (1994): 214-219.

22. Follmi, Olivier, and Danielle, *Offerings: Spiritual Wisdom to Change Your Life* (New York City, NT: Stewart, Tabori & Chang, 2002).

23. Kikuchi, personal interview.

24. Gandri, personal interview.

25. Lhamu, personal interview.

26. Morelli, G. et al., "Cultural variation in infants' sleeping arrangements: Questions of independence", *Developmental Psychology* 28 (1992): 604-613.

27. McKenna, James J. PhD, *Sleeping with Your Baby: A Parent's Guide to Cosleeping* (Washington, DC: Playpus Media; 1 edition, 2007), 58.

28. McKenna *Sleeping with Your Baby,* 32.

29. McKenna *Sleeping with Your Baby,* 33.

30. McKenna, James J., PhD et al., "Sleep and Arousal Patterns of Co-Sleeping Human Mother-Infant Pairs: A Preliminary Physiological Study with Implications for the Study of the Sudden Infant Death Syndrome (SIDS)", *American Journal of Physical Anthropology,* 82 no. 3 (1990): 331-347.

31. McKenna *Sleeping with Your Baby,* 37.

32. McKenna *Sleeping with Your Baby,* 21.

33. McKenna, James J., PhD. and Lee T. Gettler, "Mother-Infant Cosleeping with Breast-feeding in the Western Industrialized Context: A Bicultural Perspective", in *Textbook of Human Lactation.* eds. T. W. Hale and P. E. Hartmann, (Amarillo, TX: Hale Publishing, 2007).

34. McKenna *Sleeping with Your Baby,* 22.

35. McKenna *Sleeping with Your Baby,* 61-70.

36. Healthy Babies, Healthy Communities, "Safe Sleep". Flyer by a grant from the CJ Foundation for SIDS (Lane County, Oregon, 2009). www.lanecounty.org/prevention.

37. Crawford, M., "Parenting Practices in the Basque Country: Implications of Infant and Childhood Sleeping Location for Personality Development" *Ethos* 22, no. 1: (1994): 42-82.

38. The First Years Last Forever 2005.

39. Lhamu, personal interview.

40. McKenna, *Sleep with Your Baby,* p. 77.

41. The First Years Last Forever 2005.

42. Erikson, *Childhood and Society.*

43. Holt, Emmett L., MD, *The Care and Feeding of Children: A Catechism for the Use of Mothers and Children's Nurses,* Public domain in the USA, (1907).

44. Sears, William, MD, Robert Sears, MD, James Sears, MD, and Martha Sears, RN. *The Baby Sleep Book: The Complete Guide to a Good Night's Rest for the Whole Family,* (Boston, MA: Little, Brown and Company, 2005).

45. Australian Association of Infant Mental Health, Position Paper 1: "Controlled Crying", March 2004. http://www.aaimhi.org/inewsfiles/controlled_cryingpdf.

46. McKenna *Sleep with Your Baby,* 38.

47. Klaus and Klaus, *Your Amazing Newborn,* 24-37.

48. Karta, personal interview.

49. Narok, personal interview.

50. Lee, K., "The Crying Patterns of Korean infants & related factors", *Developmental Medicine & Child Neurology* 36 (1994): 601-607.

51. *Reducing Infant Mortality,* directed by Takikawa, Debby, (Santa Barbara, CA: Hana Peace Works, 2009), DVD

52. National Institute of Child Health and Human Development 2013.

53. Guttmacher Institute, "Facts on Unintended Pregnancy in the United States", January 2012.
www.guttmacher.org/pubs/FB-Unintended-Pregnancy-US.html.

54. National Institute of Child Health and Human Development, "High C-section rate may have something to do with impatience", *Los Angeles Times,* August 30, 2010.

55. Johnson, Nathanael, "As early elective births increase so do health risks for mother, child", California Watch: December 26, 2010.
http://californiawatch.org.

56. MacEnulty, Pat, "Oh Baby, Ina May Gaskin on the Medicalization of Birth", *The Sun,* January 2012, 5-13.

57. Lim, personal interview.

58. International Childbirth Education Association, *Cesarean Fact Sheet,* 1995-1998.

http://www.childbirth.org/section/CSFact.html.

59. Klaus and Kennel, *Maternal-infant Bonding.*

60. Johnson, "As early elective births increase so do health risks for mother, child".

61. Buckley, Sarah J. MD, *Gentle Birth, Gentle Mothering: The Wisdom and Science of Gentle Cghoices in Pregnancy, Birth, and Parenting* (Australia: One Moon Press, 2005).

62. Buckley, *Gentle Birth, Gentle Mothering.*

63. Siegel, Daniel, MD and Mary Hartzell, Med, *Parenting From The Inside Out* (New York City, NY: Penguin Group (USA) Inc., 2003).

64. Rhodes, Jeane, PhD and Michael J. Kloepfer, *The Birth of Hope: a unique novel* (Charleston, SC: CreateSpace Independent Publishing Platform, 2009).

65. Davis, Wendy, PhD, "Perinatal Mood Disorders", (Presentation given in Lane County, Oregon: May 8, 2006). http://www.babybluesconnection.org.

66. Davis, "Perinatal Mood Disorders".

Chapter 4

1. Balter, Lawrence, *Parenthood in America: An Encyclopedia, Volume* 1. (Santa Barbara, CA: ABC-CLIO, Inc., 2000).

2. Brown, Brené, PhD, *The Gifts of Imperfection: Let Go of Who You Think You're Supposed to Be and Embrace Who You Are* (Center City, MN: Hazelden, 2010).

3. Page, Eric, "Benjamin Spock, World's Pediatrician, Dies at 94", *The New York Times,* Learning Network, March 17, 1998. http://learning.blog.nytimes.com/.

4. Clark, Mary E, personal conversation. Eugene, OR, 2011.

5. Pearls, Michael and Debi Pearls, *To Train Up A Child* (Pleasantville, TN: No Greater Joy Ministries, 1994).

6. Harris, Lynn, "Spare the quarter-inch plumbing supply line, spoil the child", May 25, 2006. http://www.salon.com/life/feature/2006/05/25/the_pearls

7. Ezzo, Gary, *On Becoming Babywise* (Sisters, Oregon: Multnomah Publishers, 1998).

8. Ezzo, Gary & Robert Bucknam, *On Becoming Babywise: Giving Your Infant the Gift of Nighttime Sleep* (Sisters, Oregon: Multnomah Publishers, 2006).

9. Aney, Matthew MD, "Babywise advice linked to dehydration, failure to thrive", 1995. http://www.ezzo.info/Aney/aneyaap.htm.

10. Rein, Steve, "Evaluating Ezzo Programs", last modified 2013. http://www.ezzo.info.

11. American Academy of Pediatrics, "Policy Statement: Breast-feeding and the Use of Human Milk", *Pediatrics* 115 no. 2 (February 2005): 496-506.

12. Balter, *Parenthood in America,* 178.

13. Spock, Benjamin, *The Common Sense Book of Baby and Child Care* (New York City, NY: Duell, Sloan, and Pearce, 1946).

14. Bell, Silvia M. and Mary D. Salter Ainsworth, "Infant crying and maternal responsiveness", *Child Development* 43 (1972): 1171-90.

15. Lee, K., "The Crying Patterns of Korean infants & related factors", *Developmental Medicine & Child Neurology* 36 (1994): 601-607.

And Person, Charlotte, PhD, Personal Observations, Bali, Indonesia, 1989.

16. Morelli, G. et al., "Cultural variation in infants' sleeping arrangements: Questions of independence", *Developmental Psychology* 28 (1992): 604-613.

17. Ferber, Richard, *Solve Your Child's Sleep Problems* (New York City, NY: Fireside, 2006).

18. Fleiss, Paul M. MD, *Sweet Dreams: A Pediatrician's Secrets for you Child's Good Night's Sleep* (Los Angeles, CA: Lowell House, 2000).

19. Alphonse, Lylah M., "Is Crying it Out Dangerous for Kids?" *Yahoo! Shine/Parenting,* December 16, 2011.

20. Narvaez, Darcia PhD, "Dangers of 'Crying It Out'", *Psychology Today: Moral Landscape,* December 11, 2011.

21. Phelan, Thomas, "Do You Know Your Parenting Style?" *Brainy Child: All About Child Brain Development,* April 1, 2011. http://www.brainy-child.com.

22. Neufeld, Gordon, PhD and Gabor Maté, MD, *Hold On to Your Kids: Why Parents need to Matter More Than Peers* (New York City, NY: Ballantine Books: The Random House Publishing Group, 2006).

23. Eisenberg, Nancy, *The Caring Child* (Cambridge, MA: Harvard University Press, 1999).

24. Allport, *A Natural History of Parenting.* 178-179.

25. Neufeld and Maté, *Hold On to Your Kids.*

26. Attachment Parenting International, Mission Statement: "*The Truth is*", last modified August 14, 2015. http://www.attachmentparenting.org/.

27. Sears, William, M.D. and Martha Sears, RN, *The Attachment Parenting Book: A Commonsense Guide to Understanding and Nurturing Your Child* (New York City, NY: Hachette Book Group, 2001).

28. Leo, Pam, *Connection Parenting: Parenting Through Connection Instead of Coercion, Through Love Instead of Fear* (Deadwood, Oregon: Wyatt-MacKenzie Publishing, 2005).

29. Leo, *Connection Parenting,* 27.

30. Neufeld and Maté *Hold On to Your Kids,* 6.

31. Leo, *Connection Parenting,* 29.

32. Bahr, Stephen H. and John P Hoffman, "Parenting Style, Religiosity, Peers, and Adolescent Heavy Drinking", *Journal of Studies on Alcohol and Drugs.* Volume 71, Issue 4

(July 2010).

33. Balter, *Parenthood in America.*

34. Webster, Noah, *Webster's New Universal Unabridged Dictionary* (New York City, NY: Simon and Schuster, 1983).

35. Webster, *Webster's New Universal Unabridged Dictionary.*

36. Hunt, Jan, "The Natural Child Project: Corporal Punishment-10 Reasons Not to Hit Your Kids", American Society for the Positive Care of Children, 2014. http://americanspcc.org/10-reasons-hit-kids/.

37. Grille, Robin, *Parenting For A Peaceful World* (New South Wales, Australia: Longueville Media, 2005).

38. Haeuser, Adrienne A., "Swedish Parents Don't Spank", 1989. http://www.neverhitachild.org/haeuser.html.

39. Global Initiative to End All Corporal Punishment of Children, "Ending Legalized violence against children", last modified July 24, 2015. www.endcorporalpunishment.org.

40. Global Initiative: "Ending Legalized violence against children".

41. Wikipedia, "School Corporal Punishment", last modified on August 13, 2015. http://ed.wikipedia.org/wiki/School_corporal_punishment.

42. Clinton, Hillary Rodham, *It Takes A Village: And Other Lessons Children Teach Us* (New York City, NY: Simon and Schuster, 1983).

Chapter 5

1. Peterson, Charlotte, PhD, "Second That Emotion!" *Child,* June/July 1995.

2. Frey, William H. and Muriel Langseth, *Crying: The Mystery of Tears* (Minneapolis, MN: Winston Press, 1985).

3. Peterson, "Second That Emotion!"

4. Shute, Nancy, "For Kids, Self-Control Factors Into Future Success", National Public Radio, February 14, 2011. http://npr.org/2011/02/14/133629477/for-kids-selfcontrol-factors-into-success.

Chapter 6

1. Small, Meredith F., *Kids: How Biology and Culture Shape the Way We Raise Young Children* (New York City, NY: Anchor Books, 2001).

2. Childre, Doc and Howard Martin, *The Heartmath Solution* (New York City, NY: HarperCollins, 2000).

3. Verny, T.R. MD and Pamela Weintraub, *Pre-Parenting: Nurturing Your Child from Conception* (New York City, NY: Simon & Schuster, 2002).

4. Devlin, B., et. al. "The Heritability of IQ", *Nature*, 1997, 468-471.

5. BBC News, "Mum's stress is passed to baby in the womb", reported by Michelle Roberts, July 19, 2011. http://www.bbc.co.uk/news/health-14187905.

6. Lipton, Bruce H., PhD, *The Biology of Belief: Unleashing the Power of Consciousness, Matter & Miracles* (Santa Rosa, CA: Mountain of Love/Elite Books, 2005), 174.

7. Greenspan, Stanley I. MD and Beryl Lieff Benderly, *The Growth of the Mind: And the Endangered Origins of Intelligence* (New York City, NY: Perseus Books, 1998).

8. Schore, Allan, PhD, *Affect Regulation and the Origin of the Self* (Hillsdale, NJ: Lawrence Erlbaum Associates, Inc., 1994).

9. Gerhardt, Sue, *Why Love Matters: How affection shapes a baby's brain* (New York: Brunner-Routledge, 2004), 36.

10. Korb, Alex, PhD, "Lick Your Kids: What rats can teach us about parenting", *Psychology Today*. (Post published in PreFrontal Nudity, February 29, 2012).
    http://www.psychologytoday.com/blog/prefrontal-nudity/201202/lick-your-kids

11. Prescott, James W. PhD, "Affectional Bonding for the Prevention of Violent Behaviors: Neurobiological, Psychological and Religious/Spiritual Determinants", in *Violent Behavior, Vol. 1: Assessment & Intervention,* ed. L. J. Hertzberg, et. al., (New York: PMA Publishing Corp. 1990), 110-142.

12. Holden, C., "Child Development: Small Refugees Suffer the Effects of Early Neglect", *Science* 274, no. 5290 (1996): 1076-1077.

13. Szalavitz, Maia and Bruce D. Perry MD, PhD, *Born For Love: Why Empathy is Essential-and Endangered* (New York City, NY: HarperCollins, 2010).

14. Lhamu, personal interview.

15. Siegel, Daniel, M.D. and Tina Payne Bryson, PhD, *The Whole-Brain Child: 12 Revolutionary Strategies to Nurture Your Child's Developing Brain* (New York City, NY: Delacorte Press, 2011).

16. Dettling, A., M. Gunnar, and B. Donzella, "Cortisol Levels of Young Children in full-day childcare centres", *Psychoneuroendrocrinology* 24 (1999): 519-36.

17. Dettling, A. et. al., "Quality of care and temperament determine changes in cortisol concentrations over the day for young children in childcare", *Psychoneuroendrocrinology* 25 (2000): 819-36.

18. Klimes-Dugan, B and Megan Gunnar, "Social Regulation of the Adrenocortical Response to Stress in Infants, Children, and Adolescents: Implications for Psychopathology and Education", in *Human Behavior, Learning, and the Developing Brain:*

Atypical Development, ed. D. Coch, G. Dawson, and K. Fisher (New York City, NY: Guilford Press, 2007).

19. Neufeld and Maté, MD, *Hold On to Your Kids.*

20. Lantieri, Linda and Daniel Goleman, *Building Emotional Intelligence: Practices to Cultivate Inner Resilience in Children* (Electronic University; 1 edition, 2014).

21. Chugani, Harold, MD, et al., "Local brain functional activity following early deprivation: a study of post-institutionalized Romanian orphans", *Neuroimage* 14 (2001): 1290-1301.

22. Christeson, William et al., "Breaking the Cycle of Child Abuse and Reducing Crime in Oregon", A report for Fight Crime: Invest in Kids Oregon, 2009.

23. Karr-Morse, Robin with Meredith S. Wiley, *Scared Sick: The Role of Childhood Trauma in Adult Disease* (Philadelphia, PA: Basic Books, Perseus Books Group, 2012).

24. Karr-Morse, *Scared Sick.*

25. Dube, S.R. et al., "Childhood Abuse, Neglect, and Household Dysfunction and the Risk of Illicit Drug Use: The Adverse Childhood Experiences Study", *Pediatrics* 111, no. 3 (March 2003): 564-572.

26. Karr-Morse, *Scared Sick.*

27. Shute, Nancy, "Kids Involved in Bullying Grow Up To Be Poorer, Sicker Adults", National Public Radio, August 19, 2013.
http://npr.org/blogs/health/2013/08/19/213502228/kids-involved-in-bullying-grow-up-tobe-poorer-sicker-adults.

Chapter 7

1. Kunin, Madeleine M., *The New Feminist Agenda: Defining the Next Revolution for Women, Work, and Family* (White River Junction, VT: Chelsea Green Publishing, 2012).

2. Hibel, L. C., Mercado, and J. M. Trumbell, "Parenting stressors and morning cortisol in a sample of working mothers", *Journal of Family Psychology* 26, no. 5 (2012): 738-46.
http://ncbi.nih.gov/pubmed/22866929.

3. New York Times, "Paid Maternal Leave: Almost Everywhere", February 17, 2013. Source: Jody Heymann with Kristen McNeill. *Children's Chances: How Countries Can Move From Surviving to Thriving* (Cambridge, MA: Harvard University Press, 2013).
http://www.nytimes.com/imagepages/2013/02/17/opinion/17coontz2-map.html.

4. Kunin, *The New Feminist Agenda.*

5. Al-Hejailan, Tala, "Saudi Labor Law and the Rights of Women Employees", *Arab News,* January 24, 2010.

6. United Nations Statistics Division, Table 5g: "Maternity Leave Benefits", updated June

2011.

http://unstats.un.org/unsd/defalt.htm.

7. Ellingsaeter, Anne Lise & Arnlaug Leira, eds. *Politicizing Parenthood in Scandinavia: Gender Relations in Welfare States* (Bristol, UK: The Policy Press, 2006).

8. Witherspoon, Gillian, Laura Gillen, and Megan Richardson, "Finland: Family Leave Policies" (New Orleans, LA: Tulane University, May 5, 2009).

http://wwwtulane.edu/~rouxbee/soci626/finland/familyleave.html.

9. Kunin, *The New Feminist Agenda.*

10. Levy, Francesca, "Table: The World's Happiest Countries", *Forbes,* July 14, 2010.

http://www.forbes.com/2010/07/14/world-happiest-countries-lifestyle-realestate-galluptable.html.

11. Kunin, *The New Feminist Agenda.*

12. *Connexion* (France's English-Language Newspaper), "Parental leave rules explained", December 2010.

13. Kunin, *The New Feminist Agenda.*

14. Benhold, Katrin, "Working (Part-Time) in the 21st Century", *New York Times,* December 30, 2010.

15. Elterngeld und Elternzeit. German Federal Office for Immigrants and Refugees. Retrieved June 25, 2014.

16. Kunin, *The New Feminist Agenda.*

17. Kunin, *The New Feminist Agenda.*

18. Kunin, *The New Feminist Agenda.*

19. Kunin, *The New Feminist Agenda.*

20. Service Canada, "Employment Insurance Maternity and Paternal Benefits", Archived and retrieved from the original on August 22, 2012.

21. Kunin, *The New Feminist Agenda.*

22. Kunin, *The New Feminist Agenda.*

23. Wikipedia, "Parental Leave". last modified on 12 July 2015.

https://en.wikipedia.org/Parental_leave.

24. Kunin, *The New Feminist Agenda.*

25. Weinberger, Mark, Presentaion at White House Summit on Working Families, Washington, DC, June 23, 2014.

26. White House Summit on Working Families, Washington, DC, June 23, 2014.

www.workingfamiliessunnit.org.

27. White House Summit on Working Families, 2014.

28. Kunin, *The New Feminist Agenda.*

29. White House Summit on Working Families, 2014.

30. State of California Department of Fair Employment and Housing, *Pregnancy Leave,* 2007. www.dfeh.ca.gov/res/docs/Publications/DFEH-186.pdf.

31. Kunin, *The New Feminist Agenda.*

32. Callander, Meryn G., *Why Dads Leave: Insights & Resources for When Partners Become Parents* (Ashville, NC: Akasha Publications, 2012).

33. Biddulph, Steve, "A Creche Can't Love Them", *The Herald Sun,* April 7, 1994.

34. Karr-Morse, *Scared Sick.*

35. Moynihan, Carolyn, "Is day care good for babies?" Interview with Ann Manne, *MercatorNet.* August 18, 2006.

36. Manne, Anne, *Motherhood* (Sydney, Australia: Allen and Unwin, 2005).

37. Karr-Morse, *Scared Sick.*

38. Leach, Penelope, *Children First* (London: Michael Joseph Pub., 1994).

39. Peterson, Charlotte, PhD, personal interview with Amy Ripley and Susan Schneider, University of Oregon's Vivian Olum Child Development Center, October 17, 2014.

40. Perez, Thomas E., US Secretary of Labor speaking at the White House Summit on Working Families, Washington, DC: June 23, 2014.

Chapter 8

1. Parker, Kim, "5 facts about today's fathers", Pew Research Center: Fact Tank, June 18, 2015.
http://www.pewresearch.org/fact-tank/2015/06/18/5-facts-about-adaa/press-room/facts-ststistics.

2. Anxiety and Depression Association of America, "Understanding the Facts of Anxiety Disorders and Depression is the first step", 2010-2015.
http://www.adaa.org/about-adaa/press-room/facts-statistics.

3. White House Summit on Working Families, 2014.

4. ABC News Special, "Barbara Walters: Her Story", July 5, 2014.

5. Graham, Barbara, "'Grandma' Gets a Reboot: How boomer women are redefining the role", *AARP Bulletin,* Cover article: September 2014.

6. Graham, "'Grandma' Gets a Reboot".

7. Graham, "'Grandma' Gets a Reboot".

8. Hicks, Becky Brittain, PhD and Eric von Schrader, Planet Grandparent Workshop: "Teaching Grandparents to Help Parents and Babies Thrive", 2011. www.planetgrandpaent.com.

9. Abrams, Sally, "Three Generations Under One Roof", *AARP Bulletin*. April 2013, 53(3):16-20.

옮긴이_ 박윤정

대학원에서 영문학을 전공한 후 번역가로 활동하고 있다. 고양이와 음악, 지극한 감동의 순간을 사랑하며, 영성과 예술을 일상에서 통합시키고픈 바람을 갖고 있다. 옮긴 책으로《사람은 왜 사랑 없이 살 수 없을까》《디오니소스》《달라이 라마의 자비명상법》《틱낫한 스님이 읽어주는 법화경》《식물의 잃어버린 언어》《생활의 기술》《생각의 오류》《플라이트》《만약에 말이지》《영혼들의 기억》《고요함이 들려주는 것들》《치유와 회복》《그대의 마음에 고요가 머물기를》등이 있다.

세계가 인정한
전통육아의 기적

초판 1쇄 발행일 2017년 9월 5일

지은이 샬럿 피터슨
옮긴이 박윤정
펴낸이 김현관
펴낸곳 율리시즈

책임편집 김미성
디자인 Song디자인
종이 세종페이퍼
인쇄 및 제본 올인피앤비

주소 서울시 양천구 목동중앙서로7길 16-12 102호
전화 (02) 2655-0166/0167
팩스 (02) 2655-0168
E-mail ulyssesbook@naver.com
ISBN 978-89-98229-50-4 03590

등록 2010년 8월 23일 제2010-000046호

이 도서의 국립중앙도서관 출판시도서목록(CIP)은 서지정보유통지원시스템
홈페이지(http://seoji.nl.go.kr)와
국가자료공동목록시스템(http://www.nl.go.kr/kolisnet)에서
이용하실 수 있습니다.(CIP제어번호: CIP2017022009)

책값은 뒤표지에 있습니다.